Evakuierung in den Weltraum

Evakuierung in den Weltraum

AUSSERIRDISCHE RAUMSCHIFFE
IM EINSATZ
AM ENDE DER ZEIT

Telepathie und Schau
von
G.S. LEONA

Dazu historische, biblische
und neuzeitliche Untermauerung
Erarbeitet und zusammengestelt:

K. und A. Veit

VENTLA-Verlag, Nachfolger
33330 Gütersloh
4. Auflage 1996

ISBN 3-929380-33-1

Dieses Buch widme ich
meiner geliebten Frau
Anny
in der Hochschätzung
ihrer jahrzehntelangen
unentbehrlichen Mitarbeit
und inspirativen Hilfe in
so vielen schwierigen Situationen

Unser Dank gelte allen,
die zum Erscheinen
dieses Kompendiums
mit beigetragen haben.

VENTLA-Verlag , Nachfolger
Postfach 3112, 33261 Gütersloh

Herstellung: TURMALIN Verlags- und Vertriebs GmbH.
33330 Gütersloh

Druck: Offset Druckerei Pohland, Augsburg

Leitgedanken über
ENDZEIT und ENTRÜCKUNG

Es wird geschehen, daß des Menschen Sohn komme in der Herrlichkeit seines Vaters mit seinen Engeln; und alsdann wird er einem jeglichen vergelten nach seinen Werken. (Matth. 16; 27)

... und werden zugleich mit ihnen hingerückt werden in den Wolken dem HERRN entgegen in der Luft und werden bei dem HERRN sein allezeit. So tröstet euch nun mit diesen Worten untereinander. (1. Tess. 4; 17)

Harret geduldig aus und stärkt euer Herz; denn die Ankunft des HERRN ist nahe! (Jak. 5; 8)

Und es soll geschehen in den letzten Tagen, spricht GOTT, Ich will ausgießen von Meinem Geist auf alles Fleisch; und eure Söhne und Töchter sollen weissagen, und euer Jünglinge sollen Gesichte sehen, und euere Ältesten sollen Träume haben.

Und auf Meine Knechte und auf Meine Mägde will Ich in denselben Tagen Meinen Geist ausgießen und sie sollen weissagen.

Und ich will Wunder tun oben im Himmel und Zeichen unten auf Erden... Und soll geschehen, wer den Namen des HERRN anrufen wird, soll gerettet werden. Apostelgesch. 2; 17 - 21

Es wird gepredigt werden das Evangelium vom Reich in der ganzen Welt zu einem Zeugnis über alle Völker, und dann wird das Ende kommen.

Von dem Tag aber und von der Stunde weiß niemand, auch die Engel nicht, sondern allein mein Vater. Darum wachet; denn ihr wißt nicht, welche Stunde euer Herr kommen wird.

(Matt. 24; 14, 36, 42)

Sie werden alle von Gott gelehrt sein... Joh. 6; 45

Des HERRN Wort ist wahrhaftig; und was Er zusagt, das hält Er gewiß. Psalm 33; 4

Alternative: Untergang oder Evakuierung in den Weltraum?

Schon seit den 50er Jahren, besonders aber im letzten Jahrzehnt haben wir uns intensiv mit den Problemen des zivilisatorischen Niedergangs befaßt. Dazu haben zahlreiche Kontaktpersonen von den Außerirdischen wichtige Botschaften erhalten, die generell an irdische Kreise und Völker weitergeleitet werden sollten. Diese Niederschläge in den UFO-Nachrichten sind gleichfalls in fast allen VENTLA-Büchern enthalten und in einer Liste der DUIST-Aktion zusammengefaßt. (Seiten 112 bis 116)

Es kamen aber auch noch zahlreiche andere Aspekte in dieser "Studienperiode" auf uns zu, so daß der gesamte Komplex immer mehr anschwoll und systematisch durchgearbeitet werden mußte. In eine übersichtliche Form gebracht, wurde ein ganzes Buch daraus. Inhaltlich von nie dagewesener, für viele von beinahe unfaßlicher Bedeutung, müßte es eigentlich von allen Erdenbürgern studiert und im eigenen wie allgemeinen Interesse weitergegeben werden.

Bereits in den Jahren 1956 - 1967 im VENTLA-Verlag herausgegebenen Schriften, in UN* und Büchern von Ashtar "In kommenden Tagen", und von den Autoren Carl Anderson, George Adamski, Dick Miller, Gloria Lee wurde über *Evakuierung* gesprochen. Mit diesen haben wir seither im Briefwechsel gestanden, ihre Bücher übersetzt und Vorträge auf Kongressen im In- und Ausland gehalten (vergl. Dokumentarbericht 1960, Cläre Müller und Gloria Lee und J. W. "Warum wir hier sind").

Zu einem seiner Bücher ("Götter des Sirius") schrieb uns K. O. Schmidt: "... Jetzt stehen wir vor der Entdeckung dieser Erkenntnis, daß wir unsererseits längst von anderen, höher entwickelten Bewohnern fremder Sternenwelten beobachtet werden

---

*Ufo-Nachrichten

- von Wesenheiten, die überlegen mögen, wann es an der Zeit sein werde, die Bewohner der Erde in ihre galaktische Gemeinschaft aufzunehmen und den Fortschritt der Erdenmenschen durch Beteiligung an den geistigen und kulturellen Errungenschaften der zu kosmischer Reife gelangten Wesenheiten der Galaxis zu beschleunigen ..."

Auf dem 12. Inerkontinentalen Konvent der UFO-Forscher 1979 waren nur persönlich geladene Mitglieder und Gäste zweier Kontinente anwesend. Über das von der DUIST vorgeschlagene Thema "EVAKUIERUNG" haben Ing. H. Ilg (BRD) und Prof. P. Romanuik (Argentienien) übereinstimmend höchst aktuelle Aussagen vorgetragen.

Zugleich sollte dies ein Test werden, inwieweit die Teilnehmer "reif" waren für so ungeheuerliche Perspektiven, unseren Planeten betreffend. Und selbst wir als Veranstalter waren zutiefst beeindruckt: Es gab keinen einzigen Einwand. Jeder einzelne der ca. 320 Zuhörer *war* prädestiniert, die Weltbedeutung einer eventuellen Teilevakuierung zu erfassen und zu überdenken. Zur Globalsituation handelt es sich um ein unerhörtes Ereignis, das der heutigen Menschheit am Ende des zweiten Jahrtausends vorbehalten blieb, weil es bis in die erste Hälfte unseres Jahrhunderts weder wissenschaftlich gedacht, noch als möglich und gültig erkannt werden *konnte*.

Der Mensch, seiner körperlichen Konstitution nach ein endliches, aber seiner seelisch-geistigen Struktur nach ein unsterbliches Wesen, sollte der beschränkt nur-naturwissenschaftlichen Auffassung nach das "Unfaßliche" seiner Existenz nicht als ein Abenteuer betrachten, sondern seine *wahre Wesenheit* als großes Geschenk des Schöpfers ansehen und in lebenslangem Studium zu ergründen sich bemühen.

Erst das aufsehenerregende Auftreten von FLIEGENDEN SCHEIBEN und das jahrzehntelange Studium der realen Existenz außerirdischer Weltraumschiffe - gipfelnd in den Erkenntnisbereichen moderner Ufologie - schuf die Voraussetzung zum

Sicheinleben in die Offenbarungswelt der Apokalypse mit ihren zweierlei Voraussagen eines destruktiven Zeitalters mit Untergang - andererseits Sieg der Lichtkräfte und Neubeginn eines Äons hoffnungsreicher Evolution.

Außer Bibel, Neuoffenbarung und weltlichen Prophezeihungen treten ufologische Aspekte als brisantes Kompendium in atemberaubende Erscheinung.

Über ein Dutzend Extraterrestrier, die in diesem ungemein spannenden Werk durch ihre erwählten Kontaktpersonen aus verschiedenen Kontinenten zu Wort kommen, übermitteln unabhängig voneinander in bestätigenden Aussagen ein überzeugendes Mosaik alles dessen, was auf unseren gequälten Planeten zukommt.

Zum besseren Verständnis sollen (im Kontrast zu gegenwärtig-endzeitlicher Entartung) einige künstlerische Illustrationen beitragen.

Adventszeit 1981 *Karl L. Veit*

Vorwort zur 4. Auflage 1996

Der VENTLA-Verlag befindet sich seit Mitte des Jahres 1994 in neuer Obhut. Der Verlag wird unter dem Namen "VENTLA-Verlag Nachfolger" fortgeführt. Der neue Sitz ist Gütersloh.

An dieser Stelle möchten wir den ehemaligen Verlagsinhabern Karl L. Veit und seiner Frau Anny unseren Dank aussprechen. Über vierzig Jahre ihres Lebens haben diese beiden lieben Seelen sich in unermüdlicher Arbeit und selbstloser Liebe um die UFOlogie verdient gemacht. Wissend um ihre Aufgabe haben sie mit dieser Verlagstätigkeit fast ihr ganzes Leben der Verbreitung dieser Thematik in Wort und Schrift gewidmet. Dabei haben sie immer mit der Unterstützung der geistigen Welt und unter besonderer Führung unseres Herrn Jesus Christus gestanden, der immer wieder dafür gesorgt hat, daß es Mittel und Wege gab, den suchenden Seelen auf ihrem Weg zu helfen und zur Erweiterung des individuellen sowie des kollektiven Bewußtseins beizutragen.

Ganz besonderen Dank möchten wir Karl und Anny Veit aussprechen, daß wir das von Ihnen begonnene große Lebenswerk im Sinne des Alleinen und unserer Raumgeschwister fortführen dürfen.

Durch die Neuauflage dieses Buches geht auch ein Wunsch der Familie Veit in Erfüllung, dieses Wissensgut der Menschheit wieder zur Verfügung zu stellen.

Besonders freuen wir uns, daß es mit unserem Freund Werner Forster und seinem Team einen kompetenten Partner gibt, der es auf sich genommen hat, die weltweit bekannten "UFO-Nachrichten" wieder zu verlegen.

VENTLA-Verlag Nachfolger
in der Gemeinschaft TURMALIN

J. Gottsleben

Verzeichnis der Bildtafeln

Über dieses Buch

In diesem epochalen Buch erfahren wir vieles über die bevorstehenden Abwicklungen fundamentaler Art, die für die gesamte Menschheit von durchgreifender Notwendigkeit sind.

Die beiden Begriffe EVAKUIERUNG und ENTRÜCKUNG besagen, *daß nach eigener freier Entscheidung* jener Teil der Menschheit aus allen Nationen, der wirklich guten Willens ist, vor den letzten schaudererregenden Katastrophen auf höhere Weisung durch Weltraummenschen von der Erde weggenommen, im Weltraum aufgenommen und nach der Reinigung des Erdenplaneten zu neugestalteten Lebensräumen zurückgebracht werden soll.

"Durch das von der alten Erde mitgebrachte Wissen, das keinem verlorengeht, wird sich alles wunderbar fügen, und ihr werdet daher nicht wie die ersten Menschen leben. Habt ihr das SEIN begriffen, so wird unermeßliches Glück in eure Herzen einziehen. Augen und Ohren öffnen sich zum wirklichen Sehen und Höhren, zu nie gekannter Schau, ihr werdet große Werke vollbringen, dem Herrn zur Ehre, euch selbst zur Freude, und mehren wird sich das Wissen vom künftigen Leben und der Vollendung. Frei von jeglicher Belastung wird geistige Reife erlangt, auch wird durch die reine Atmosphäre und die andersgeartete Ernährung Gesundheit und Schönheit den Menschen zuteil. Dies mag unglaublich scheinen und ist doch so einfach und verständlich, wie alles aus dem Geiste, der Wahrheit und Lebe Kommende."

Wir erfahren einleuchtende Erklärungen neuer Begriffe wie Endzeit - Globus in Umwälzungen - Mini-Raumschiffe (MR) -

Gereinigte Erde - Leben in ungeahnter Erneuerung - alles, was durch Offenbarungen und Botschaften aus den verschiedenen Kontinenten - unabhängig voneinander - durch Bibeltexte, Schauungen, unübersehbare irdische Kataklysmen, Umwandlungen und höhere Hilfen auf uns zukommen soll, aber offensichtlich werden wird für jedermann.

Die hier aufgezeigten Aspekte kommen sowohl aus naturwissenschaftlichen wie aus geisteswissenschaftlichen Sphären, aus neutralen wie auch konfessionell eingestellten Kreisen. Daher findet *jeder* Leser und Studierende das einem Denkstatus Entsprechende.

Er kann ebenfalls leicht Vergleiche ziehen zwischen seiner Einstellung und den Auffassungen derer, die aus anderen "Lagern" kommen. Und das ist gut so, - weil Orthodoxie, Liberalismus und Erleuchtung auf einer höher gelagerten Ebene verständnisvolle Brücken schlagen.

Einführung

Die Tragweite und Verantwortung dieser Titelaussage hat uns, man muß es bekennen, mehr als zwei Jahre äußerst belastet. Allein das bittere Ringen im Gebet um die Wahrheit verhalf zur Klarheit im höheren Wissen um die Zusammenhänge der Weltsituation. Heute fühlt sich ja jeder beängstigt, wie man allüberall wahrnehmen kann. Gertrud Schweiger (Leona), Österreich, die Empfängerin, hatten wir persönlich besucht, lange Gespräche geführt und schieden mit den denkbar besten Eindrücken ihrer klaren Persönlichkeit. Plastisch schilderte sie ihre telepathischen Intuitionen, Schauungen mit entsprechenden Niederschriften und Zeichnungen. Erstaunlich ihre hundertprozentige Sicherheit, "daß alles so geschehen wird".

Erstaunlich auch, daß vom Augenblick des Entschlusses zur Herausgabe dieses künftigen - im wahrsten Sinne des Wortes kosmischen - Geschehens fast täglich neue Bestärkungen von allen Seiten, aus aller Welt ins Haus kamen, obgleich von dieser Planung niemand etwas ahnte. Es war wie eine große unsichtbare Macht und Organisation, die um unzählige Mosaiksteinchen *wußte*, sie zusammentrug und an Ort und Stelle leitete. Wir selbst wurden zu unseren eigenen Schriften, Büchern und Briefen zurückgeführt bis in die 50er und 60er Jahre, deren Inhalte damals (als noch zu unfaßbar) beiseite gelegt, erst heute als Parallelen der Aktualität dienen.

Inzwischen sprach "es" sich herum, durch den Vortrag unseres Freundes am Internen UFO-Kongreß der DUIST 1979. Allerlei Schriften und Abschriften, oft aus dem Zusammenhang gerissen, um der Sensation willen, wurden seitdem verschickt ohne Ursprungs- bzw. Quellenangaben.

Ob die Menschheit noch zur Einsicht kommt, damit Gott der Ewige Gnade walten lassen kann, wie einst in Ninive, wo durch Buße der Einwohner die Stadt gerettet wurde? Es liegt an uns selbst, ob es zu all dem Chaos der Endzeitprophezeiungen kommen muß; und wer weiß dann schon von der Rettungsmöglichkeit - im Auftrag des Ewigen Schöpfers von Seinen Sternensöhnen vorbereitet - damit er die "rettende Hand" aus den Strahlschiffen ergreifen kann?

Wir glauben, daß es jetzt an der Zeit ist, dieses Buch als schicksalsträchtige Information an einsichtige, hoffende Menschen weiterzugeben mit dem biblischen Zitat "Wer es fassen kann, der fasse es!" Erwarten wir die Ereignisse im vollsten Vertrauen, gleich, wann sie eintreffen und wie sie sich auswirken. "Nahe an 2.000 Jahre" heißt es in den alten Prophetien. Doch keiner - außer Gott allein - weiß Tag und Stunde ... Aber **jetzt** ist die Zeit der Aufklärung! Nichts brauchen wir mitzunehmen. Alles wird da sein, "besser und schöner, als ihr es euch erträumen könnt", sagen "sie" ...

Anny F. Veit

ERSTER TEIL

Wie soll dieses Buch aufgenommen werden?

Wenn bei Folgendem von Wiederholungen die Rede ist - um sie dem menschlichen Geist besser einzuprägen - so gehört alles zur Vorbereitung sowohl für Leona als auch für den Lesenden. Vielleicht um die Bande des Geistes zu lockern, um uns das Gigantische des Evakuierungsplanes, einzig dastehend in der neueren Weltgeschichte, leichter verständlich zu machen.

Hier ist zu berücksichtigen, daß die bezeichnende Art der Übermittlungen sowohl von den Inspiratoren als auch von der Individualität der Empfängerin abhängt. Deswegen haben wir den Stil in seiner Eigenart belassen, damit der Leser selbst zu urteilen vermag.

D. H.

LINUS an Leona

Wer Gott liebt, wird leben und erhält Erkenntnis vom kommenden Geschehen. Wer Ohren hat, der höre, und wer Augen hat, der sehe und nehme "La Force" und "Panorama", das Geschenk aus der geistigen Welt entgegen.

Wissen wird uns nicht durch Neugierde zuteil, sondern nur durch die Liebe, die der HERR über die Seinen ausgießt, um sie für die kommenden Tage zu stärken und in der Drangsal zu laben. Wer Gott dient, wird weggeführt von allem Leid. Mögen sich die Seelen der Leser mit dem Wort aus der geistigen Welt verbinden, damit sie Gott schauen und Seine Liebe erkennen.

Wer wahrhaftig zu lieben vermag, von dem fallen Irrtum und Nichtwissen ab, und alles Unklare, Dunkle verwandelt sich in strahlendes Licht. Dieses hebt uns empor und trägt uns zu den Höhen des immerwährenden *Lebens*.

Die *Liebe* allein hat den höchsten Wert und weist uns den kürzesten Weg zur Vollendung. Mit endlichen Werten die *unendlichen* zu erfassen, ist ein aussichtsloses Unterfangen. Habt ein Ziel, befreit euren Geist aus der irdischen Leibeigenschaft und wendet euch dem geistigen Leben zu, denn dieses ist das *wahre Leben*.

Steigt empor zum Himmel, zu den Sternen und weit darüber hinaus, sucht unentwegt den geistigen Pfad, auf daß er zur Zeit eures Heimgangs sichtbar vor euch liege.

Durch diese Schrift wird uns Wissen von kommendem GESCHEHEN zuteil - geoffenbart aus der geistigen Welt - für Menschenkinder, die an Gott glauben und bereit sind.

Die Zeit ist nahe, in der das fortschrittliche Geistesleben in der gereiften materiellen Welt das *Negative* abstreift.

...Und danach werden leben auf der gereinigten Erde in neuer Umlaufbahn, die Schafe getrennt von den Böcken, die LIEBENDEN ohne die Lieblosen. Wohl dem, der auf MESSIAS-ALFA leben wird!

Gute Menschen, die die Endzeit nicht überstehen, werden hinaufgerufen in das dem Geist eigene Leben, in das *wahre Leben*. Für jene und alle anderen, die bereit sind anzunehmen, soll mit den Abschnitten "La Force" und "Panorama" ein Lichtblick in den neuen Morgen einstrahlen.

Neigt euch in *Demut* vor diesem Licht, vermehrt es, bietet es dem göttlichen Vater dar, daß Er es segne und Leid und Unwissen wandle in Freude, Wissen und unendliches Bewußtsein.

So wie die Dämmerung dem Morgen vorangeht, schreitet die Ahnung der Gewißheit voraus, und was ihr ahnend und vertrauend erwartet, wird durch die Liebe des EINEN zur WAHRHEIT.

G. S. Leona

1. Kapitel

La Force

Göttliche Kraft offenbart sich durch Linus aus der geistigen Welt und gewährt eine Vorschau auf die Erde in neuer Umlaufbahn, auf Messias-Alfa-Tal, ein Reich in Ehre.

Ihr sollt die Wahrheit erkennen, die Wahrheit wird euch frei machen

Manch einer lebt und ist tot, ein anderer stirbt und lebt, und wieder andere leben und haben auch das Wissen vom Weiterleben nach dem Tode. Viele aber verstehen nicht, begreifen nicht und leben ohne Erkenntnis aller Dinge auf Erden.

Wer nicht sucht, findet nicht, wer flüchtig sucht, übersieht den schmalen Pfad, derjenige aber, der mit großer Liebe und Ausdauer nach Wahrheit und Vollkommenheit forscht und strebt, wird reich belohnt.

Wer im guten Glauben große, positive Gedanken aussendet, wird positive Erkenntnis und positives Wissen zurückerhalten. Die Wahrheit, die das All umfaßt, wird dem zuteil, der danach sucht. Die unendlichen Universen öffnen sich, so einer in Liebe anklopft, und die großen Wahrheiten lassen sich erschauen.

Der Lohn des SUCHENS wird auch der Forschung oder den Weisen zuteil, aber nur im Maß ihres Suchens. Wie ein großes Rad mit vielen Fächern und Speichen liegt das Universum vor den Forschenden, und sie erhalten Einblick und Sicht in die Fächer und Speichen, um die sie sich bemühten, und großes Wissen kommt ihnen daraus zugute. Das Unermeßliche jedoch, das die

Welt erhält, ist im Verborgenen und nur in und durch Liebe zu ersehen, zu verstehen, zu begreifen und zu finden.

Wie ein großes Bilderbuch liegt Gottes Schöpfung vor der Liebe, und diese ist bereit, Seite für Seite umzublättern und alle Herrlichkeit zu zeigen.

Sie gewährt ein SEHEN auf die Jenseitswelten, die vielen Himmel und das Leben der Interplanetarier, sie zeigt Sonnensysteme auf, und Gott selbst schiebt für die Liebenden die Schleier von Schönheit und unvergänglichem Leben beiseite, um ihnen Einblick zu gewähren.

Wer Gott liebt, wird von ihm unvergleichlich wiedergeliebt und erhält Wissen um Zukunft und Vergangenheit und tausendfaches Glück.

Einst sprach Jesus zu seinen Jüngern - in meines Vaters Haus sind viele Wohnungen - und ich füge hinzu: in des Vaters Haus ist auch das wirkliche Leben; dieses Leben hat einen einzigen Namen und heißt *Liebe*.

So einer wahrhaftig nicht weiß, was Liebe ist, hat er des Vaters Haus noch nicht betreten.

Was sich vor dem Engelsturz ereignete, hält die Vergessenheit umhüllt, und nur wenigen wurde bisher die Schau nach rückwärts, das SEHEN in die wunderbare Anfangszeit zuteil, das Wissen, woher sie kamen, wohin sie einst gehen werden.

Die es aber erhielten, sind die GLÜCKLICHEN dieser Erde, denn im Geiste weilen sie schon in der Ewigkeit, und sie dürfen sagen: Wir haben die Wahrheit erkannt, die Wahrheit hat uns frei gemacht. Begnadete sind es, die fast ausgelitten haben, denn sie leben schon bewußt, und nur wer bewußt lebt, lebt auf Erden schon im Himmel. Kein Leid und keine Sorge kann sie daran hindern, bei ihrem Vater zu sein, wann immer sie möchten. Jene haben begonnen zu leben, und das Wissen um das "Einmal Abtreten von der Erde" macht sie nicht traurig.

Nichts vermag sie aus dem innerlichen Frieden zu vertreiben, der schon ein Angeld auf den Himmel ist.

Es lebt nur wirklich, wer liebt. In diesen wenigen Worten verhält sich schon sichtlich alles zueinander, um wieviel mehr fließt das Leben im All zusammen, es kommt und geht von der URLIEBE aus, um wieder zu dieser zurückzukehren.

Für den Liebenden ist das leicht verständlich, ihm erwächst aus der Liebe - Glaube. Ihm wird Erkenntnis zuteil, woher er kommt, wohin er geht, und er weiß, daß er aus Gott ist.

Kein anderer Weg führt zur großen, urewigen Wahrheit, zu Glück und Vollkommenheit, als der Weg der *Liebe*. Was ist alles Wissen dieser Welt gegen das Bewußtsein, dahin zurückzukehren, woher man kam, um wieder das zu sein, was man war. Das allein macht den Gehalt des *wirklichen* Lebens aus.

Ein Planet wird leuchten, stahlend hell und rein,
Messias-Alfa-Tal, ein Reich in Ehre wird es sein.
Da werden Menschen leben, von aller Last befreit,
in stillem Glück und Frieden für lange, lange Zeit. -

Jedes Gebet dringt in die geistige Welt, kein Wort verweht ungehört. Wer um Erkenntnis bat, dem wird Erkenntnis zuteil.

"Der Weg zum Licht", die Schrift aus der geistigen Welt, hat viele Liebende vereint und viele Herzen dem HERRN erschlossen.

Die Ernte hat begonnen, und die Schnitter in Demut vor dem Vater bringen reife Garben ein.

Viele, viele Fragen werdet ihr haben - und keine Vorstellung von der nahenden Zeit. Nehmet deshalb diese Schrift entgegen und verwahrt tief im Herzen das euch zukommende Wissen! Es wird im gegebenen Augenblick zu Stärke und Kraft verwandelt, zu *Überlebenskraft*, wenn die Zeit der großen Veränderungen, die Zeit des Gerichts naht.

Werft Ballast ab, tragt eure seelischen Ruinen ab - damit frei wird die Grundfeste, der himmlische *Geist* von Ewigkeit her, der da ist in einem jeden. Befreit ihn von schwerer Belastung, auf daß er den Ruf des Herrn venehmen möge, um zu kommen zur

Rechten des Vaters oder sein Leben behalte auf der gereinigten Erde in neuer Umlaufbahn, auf Messias-Alfa-Tal, einem Reich in Ehre.

Nehmt Einblick in vorliegende Zeichnung, damit sich die Angst löse von den *so* Kleingläubigen, damit die Erkenntnis vom Plan Gottes die Menschen erhelle.

Aus der Zeichnung, die sehr einfach gehalten ist, für jeden verständlich gebracht, kann man ersehen, daß zum Zeitpunkt des *Geschehens* die verseuchte Atmosphäre mit aller belasteten Geistpotenz der Erde unwiderstehlich von einem großen Magnetfeld angezogen und zurückgehalten wird, und nichts wird sein, das die BELASTETEN aus dieser Kette lösen kann.

Der Geist der göttlichen Kraft gewährt durch Linus die Vorschau auf die Erde in neuer Umlaufbahn

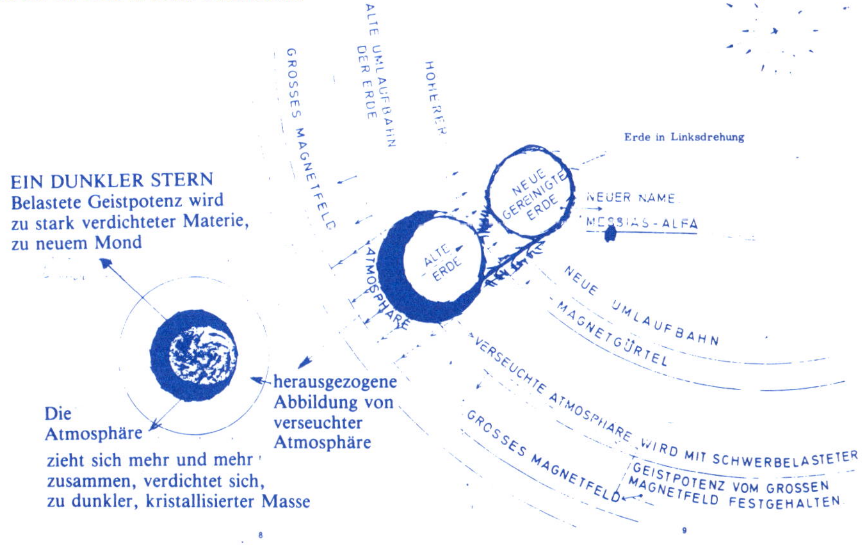

Die Erde hat begonnen, sich schon schneller zu drehen,und zur Zeit des Gerichts wird die Schwingungsphase eine bedeutend höhere sein. Nur Menschen ohne negative Belastung, seelisch frei von allem Bösen, frei von aller geistigen Beschwernis, werden ÜBERLEBENSKRAFT haben.

Gottes Plan ist gerecht und weise. Kein Ungerechter, kein Böser geht ein in die Himmel oder auf Messias-Alfa, ihre niedere Schwingung wird sie festhalten, und sie werden gebannt sein in der verseuchten Atmosphäre, während sich die Erde mit jeglichem POSITIVEN zum gegebenen Zeitpunkt von dieser Atmosphäre lösen wird, angezogen durch ein höher liegendes Magnetfeld, eine andere UMLAUFBAHN einschlagend, die alte Bahn verlassend.

Die zurückgebliebene niedere *Geistpotenz* wird sich mehr und mehr verdichten, wieder zusammenziehen und als schwerstofflicher dunkler Punkt im alten Magnetfeld haften.

Eine lebende, träge Masse, noch lange, lange Zeit der*Dunkelheit* angehörend.

Die gereinigte, nunmehr unbelastete Erde in neuer Umlaufbahn mit dem Namen Messias-Alfa-Tal, ein Reich der Ehre, wird herrlicher denn je erstehen, und die Menschen auf diesem *Stern* werden durch ihre Liebe zu Gott dem Herrn, durch ihr "*Unbelastet-Sein*" tiefes Glück erfahren.

Alles Leid der alten Erde wird der Vergangenheit angehören, denn der Herr des Himmels trocknet der Menschen *Tränen*.

Was vergehen muß, wird vergehen,
was leben soll, wird leben!

Die gereinigte Erde in neuer Umlaufbahn

Messias-Alfa-Tal, ein Reich in Ehre.

Vorschau

Der neue Tag *nach* dem Geschehen bringt Erwachen und Begreifen nach der Schwernis für die *Überlebenden.*

Die Zeit scheint stillzustehen für die Menschheit.

Hast und Eile ist nicht mehr, der Geist in jedem erwacht zur vollen Lebenskraft.

Die Menschen vermeinen in der Zeitlosigkeit zu leben, im ungewohnten Frieden und der Stille auf Messias-Alfa. Auch läßt die mit lebensnotwendigen Substanzen angereicherte Atmosphäre kaum Hunger- und Durstgefühl aufkommen und noch in geringerem Maße Müdigkeit, - unfaßbar für die "Geplagten" der alten Erde.

Über Leid und Trauer hat sich Ruhe gebreitet, der neu erwachende Geist erkennt Schritt für Schritt den URGRUND aller Dinge und beugt sich in großer Liebe und Demut vor Gott.

Harmonie liegt über Messias-Alfa und gesegnete Freiheit des Geistes. Die Temperatur auf Messias-Alfa ist konstant, sommerlich warm, nicht zu heiß. Als Folgeerscheinung *stetes Blühen* und Reifen der Früchte und immerwährende Ernte, keiner muß Sorge tragen für die Lebenserhaltung des kommenden Tages.

Das Wohnen und Bauen wird den Menschen zur Quelle der Freude, Baumaterialien aus natürlichen Stoffen sind für jedermann vorhanden. So erfahren die guten Anlagen und Talente der Bewohner von Messias-Alfa ungeahnte Förderung.

Durch das von der alten Erde mitgebrachte Wissen, das keinem verlorengeht, wird sich alles wunderbar fügen. Habt ihr das SEIN begriffen, wird unermeßliches Glück in eure Herzen einziehen; Augen und Ohren öffnen sich zum wirklichen Sehen und Hören, zu nie gekannter Schau; ihr werdet große Werke vollbringen, dem Herrn zur Ehre, euch selbst zur Freude, und mehren wird sich das Wissen vom künftigen Leben und der Vollendung. Frei von jeglicher Belastung wird geistige Reife erlangt, auch wird duch die reine Atmosphäre und die andersgeartete Ernährung Gesundheit und Schönheit den Menschen zuteil. Dies mag unglaublich scheinen und ist doch so einfach und verständlich wie alles aus Wahrheit und Liebe Kommende.

Messias-Alfa wird ein Stern dieser Liebe sein, ein Wohnstern der Harmonie. Gesegnet werden die sein, die auf diesem Stern leben werden.

Der Tod hat für die Guten seine Schrecken verloren,

diejenigen aber, die wieder belastende Fehler begehen, geraten dadurch in langsamere Schwingungen und richten sich selbst. Ihre Lebensfähigkeit auf Messias-Alfa nimmt ab, da ein Belasteter die hohe Schwingungsrate der Erde in neuer Umlaufbahn nicht ertragen wird, muß er sterben durch zu grobe Verstofflichung. Wer aber auf Messias-Alfa stirbt, wird bald wieder zu neuem Leben erweckt, um fortzuschreiten in der Liebe zum Schöpfer und der Erkenntnis vom wirklichen Sein.

Osterfest, das herrlichste der Feste auf Messias-Alfa-Tal - ein Reich in Ehre

Sichtbar weilt in jener Zeit unser Herr Jesus Christus unter den Seinen. Die Liebenden von Messias-Alfa feiern *Hohe-Zeit*. Die durch belastende Fehler *Verstorbenen* werden durch die Gnade und Liebe des Herrn zu neuem Leben erweckt, damit ihnen die Möglichkeit wird, weiterzuwachsen in der großen Liebe, die das All erhält, und diese Liebe wird sie freimachen, von Negativem erlösen, so wie sie alle erlösen wird, die zur Liebe fähig und aus einem GEISTE sind. Osterfest, hohe Zeit, der Liebe und der Gnade sein, die Jesus Christus Selbst ist.

Keiner wird sterben

Keiner wird sterben, der gut ist, sondern leben und in Erkenntnis zum Vater hinstreben; und kommt dann die Zeit der Reife, der Vollendung des Geistes, so wird dieser Messias-Alfa verlassen, sein Körper wird nicht absterben, sondern verflüchtigen, ohne zu verfallen in Auflösung übergehen.

Nicht einer wird mehr den Tod schauen, sondern das Leben erleben, denn der reife, liebende GEIST kehrt heim für immer in die Himmel, Höherem zustrebend, steigt empor zum Vater, um zu sein in dessen Nähe von Ewigkeit zu Ewigkeit.

Auf Messias-Alfa lebt ihr anders.

Kunst und Muse werden Einzug halten auf dem neuen Stern, und ungeahnte Werke in großer Schönheit erstehen, euch zur Freude und dem Herrn zur Ehre in Dankbarkeit.

Berufen zur Raumfahrt

Die Universen warten schon seit langen, langen Zeiten mit vielen Aufgaben auf euch, ihr werdet auch heute schon fortwährend beobachtet aus dem All, nicht nur von der geistigen Welt, sondern auch von Menschen anderer Planeten, Menschen, die euch geistig sehr weit voraus sind.

Um Aufgaben im All zu übernehmen, die unendlicher, großer Verantwortung unterliegen, muß man ein zur Vollendung strebender GEIST sein, einer, der Gott den Herrn als Schöpfer der Universen anerkennt und sich ihm in Demut unterwirft, einer, der an seiner Seele durch nichts mehr Schaden leiden kann, ein *Geprüfter*, ein ALL-LIEBENDER.

Aus diesem Grunde werden schon die Kinder auf Messias-Alfa von Anbeginn ihrer Schulzeit mit Raumfahrt vertraut gemacht. Ihr Geist ist bedeutend aufnahmefähiger als der jener Kinder der alten Erde, bedingt durch das Wissen der Eltern, das diese den Kindern weitergeben, und bedingt durch die gesunden Lebensverhältnisse auf dem neuen Stern. Im fortgeschrittenen Alter kann jeder, der sich zur Raumfahrt und zu Aufgaben im All berufen fühlt, die dafür vorhandene Akademie besuchen zur Weiterbildung für Weltraumaufgaben.

Die Menschen erreichen auf Messias-Alfa alle ein sehr hohes Alter.

Die gereinigte Erde in der neuen Umlaufbahn gehört als Planet der ALFA-GRUPPE an, und Menschen von diesen Sternen werden eure nächsten Freunde sein, bei euch weilen und euch unterrichten.

Das Wissen jener ist schon ein *Allwissen*, und dieses wird für euch von großem Nutzen sein. Die Planetarier der Gruppe Alfa sind es auch, die für kommende Aufgaben die Raumfahrzeuge zur Verfügung stellen und die dafür nötigen Raumbasen auf eurem Stern errichten. Hergestellt jedoch werden die Raumschiffe *nicht* auf Messias-Alfa.

Wunderbare Freundschaften mit Bewohnern anderer Planeten werden geschlossen, denn ihr selbst bringt die große Sehnsucht von der alten Erde, die Begeisterung für das Weltall mit. Und diese echte BEGEISTERUNG wird leben, schaffen und lieben im All, verbunden dem Göttlichen auf dem Weg zur Vollendung.

Eure Vorstellungskraft

Eure Vorstellungskraft von heute hat noch einen kurzen Arm und daher geringe Reichweite, und so lebt ihr auch gedanklich am liebsten in der *Jetztzeit*, befangen vom "Allzumenschlichen"; und gebt ihr erst einer Trägheit nach, löscht diese eine schon die Erkenntnis für kommendes *Geschehen.*

La Force, die geistige Kraft Gottes, soll euch Hilfe sein; erhebt euren Geist, eure Herzen, steigt aus der Dunkelheit zum Licht empor, bedenkt, daß ihr Licht vom *Urlicht* seid, leuchtet, solange die Tage noch zählen, geht leuchtend voran denjenigen, die noch zu den Suchenden gehören und nicht ahnen, daß es Wege gibt, die in die Unsterblichkeit führen.

Gesegnet seid ihr, denn euch ist Erkennen gegeben, gesegnet sind die, die Gottes Reich suchen und euch begegnen.

Danach: Glückliche Menschen

Ihr Menschenkinder werdet sehr glücklich sein auf Messias-Alfa. Wer auf diesem Stern sein DUAL sucht, wird es finden; diesen wird Erfüllung werden. Niemals mehr läßt Gott zu, daß Leid und Unglück die geprüften Menschen heimsucht.

Ausgelitten habt ihr durch viele Leben auf der alten Erde; die Erkenntnis aber, die ihr in den vielen Leben gewonnen, nimmt auf Messias-Alfa die Formen an, die ihr selbst auf der alten Erde geistig erschaffen habt. Das neue Wissen, das euch zuteil wird, werdet ihr mit großer Liebe an eure Kinder weitergeben und ist eure Zeit um, werdet ihr glücklich und bewußt euren eigenen geistigen Heimgang zum Vater erleben.

Nehmet das Wissen, la Force, die Kraft aus Gott an, um euch auf Kommendes vorzubereiten, solange noch die Zeit reicht.

Denn:

Auf der großen Weltenuhr
steh'n die Zeiger schon sehr hoch,
bis zum göttlichen Gescheh'n
nur ein' kleine Weile noch.

Sehet ihr die Zeichen nicht?
Viele Zeichen sind zu sehen,
lange schon vorherbestimmt,
Zeichen, die am Himmel stehen.
Geistig ist euch Seh'n gegeben
in die neue Zeit,
nehmet an die Schau vom Leben,
sie erspart euch Schmerz und Leid.
Liebet, leuchtet, seid bereit!

La Force! Die in Liebe geoffenbarte Kraft des Herrn sei mit euch.

Linus

2. Kapitel

Panorama

Durchgaben aus der geistigen Welt 1974/75 von Linus und Emanuel im Anschluß an die Schrift "La Force" übermittelt von LEONA

Der wahre Herr der gereinigten Erde...

Wer an Gott glaubt, das ist der *Liebende*, spürt das Nahen der Endzeit. Es gibt viele unter euch Menschen, die da sprechen: Ich glaube an Gott, aber das SEIN Jesu nehme ich nicht an. Was soll mir geschehen, ich war immer ein guter Mensch?

Der GLAUBE an Gott ist gut und richtig, wer aber das SEIN Jesu Christi nicht annehmen kann, wer an die allgütige LIEBE des MESSIAS nicht glaubt, kann nicht erwarten, dem GESCHEHEN zu entgehen, von Jesus vor der Zeit entrückt zu werden.

Wie kann Jesus jemand mit sich nehmen, dessen Glaube und Wille in eine andere Richtung geht?

Jesus kam einst in Niedrigkeit zur Erde, er wirkte Wunder und strahlte als Gottes Sohn unendliche Liebe in die Menschheit. Als er von der Erde ging, empfand er in tiefem Schmerz, daß die Menschen des Planeten Erde die "kleinsten Kinder", die Bedürftigsten im WISSEN um GÖTTLICHES sind.

Er gab ihnen Lehren und viel, viel Zeit, damit diese unreifen Kinder wieder emporwachsen konnten zu den Himmeln, damit ihnen Erkenntnis werde, wessen Kinder sie sind. Er will sie doch alle, alle an sein liebendes Herz nehmen, wenn er im Geistleib und wahrhaftig wiederkommt in MACHT und HERRLICHKEIT! - Zeit zur Reifung wurde ihnen gegeben; statt dessen haben sie sich mehr und mehr entfernt von aller göttlichen Wahrheit.

Der allweise Vater ließ seine Milde und Geduld walten durch all die lange Zeit und freute sich über jedes einzelne seiner Kinder, das durch Jesus Christus und seine Lehre wieder zu ihm zurückfand.

Nicht allzu viele sind es gewesen, denn das *Negative* der Erde herrscht und reißt an sich, was schwächlich ist.

Die ZEIT des WARTENS aber ist nunmehr erfüllt!

Jesus wird kommen vor der Drangsal, um die Seinen zu holen, die Treuen, diejenigen, die neu zu ihm gestoßen sind.

Alle seine Kinder wird er beschützen und vor kommendem Leid hinwegführen. Er wird einst HERR der neuen Erde sein! - Wer aber Jesus Christus nicht anzunehmen vermag, dessen Weg wird lang und schwer werden.

Viele Propheten werden in der Endzeit auferstehen und von Gott sprechen. Wer aber nicht von Jesus Christus als dem wiederkommenden MESSIAS spricht, kann ein wahrer Prophet nicht sein.

Was immer der Sturm euch bringt am Ende der Zeit - werdet nicht irre! Wenn die Posaunen ertönen, wird der wahre HERR der Erde erscheinen in JESUS CHRISTUS, dem MESSIAS.

Linus

Alles ist in Gottes Plan bedacht. Gott der Herr legt seinen Änderungsplan vor. Die Geduld des Vaters währte lange!

Panorama gewährt einen Blick auf die Endzeit, die Himmel, die Universen bis hin zum Urlicht.

Alles vereint und zusammengefaßt, denn so wie vor unserem Vater im Himmel nichts wirklich getrennt ist, so soll auch von euch das All, verbunden in HARMONIE, erkannt werden.

Es ist eine irrige Anschauung vieler Menschen, daß Gott und die geistige Welt für sich allein bestehen und jede Verbindung zu feinstofflichen Wesen, Interplanetariern und anderen Sternenmenschen ablehnt.

Ziehet nicht immer Grenzen, wo es keine Grenzen geben kann. In Wahrheit und Wirklichkeit sind Gott und alles Geschaffensein eins und ein GANZES, wenn auch durch Ursache und Wirkung vorübergehend verändert und getrennt, so ist dieser Zustand doch nur Erscheinungsform. Wirklich ist Gottes Urform als Vollkommenheit. Daher empfinden wir die LIEBE zu allen anderen Wesen ebenso wie zu euch Menschenkindern.

Die Verbindung von uns zu den Außerirdischen ist innig und gut. Bedenket, die Interplanetarier und Sternenmenschen anderer Sonnensysteme sind in ihrem positiven Wollen und Streben bedeutend weiter voraus als die Bewohner der Erde.

Sie glauben an Gott, sind höher strukturiert und sind im Zusammenwirken mit uns um alles Leben im ALL bemüht.

Deshalb achte jeder, der befähigt ist, telepathische Durchgaben aus dem All zu empfangen, auf die Botschaften, die von oben kommen.

Durch dieses vermittelte Wissen von KOMMENDEM und eurem danach ausgerichteten Verhalten wird euch große Hilfe zuteil in den Tagen der Endzeit.

Gott, der Herr, kann auf jede Art und Weise seinen Kindern HEIL bringen!

Niemand, der im Glauben an die Entrückung der Gotteskinder in der Endzeit lebt, soll von diesem Glauben abkommen. Die *Entrückung* wird aber nicht nur geistig erfolgen, sondern viele Menschen werden auch auf materiellem Weg, in der Drangsal bzw. davor, eine Möglichkeit erhalten, der Erde fern zu sein.

GLAUBET daran und wisset, bei GOTT ist alles möglich!

Es ist nicht unbedingt notwendig, alles ganz genau begreifen zu wollen, dazu reicht der menschliche Verstand nicht aus. Die Zeit ist kurz geworden!

Den Tag und die Stunde des GESCHEHENS weiß nur Gott allein. Jedoch mit seiner unendlichen Liebe und seiner Hilfe dürfen die rechnen, die liebend an ihn glauben.

Wer aber nicht an Gott und Jesus Christus glaubt, ist gegen Gott. Diesen aber kann der Herr nicht helfen, denn der Herr kann nicht wider sich selbst sein.

In den Strebenden und geistig orientierten Menschen ist die AHNUNG von NAHENDEM schon zur Gewißheit geworden, denn die in Gott Lebenden verfügen über ein größeres Wahrnehmungsvermögen als jene, die nur in der Materie leben.

Hilfe für die Bewohner der Erde, in der Drangsal und schon davor, kommt auf vielerlei Arten.

Schwerlich aber ist dem zu helfen, der ohne ERKENNTNIS ist, und jene, die tief schlafen, sind nicht leicht zu erwecken. Dort aber, wo UNGLAUBE und TIEFSCHLAF sind, wird Wehklagen sein ohne Unterlaß!

In manchen Übermittlungen aus dem All, die bisher von den Menschen empfangen wurden, war oft von Raumschiffen die Rede, die in der Zeit des GESCHEHENS Erdenbewohnern die Möglichkeit bieten, für längere Zeit auf andere Planeten gebracht zu werden. Dies zum besseren Überleben der Endzeit, wobei sie außerdem eine Umschulung erfahren und ein Wissen erhalten, das ihnen bei ihrer Rückkehr auf die neue gereinigte Erde zugute kommt.*)

Auch diese Nachrichten entsprechen der Richtigkeit.

Nun ist die Zeit nahe, in der das NEGATIVE vom POSITVEN getrennt werden muß - der LIEBENDEN wegen - die auf der Erde in ihrem jetzigen Zustand keine allzugroße Lebensmöglichkeit hätten. Sie sind aufgrund ihrer positiven Einstellung den grobstofflichen Lebensbedingungen entwachsen, sie werden daher unwiderstehlich von der Feinstofflichkeit angezogen.

---

*) Als ab 1956 die ersten und weiteren VENTLA-Bücher veröffentlicht wurden, konnte man den Begriff der EVAKUIERUNG noch nicht voll erfassen, was jedoch durch die vielseitigen Eröffnungen in diesem Buch in verständlicher Klarheit vermittelt wird.

Der gute Mensch im Glauben an Gott ist ein Stern für sich selbst, von der SEHNSUCHT gezogen, nicht ruhend, der Vollendung seiner Wesenheit entgegenstrebend, nach ewiger, gleichbleibender Gesetzmäßigkeit.

*

Wir wollen zum Thema "Raumschiffe landen in der Endzeit auf Erden" Stellung nehmen und euch ein Stück weiterhelfen und dienlich sein. Nicht überall auf Erden ist genügend Platz für Landungen von Raumschiffen; daher werden auch Miniatur-Raumschiffe (für den deutschsprachigen Raum unter der Abkürzung MR) landen.

Miniatur-Raumschiffe nennen wir sie deshalb, weil sie in ihrer Fortbewegung den Mutterschiffen angepaßt wurden. Ein Miniatur-Raumschiff und seine Inbetriebnahme wird nachstehend zum besseren Verständnis aufgezeichnet.

Die Form des MR ist die einer Kugel, außen metallisch aussehend, Innenraum silbrig hell, selbstleuchtend. Das MR ist ferngesteuert, ohne Besatzung, und ist beim Rückflug hinauf zum Mutterschiff von *den Erdenmenschen selbst* zu betätigen. Dazu sind nur zwei Handgriffe vonnöten.

Das MR kann überall landen, setzt sanft auf der Erde auf, um sich auf ebensolche Art wieder zu erheben. Es steigt nur eine kleine Teilstrecke in die Atmosphäre hinauf und wird danach vom Mutterschiff angezogen und eingeholt. Das Miniatur-Raumschiff hat eine signalisierende Vorrichtung eingebaut, die die Verbindung mit irdischem Stromkreis ausschließt und auch das Annähern an, wie immer geartete, elektrische Leitungen und dergleichen anzeigt und sich selbsttätig davon entfernt.

Im Innenraum sind sechs Sitzplätze angeordnet. Mehr als sechs Personen sind nicht zulässig.

Außerdem ist (für eure Begriffe durch eine Art Plexiglas), sichtbar angebracht, der Kontakter des MR mit einfachem HAND-HEBEL zu bedienen. Ebenso übersichtlich unter Verschluß ist die ZÜNDUNG (Einstufensystem).

Das Miniatur-Raumschiff ist, wie schon erwähnt, unbemannt. Mittels Sprechanlage wird alles Wesentliche den Insassen mitgeteilt. Einer der Mitreisenden muß die Starthebel bedienen.

Es werden nur relativ wenige Menschen auf diese Weise evakuiert. Wegen geistiger UNREIFE wird der Großteil der Erdenbewohner zurückbleiben wollen, denn von der vergänglichen Habe Abschied zu nehmen, vermögen noch sehr, sehr wenige von euch.

Gottes Segen aber all denen, die im Glauben leben und auf Gott und das Kommen des Herrn JESUS vertrauen, wissend, daß der Vater in Seiner unendlichen LIEBE zum GUTEN für die Seinen wirken wird.

Von den Interplanetariern wird den Menschen während des Evolutionsprozesses der Erde große Hilfe zuteil. - Sie sind ihrem Schöpfer verbunden und bereit, der Menschheit als liebende Geschwister in ihren schweren Tagen beizustehen.

Im Namen Jesu Gottes Segen denen, die das Wort annehmen.

Emanuel

MINIATUR-RAUMSCHIFF ohne Besatzung
Für 6 Personen Ferngesteuert

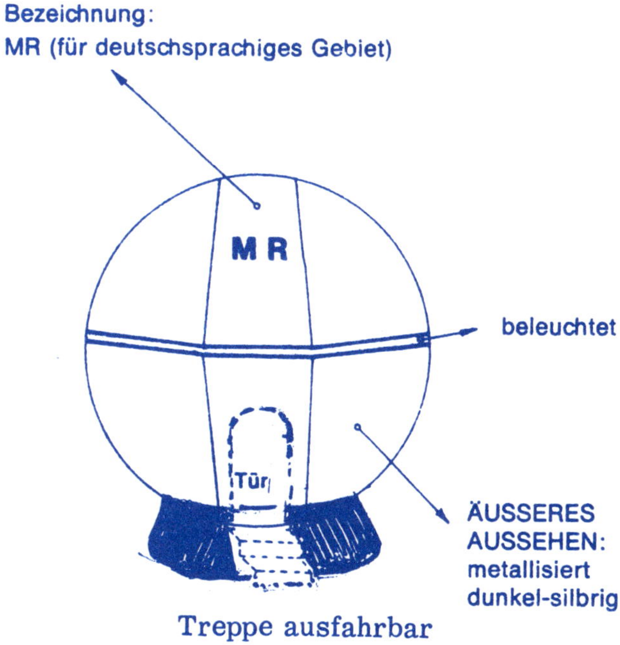

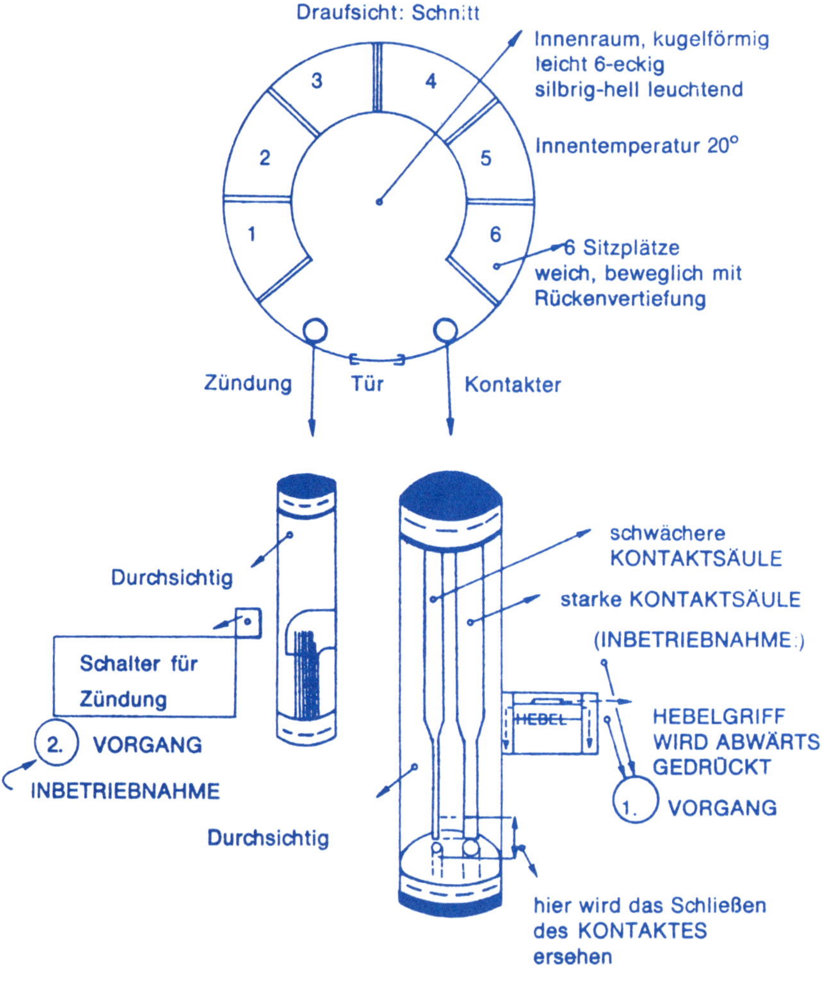
Draufsicht: Schnitt
Innenraum, kugelförmig
leicht 6-eckig
silbrig-hell leuchtend
Innentemperatur 20°
3
4
2
5
1
6
6 Sitzplätze
weich, beweglich mit
Rückenvertiefung
Zündung
Tür
Kontakter
Durchsichtig
Schalter für
Zündung
2. VORGANG
INBETRIEBNAHME
Durchsichtig
schwächere
KONTAKTSÄULE
starke KONTAKTSÄULE
(INBETRIEBNAHME:)
HEBEL
HEBELGRIFF
WIRD ABWÄRTS
GEDRÜCKT
1. VORGANG
hier wird das Schließen
des KONTAKTES
ersehen

Wo das ICH endet...

Vor der Brücke zum wahren *Leben* wird dem "ICH" Einhalt geboten, denn jenseits der BRÜCKE beginnt Gottes unendliche *Liebe* zu wirken. Dort, wo sich die Liebe Gottes einen Tempel baut, in dem der Herr selbst nach seinem Willen leben darf, da gibt er aus unendlicher Fülle und um so mehr, je wahrhafter ihr ihn zu lieben vermöget.

Wenn einmal Gott in euch ist und ihr ganz bewußt in ihm seid, gelangt ihr in Beziehung zur Unendlichkeit.

Es beginnt in raschem Lauf die *Höherentwicklung* eures Geistes und mit zunehmender Intensivität werdet ihr der göttlichen Kraft, des Reifens der Seele in euch, gewahr.

Wo das ICH endet, offenbart sich die wunderbare Macht und das Wesen des Unendlichen.

Wisset, Freunde, der Vater sucht euch viel inniger, als ihr ihn, weil ihr *sein Leben* seid, in dem er in *Liebe* wirken möchte.

Der Herr geht leise in euch ein, behutsam. Dennoch seid ihr Menschen oft so schwach und vermöget ihn kaum aufzunehmen.

Sobald er aber die Schwelle überschritten hat, empfindet ihr ihn als strahlende Sonne und höchste Wonne.

Er tritt heraus aus der Verborgenheit, mitten unter euch, in die Gegenwart. Die Seele wird befreit von Schmerz und Leid, um in wunderbarer Weise in Gott einzugehen.

Der Vater kommt in Liebe zu euch, auf daß ihr erhoben werdet, um hinauszuwirken durch ihn, in die *Unendlichkeit*. Das

Wesen der Gottesliebe ist höchste Seligkeit und das größte Erlebnis für den Geist im Menschenkleid.

Als Folge dieser Liebeserfüllung wird euch Erkenntnis zuteil und ein tiefes *Schauen* in die Welt der Wirklichkeit.

Eine neue Erfahrungswelt tut sich auf vor dem, der sich von weltlichen Dingen zu lösen vermag. Das Urerlebnis mit Gott bewirkt die Umwandlung und Umformung eurer Seele.

In des *Herrn* LIEBE leben, heißt einfach sein, und an einem einfachen Herzen ist keine Falschheit.

Er hat Freude an jeder Seele, die Er zum Licht geleiten darf. Seid deshalb bereit, dahin zu gelangen, wo das ICH endet.

> Über die letzte Brücke vor den Tagen der Endzeit, über PANORAMA, wird nur das Licht aus euch weiterwandern mit Gott als Ziel vor Augen. Folgt mir, damit ich euch hinführe in das wahre Leben vor Gottes Thron, eurer eigenen Seligkeit wegen.

Linus

Die Zeichen der Endzeit sind sichtbar geworden!

(Matth. 24; 1 - 14)

Die Umwandlung der Werte hat begonnen.

Das *Edle* zerfällt.

Die *Liebe* erkaltet und der Erde Bewohner beten "das Gold" als ihre Gottheit an.

Die nach LICHT Suchenden werden verlacht.

Der Mensch lebt in der Illusion seines eigenen ICH und hat sich dadurch vollkommen um die geistige Fähigkeit - selbst Herr der Erde zu sein - gebracht. Die Zeit ist um!

Die Erde ist mit Unrat übersät und bedarf der Reinigung. Diejenigen von euch, die nicht von Gottes Geist durchströmt sind, leben in dieser Zeit nur noch in Bangen, Angst und Schrecken vor jeglichen Ereignissen.

Die wahren Gotteskinder nehmen das *Unsichtbare* und für andere nicht *Hörbare* wahr und leben daher in zuversichtlicher Freude durch ihr Wissen von der *neuen* Erde und dem *Kommen Jesu.*

Wer heute für Gott tätig ist, wird verspottet, denn die negative Seite ist ununterbrochen dabei, die *Auserwählten* zu Fall zu bringen.

Diese Übel werden anhalten, sich noch verschlechtern bis zu dem Zeitpunkt, an dem die Erde neu ersteht, gereinigt und befreit vom Unrat.

Jesus wird kommen vor der Drangsal, um die Seinen hinwegzuführen von allem Leid und aller Not.

Noch ist es dunkel und traurig, und das Leid wird mächtig.

Aber dieser Zeit entgegen wachsen im geheimen die guten

Geister. Sie reifen in Scharen heran, um die Welt zu *erleuchten*.

Emanuel

Sie werden das LICHT des Lebens sehen.

Unruhige Erde,
finsteres Reich,
zur Sühne bist du der Hölle gleich.
Satan'sches hier das Zepter schwingt,
nicht vielen der Durchbruch zum Himmel gelingt.
Des Vaters *Liebe*, des Vaters Wort,
bringt jenen Erlösung am heiligen Ort.
Bald ist zu Ende die irdische Not,
es scheidet die Geister der ewige Gott.
Er wird teilen die Erde in Licht und Nacht,
durch Seine urewige göttliche Macht.
Wohlan, die da zur Rechten stehen,
sie werden das *Licht* des *Lebens* sehen.

Leande

Suchet das Leben jetzt nicht mehr in der Welt, die Zeit neigt sich dem Ende zu.

Der Weg zum geistigen Leben ist schmal, wer jetzt noch von Gedanken gehetzt wird, das Leben außer sich zu suchen, wird in die Irre gehen.

Wer sich mit Gott verbindet, wird leben.

Die geistige Welt hilft jedem Menschen, jeder Seele, die das Licht sucht, und führt Geister in der Materie über ihre Wege, damit das *Gesuchte* beleuchtet werde und auffindbar.

Solange ihr auf euren Intellekt und euer Denken beschränkt bleibt, werdet ihr nicht fähig sein, geistige *Wahrheiten* zu erkennen.

Viele von euch vermeinen Erkenntnis zu besitzen. Auf der physischen Ebene gibt es keine Erkenntnis, nur eine Welt der Erscheinung! Es gibt nichts, was mehr wert wäre, erkannt zu werden, als der Urquell allen *Lebens*.

Die Menschen haben die Erde als Wohnstern erhalten, um zu beweisen und zu verwirklichen, wer und was sie in Wahrheit sind!

Werdet daher so, wie ihr vom Vater von Anbeginn der Schöpfung geplant seid!

Erkannt, als seine Kinder, als Geister der unendlichen Liebe Gottes.

> Lebt ihr in Ihm, wird euch Großes zuteil in der folgenden Zeit!
> Jesus Christus selbst wird die leuchtenden Tore öffnen zu Messias-Alfa, um die *Seinen* einzulassen, um die Braut, die Gemeinde Jesu, ins Paradies zu führen. Er wird die Seinen rufen. Sie werden ihm folgen, um mit ihm Priester und Priesterinnen der neuen Erde zu sein: All die *Liebenden* ohne die Lieblosen, die Schafe getrennt von den Böcken.

Linus

Wenn Jesus zu euch spräche, würde er sagen...

Die Welt ist aus den Fugen, die Welt ist aus dem Recht!
Bist du noch Freier, oder bist du schon Knecht?
Darfst du noch sagen, wen immer du liebst?
Darf dich wer sehen, wenn du dich betend Mir gibst?
Wagst du zu falten vor anderen deine Hand?
Oder fürchtest du solch' Bekenntnis - für deinen Stand?

Beugst du vor Mir auch heute noch dein Knie,
oder rufst du mit anderen, ich kannte Dich nie?

Leande

Scheidung der Geister - Letzte Blutzeugen

Wenn sich die Erde aus den Angeln hebt, euch vor dieser Gewalt der Mut und die Kraft verlassen, wisset: Gott verläßt euch nie! Wenn in den Tagen der Endzeit ein großes Sterben sein sollte, glaubet daran, daß der Gute nicht zu schaden kommen kann, auch wenn mancher von diesen durch das Tor des Todes schreiten muß. Wir sind um euch, beschützend in den Tagen der Drangsal. Ihr werdet uns empfinden und wieder Kraft gewinnen. Die ins Jenseits wandern, werden nur eine Umpolung erfahren, ihre Geistkraft erhalten und duch Wiederverkörperung der neuen Erde, *Messias-Alfa*, zugeführt.

Der Vater des Himmels trennt die wahren Liebenden nicht. Er vereint sie wieder, wenn der Zeitpunkt dafür gekommen ist. Denn Er weiß um die Sehnsucht der Menschenkinder nach den Ihren. Für den, der in Christus lebt, ist Sterben kein Verlust! Keiner der *Guten* steigt in das Reich der Toten hinab. Der Weg derer führt hinauf in die himmlische Heimat. Wer das Erdenleben als guter Mensch überstanden hat, wird das *wahre Leben* schauen und den Weg finden, den er beschreiten möchte! Es ist Gesetz, daß der Leib nach dem Absterbenen in die Erde wandert, der Geist aber folgt dem Leib *niemals*. Er geht in seine Heimat zurück zum *Urlicht*.

Jedem von euch sei aber die Bitte ans Herz gelegt um euer selbst willen: Übergebt euren Geist vor der Zeit des Absterbens vertrauend dem Vater des Himmels, damit das dem Geist eigene, volle Bewußtsein in Aktion tritt.

Bald nach der Ankunft im Jenseits werdet ihr erfahren, was euer ist. Als stahlendes LICHT folgen die guten Werke nach, die ihr auf Erden vollbracht habt und schmiegen sich an euch als leuchtendes Gewand. - Und das Leid der Erde wird vergangen sein. Auf Messias-Alfa werdet ihr wieder im materiellen, aber feinstofflichen Leib auferstehen.

Als die Blutzeugen im Zeitraum antichristlicher Herrschaft, der Endzeit der alten Erde, werdet ihr die "Nachlese der Ernte Gottes" heißen.

Jesus wird mit euch sein, bei denen, die auch die "Überwinder des Negativen" genannt werden. Und der Tod wird keine Macht haben über sie, die im Buch des Lebens stehen. Die Liebe wird sein in Jesus, der da ist der Messias von Alfa, ein Reich in Ehre!

Emanuel

Ich bin das Liebe-Licht...

So wie Ich außer euch zu wirken vermag in alle *Endlosigkeit*, so vermag Ich in euch zu wirken, wenn ihr Mir Einlaß gewährt, denn Ich bin das LICHT und die LIEBE, und wer Mich in sich beherbergt, durch den wirke Ich und fließe hinaus in die euch umgebenden Kreise, alle Grenzen überflutend.

Wo ich Mich hinwende, erwecke Ich LEBEN und verwandle Finsternis in LICHT.

So werdet ihr durch Mich zum LICHTQUELL, der selbst zu leuchten vermag, wie einer Meiner Sterne. Wo Ich bin, kann sich kein Schatten halten. Vor Meinem Licht und Meiner Liebe muß er vergehen.

Und nichts als ein leuchtender, makelloser Kristall bleibt zurück in eurem Seelenkleid: der *wahre*, für ewig in Frieden und Seligkeit lebende *reine* GEIST aus Mir.

JESUS

Wenn die Sterne ziehen...

Die Zeit der Erlösung

Das unendliche *Schöne* liegt nicht hinter euch, sondern vor euch, und ihr werdet hingeleitet von Gott, auch wenn ihr nichts davon bemerkt.

Große Scharen gefallener Geister in der Rückentwicklung, noch befunden an die Materie, doch im Geiste schon in Freiheit lebend durch Erkenntnis der Wahrheit, haben den Heimgang angetreten.

- Und ein LICHT wandert dem anderen nach! Die Sterne ziehen...

je mehr sie sich auf den Heimweg konzentrieren, um so größer wird die unendliche Kraft, die ihnen zuwächst. Am Wegrand steht die geistige Welt und spricht sie leise, liebend an, so daß sie noch in ihrer sterblichen Hülle, beglückt, der *Unsterblichkeit* gewahr werden. Vor dem Tor zur himmlischen Heimat werden sie ihres irdischen Arbeitskleides, der Materie, entbunden, um das astrale Gewand anzunehmen, um himmelan zu steigen, der Erlösung gewiß.

Das Entbundensein vom Leid der Erde überströmt die Seele des reifen Geistes mit unendlicher Freude und webt ihm ein himmlisches Kleid nach dem Grade seiner Empfindung.

Verschieden in der Färbung, als helles Licht, aufwärts strebend zu den *Sternenwohnungen* im VATER-HAUS, hingezogen durch höchste Gotterkenntnis zum Einssein mit der WAHRHEIT und der *unendlichen* LIEBE des EINEN.

Wenn die Sterne ziehen, sind alle Tore geöffnet, und der Vater selbst erwartet seine LICHTKINDER.

Im Namen JESU das Wort den Seinen übermittelt.

Linus

Die Strahlen des URLICHTS

Unaufhörlich sendet das göttliche Urlicht seine *Strahlen* aus, die silbernen Fäden, an deren Enden sich Welten um Welten bilden.

Wenn für jene die Rückentwicklung beginnt, streben sie an den silbernen Fäden wieder empor, Stufe um Stufe, bis hin zum LICHTAUSGANGSPUNKT.

Welten in ständiger Veränderung, je nach der Stärke ihres Lichts, sichtbare und unsichtbare Sterne, auf dem Weg zurück zum Urlicht.

Ein Vollzug im ewig-gesetzlichen Rhythmus des Aussendens und Anziehens! Milliarden und Abermilliarden solcher Sternenwelten befinden sich im All, verbunden mit dem Göttlichen durch die silbernen Fäden, die Strahlen des Urlichts.

Kataklysmen und Evakuierung

Die grafischen Darstellungen (Seite 46 und 58) sollen als schlicht-anschauliche Illustrationen für kommende Endzeitereignisse gelten.

Erdbeben, Kriegs- und Naturkatastrophen erschüttern das Erdenrund. Gebäude, Hochhäuser, Türme, die Freiheitsstatue, Minaretts, - alles stürzt zusammen.

Die Bergungsaktionen zahlreicher Raumschiffe sind in vollem Gange: Männer, Frauen und Kinder aus allen Nationen werden emporgehoben und in Sicherheit gebracht. Sie sind zu erkenntnisstarken Stammvätern und -müttern für die neue Erde ausersehen. Auch die Tierwelt ist nicht vergessen, - eine moderne Version der "Arche Noah" - auf göttliches Geheiß.

f. ríos

So verhält es sich bei den meisten von euch. Vom Urlicht, von Gott seid ihr ausgegangen - gefallen - auf feinstoffliche bis grobmaterielle Welten, um euch jetzt, in der Rückentwicklung hin zu Gott, wieder hinaufzuschwingen in die Feinstofflichkeit und von da in das dem Geiste eigene Reich. Befreit für die Himmel, als Kinder des LICHTS!

Vom Rad der Wiedergeburt *Befreite*, *Zurückgerufene*, *Begnadete*, sie werden leben auf STERNEN, die zu LICHT geworden sind, in des VATERS HAUS, im *ewigen* TAG, -

ein jeder seiner Individualität entsprechend, der Vollendung seiner Wesenheit entgegenreifend, um zu sein als vollkommene Geister in der machtvollen Allgegenwart Gottes, um zu dienen in Freude und Demut, verbunden dem Vater durch vollkommene Erkenntnis, die vollkommene LIEBE bedingt.

Der Schmerz ist vergangen, er haftet nur an der Hülle des unvollkommenen Geistes im Menschenkleid. Die LIEBE des vollkommenen, gereiften Geistes hat diesen nicht zu ihm gehörenden Schmerz für immer abgestreift.

Berufen zur Seligkeit, gelöst von aller *Gebundenheit,* wahr und wahrhaftig lebend, befreit von jeglichem Schatten, geöffnet der "Herrlichkeit" als Licht von Gottes LICHT.

Emanuel

Baut nicht mehr auf Sand...

Wisset, wahre LIEBE ist ewig! Sie ist eine Kraft und eine Macht, auf die das NEGATIVE keinen Einfluß hat.

Erhebt euch zu dieser LIEBE, und es wird euch der *Mut* nie mehr verlassen, was auch kommen mag!

Die Kraft des Gegensatzes wird wirkungslos, wo *wahre* LIEBE herrscht. Versucht diese Wahrheit zu erkennen und ihr zu leben! Denn nur sie allein kann euch den Weg weisen in der kommenden ZEIT!

PANORAMA ist eine Brücke, eine Durchgabe von der geistigen Welt - aus der "STILLE" gesendet - der Stille, die vor dem Sturme liegt!

Wir haben euch gemahnt aus der unendlichen Liebe heraus, versuchet mit dieser in Einklang zu kommen, sie ist das HÖCHSTE an menschlicher Erkenntnis.

Wer jetzt noch auf Sand baut, kann Gott und Jesus nicht mehr entgegenwachsen, er wird in der Nacht zurückbleiben, in der keiner arbeiten kann und verweht werden wird, wenn der *Sturm* losbricht.

Gottes reichen Segen denen, die das Wort annehmen, im Namen Jesu.

Linus

3. Kapitel

Einweihung in den Evakuierungsplan

Der Laie erlebt die Welt so, wie sie ihm zuteil wird. Unverhangen, unbeschwert, geöffnet der Wahrheit mit einem untrüglichen Gefühl für diese. Es heißt, geordnete Erkenntnis ist Wissenschaft, in ein System gebrachte Wahrheit. Tatsache ist, daß auch die Einzelwahrheit, die ein Laie erfährt, Wert besitzt und in kommender Not für die Menschheit zum Rettungsring werden kann.

Mit diesem Gedanken beschäftigt, fühlte ich mich plötzlich nicht mehr allein im Raum.

Es war heller Tag. Mein Bewußtsein, angespannt, registrierte eine Energie, mächtiger, stärker als die allgemein menschlich-irdische, dennoch wohltuend, mit meinen Gedankengängen gleichgeschaltet. Nach links kreisende Bewegungen, die den ganzen Raum erfüllten, hatten mich zum Mittelpunkt. Nach und nach aber ebbte die Kraft ab, um sich in der Ecke des Raumes für mich sichtbar zu verdichten.

Da stand Linus, groß, im weißen Raumanzug, leicht silbrig glänzend, mit edlem Gesicht und strahlenden Augen, die mich zu grüßen schienen.

Es kam mir plötzlich in den Sinn, daß sich die edelsten Gedanken immer in schlichter Sprache formulieren, daß dieselben aber noch weit mehr Schönheit offenbaren, wenn man sie telepathisch empfangen darf.

Ohne Übergang kam seine Antwort: "Wie recht du hast. Ist erst einmal die ganze Menschheit der Telepathie fähig, führt dies zu jetzt noch ungeahnter universeller Harmonie. Noch aber geht ihr Erdenmenschen einer sehr üblen Zeit entgegen. Deine Gedanken, daß auch die Einzelwahrheit, geordnet und weitergeleitet, der Menscheit als Rettungsring zu dienen vermag - sind richtig und haben mich zu dir geführt.

Von der Evakuierung der Menschen in der Endzeit, der Trübsal oder des apokalyptischen Krieges - mit Miniraumschiffen (abgekürzt MR) - durftest du schon erfahren.

Wenn es dein Wunsch ist, mich anzuhören, so will ich dir die Ankunft der MR am Mutterschiff schildern und den Aufenthalt der Menschen dortselbst, sowie den Abflug zur neuen Welt, als Vorschau, begreiflich machen.

Einer eurer fähigen Männer belehrte euch, daß Wissenschaftlichkeit, außerwissenschaftliche, persönliche Qualität vom einzelnen verlangt. Vor allem auch Disziplin im Denken und Mut. Dies sind die Eigenschaften, die euch befähigen, uns zu verstehen und zu empfangen."

Zum besseren Verständnis legte der Interplanetarier eine *Zeichnung vom Mutterschiff* vor mich hin, die mir zwar durch Beschauung schon bekannt war, sein Gespräch aber aufklärend bestätigte.

Mini-Raumschiffe (MR) landen nach dem Rückflug von der Erde auf der Auffahrtsrampe des Mutterschiffes, jedes auf seinem vorbestimmten Platz, um dort anzudocken. Nach diesem Vorgang werden die Ankömmlinge in das Raumschiff entlassen.

Wer ein Miniraumschiff betritt und bereit ist, damit die Erde zu verlassen, bringe nichts mit, außer die Seinen und sich selbst. Leid und Elend hinter sich lassend, fliegt der Mensch seiner neuen Bestimmung und einer friedlichen Zukunft entgegen. Genauso wie es in euren geistigen Werken heißt: "Der sterbliche Leib wird (durch Verwandlung) die Unsterblichkeit anziehen". Geoffenbart als das Geheimnis der Entrückung von der Trübsal.

Riesiges Mutterschiff mit Landerampe

Die rings herumführende Landerampe ist beleuchtet und verfärbt sich je nach Energiebedarf.
Auch der oberhalb der Türen und Schleusen befindliche Ring, ist — wenn nicht verschlossen — beleuchtet. Es handelt sich um die rundherum angebrachten Öffnungen = Fenster zur Aussicht aus dem Raumschiff.

Es wird in jener Zeit manche Art der Rettung möglich sein, eine davon ist die Evakuierung mit Miniraumschiffen, zu der wir, eure Brüder aus dem All, von der geistigen Hierarchie ausgewählt wurden. Mit dieser Aufgabe durch Liebe verbunden, sind wir dankbar für jede Verbreitung dieses Sachverhalts:

Rettung der Menschheit durch Evakuierung mit Miniraumschiffen - zum Wohle aller.

Zur Evakuierung sei noch erwähnt: Viele, die von unserem Gespräch in Kenntnis gesetzt werden, zählen schon zu ergebenen Dienern Gottes. Sie werden auch Pioniere der Neuen Zeit genannt. Eben diese sind es, die das Mutterschiff wiederholt verlassen, mit dem MR auf die Erde zurückkehren, um auch gute Menschen abzuholen, die aus Angst vor dem Unbekannten das ferngesteuerte MR nicht betreten würden, aber durch das Gesicht des Freundes bald zur Aktion Vertrauen fassen. Es handelt sich um Menschen, deren Bewußtsein noch nicht befähigt ist, die Rettung zu begreifen.

Die geistig wachen Menschen, die schon heute zu uns Verbindung haben, werden uns helfen, die große Aufgabe zu vollbringen. Es gibt eine Harmonie zwischen Tun und Lassen, zwischen Nehmen und Verzichten, die jenen, die uns zu helfen vermögen, schon eigen ist.

Sie leben in der Liebe und wissen, daß diese kein bloßer Impuls ist. Sie sind sich der Verantwortung, der Wahrheit und dem Plan Gottes zu dienen, voll bewußt.

Wir bauen auf euch Freunde, die ihr um die ZEICHEN DER ZEIT wißt und wachsam seid.

Akklimatisierung im Raumschiff

Schon im Miniraumschiff beginnt sich eine strukturelle Umwandlung in euren Körpern zu vollziehen. Der feinstoffliche Körper in euch beginnt sehr rasch sich des irdisch-physischen Fluidums zu entledigen. Die auf der Erde gewohnten Reaktionen verlieren allmählich ihren Einfluß auf euch. Wohltuende Ruhe umfängt euch.

Im Mutterschiff angekommen, wird mittels Sprechanlage gebeten, den lichtgedämpften Tunnel ohne umzusehen zu durchschreiten.

All dies geschieht zum Schutz der Ankömmlinge.

Die irdische Bekleidung wird während des Durchganges leicht entkeimt. Die Lichtreflexion der Strahlung jedoch läßt die Gesichter etwas verzerrt erscheinen. Daher die Anordnung befolgen, nicht umwenden, damit keine Angst aufkommt!

Mit großer Liebe werden alle Vorbereitungen von uns getroffen. Wahre Seelsorge liegt uns am Herzen, denn wir wissen, daß das kostbarste Gut allen Lebens die universelle Einheit ist, zu der wir euch geleiten möchten.

Auf eurer Erde werden nun mehr und mehr prophetische Worte entsiegelt, so wie Gott sie euch einst verheißen hat.

Auch unsere Aufgabe ist aufgrund der Einheit allen Lebens ein Teilplan Gottes.

Habt ihr den Tunnel durchschritten, wird ein Raum mit sechs hellen Betten betreten. Darunter durchlaufend ein Fließband, vor jedem Bett ein rechteckig angezeichneter Platz, auf dem die irdische Bekleidung abgelegt werden soll. Bei allen Menschen macht sich aufgrund der großen Umstellung Müdigkeit bemerkbar, die, so sie im Bett liegen, rasch in einen tiefen Schlaf übergeht. Während dieser Ruhepause läuft das Fließband mit der irdischen Bekleidung ab. Neue Bekleidung wird am Fließband angebracht, bestehend aus einer Strumpfhose mit Sohle und einem Überkleid.

Alles dehnbar, nicht anliegend, unzerreißbar und als Material weißer Seide ähnlich.

Während des Schlafens werden die Betten automatisch an die Decke des Raumes emporgehoben. Die Menschen erhalten in ihrer Ruhepause eine Intensivbehandlung mit hochwertigen Energien. Sie erwachen danach ohne Hunger- und Durstgefühl, vollkommen erfrischt und beruhigt.

Nach Beendigung des Ankleidens erfolgt die erste Begegnung mit der Raumschiffbesatzung, anderen Menschen und Freunden.

Schon in diesen Stunden wird den Menschen klar, welch wunderbare Vorsorge für sie getroffen wurde.

All die vielen Fragen, die die Ankommenden stellen, werden mit Liebe und Geduld beantwortet.

Schulung im Raumschiff

Der gute Mensch will lernen, ist aufgeschlossen und dankbar für alles Wissenswerte. Die Schulungsthemen sind:

1. Erlernen und Begreifen der vollkommenen Teilhabe. Einer für alle, alle für einen.
2. Liebe zum Nächsten, Aufstieg zur kosmischen Liebe.
3. Stärkung des Verantwortungsbewußtseins für die kommende Menschheit.
4. Verständnis des Lebens als Einheit in Gott.

Viele Menschen werden schon im Raumschiff unter der liebenden Führung meiner Brüder vom Schein zur Wahrheit finden, denn es wird für sie offenbart, daß Liebe die einzige Kraft im Universum ist, die das Leben verbessern kann.

Verbunden allem Leben entwickeln sich die Menschen und reifen heran für die neue Welt.

So, kurz enthüllt, sieht unsere Aufgabe aus, die wir im Zusammenwirken mit den Wissenden der Erde erfüllen wollen. Helft uns dabei!

Vorschau

Rückführung der Menschen auf die alte, neue Erde mit dem später lautenden Namen "MESSIAS-ALFA" in neuer Umlaufbahn.

Dies alles ist dir schon bekannt.

Im Raumschiff wurde euch die Harmonie einer höheren Welt zuteil. Mit vollem Bewußtsein habt ihr euch in diese neue Sphäre eingelebt. Auch euer Äußeres beginnt sich dem Inneren anzugleichen. Die Veränderungen werden offenbar. Telepathie ist euch nun nicht mehr unbekannt, denn es gab auch dafür eine Schulung. Menschen mit offenem Herzen zeigen große Befähigung auf diesem Gebiet. So wird sich im Zusammenwirken der Liebenden auf "Messias-Alfa" eine universelle Sprache entwickeln. Für vieles jedoch bedarf es dann keiner Worte mehr.

Der Verstand der zukünftigen Menschen erfährt auf dem gereinigten Planeten eine andersgeartete Kräfteverteilung. Für alle dort Lebenden wird ein leuchtender Pfad sichtbar. Dank geläuterter Wünsche öffnen sich für euch die Tore zu feinstofflichen Welten.

Die unendliche LIEBE aber, die aus höchsten Regionen zu euch kommt, wird unter euch bleiben. (Vergl.: Offbg. Joh. 21; Vers 3 - 4) Siehe da die Hütte Gottes bei den Menschen, und Er wird bei ihnen wohnen, und sie werden Sein Volk sein, und Er Selbst, GOTT mit ihnen, wird ihr Gott sein.

Dank der geistigen Hierarchie erfassen wir die volle Bedeutung der Rettungsaktion. Die Menschen der alten Erde werden Zeugnis ablegen in der neuen Welt von der Vergangenheit und der mühsamen Entwicklung vom Leid zum wahren Leben.

Deshalb ist eure Mitarbeit auch Bedingung für alles Leben. In eurer kleinsten Hilfe liegt große kosmische Bedeutung. Jeder, der auch um uns besorgt ist und seine liebende Kraft Brüdern und Schwestern aus anderen Welten entgegenbringt, ist wahrhaft selbstlos.

Wenn das neue JAHRTAUSEND anbricht, unterscheidet es sich grundlegend von aller Vergangenheit. Die hohe Schwingungsphase der neuen Welt wird dazu beitragen, daß vieles aus eurer Wesenheit verschwindet, anderes daraus zu strahlen beginnt. Viele Kräfte, bisher zerstreut, werden sich in euch sammeln, und euer Bewußtsein wird keine Begrenzung erfahren. Manches für euch bisher Unsichtbare wird sichtbar werden.

An allen Enden der jetzigen Erde sammeln sich Schriften, die meine Worte bekunden und ebenso vom kommenden Geschehen zeugen. Dort, wo dennoch der alte Gegensatz durchbrechen möchte, wird er Ketten der liebenden Einheit finden, die ihm diesen Weg versperren.

Entwickelt euer Bewußtsein, liebe Erdenmenschen, seid aufmerksam den laufenden GESCHEHNISSEN gegenüber, die euch die Zeichen der Zeit enthüllen werden.

Längst hat sich von uns zu euch ein Faden der Demut gesponnen, durch den wir unsere liebenden Geschwister erkennen und mit Freuden erwarten.

Die Kräfte des Lichts sind die erhabene Grundlage eures neuen Lebens. Ein Licht, das jetzt schon durch viele Seelen der Menschheit wirkt, dasselbe, das auch uns auf den Plan rief. Es verbindet uns und die ganze Schöpfung mit eurer Erde, die zur NEUWERDUNG berufen ist.

Linus

Rettungsunternehmungen durch Außerirdische

Ungezählte intergalaktische Weltraumschiffe kommen zur Erde und nehmen die Menschen guten Willens auf, um sie *vor* der Katastrophenzeit außerhalb des Erdglobusses in Sicherheit zu bringen.

Mini-Raumschiffe (MR) und Aufklärer als größere Typen stehen

im Einsatz und bringen als "Lufttaxis" oder durch Levitation die für die Neue Erde aus allen Kontinenten Selektierten zu riesigen Mutterschiffen bzw. an den Ort ihrer Bestimmung.

Von hier aus werden sie *nach* eingehender Schulungszeit wieder auf die gereinigte Erde zurückgebracht, um in kosmisch-geistiger Ordnung glückhafte Gemeinschaften zu bilden.

4. Kapitel

ZWEITER TEIL

Karl L. Veit
Symptome des 20. Jahrhunderts

Berufung, URgemeinde - Tätigkeit zur Endzeit und Verkündigung der NEUEN ERDE

Ein amerikanischer Buchtitel mit Hinweisen auf den Beginn des "NEUEN ZEITALTERS" heißt: "They shall be gathered together" = "Sie sollen zusammengeführt werden"!

Die Wahrheit dieses Wortes erlebte ich dank göttlicher Führung in zahlreicher Hinsicht seit meiner Jugend. Nach meinem Kunststudium 1924- 1929 in Mainz und Frankfurt/M. mit anschließendem Studium der Lorberwerke 1929 bis 1932 traf ich mit einer den Herrn hochverehrenden Naturheilpraktikerin, Sophie Kirchner, in Wiesbaden zusammen, die - zum Inneren Wort erweckt - während des Zeitraums von 1933 bis 1936 viele Botschaften erhielt, die, nebst dem zu verwirklichenden Inhalt, der Ausbildung für eine spätere geistige Tätigkeit als "Verkünder" und "Sendbote" zunächst für Deutschland und Rußland diente.

Mein erster öffentlicher Vortrag im Saal der "Stadt Mainz", Sonntag, 16. März 1933, behandelte das Thema "Von der Zukunft der Menscheit im christlich-geistigen Sinne". Im gleichen Jahr gründeten mein Vater und ich auf Geheiß des Herrn den "URgemeinde-Verlag", kauften eine Druckerei und veröffentlichten Broschüren und Traktate, unter anderem "Das Buch für die Kinder der Erde"*), "Weihnachtsgabe eures himmlischen Vaters für das Deutsche Volk"**), was uns aufgrund der Anzeige eines

*) Vergl. in genanntem Titel die Botschaft **) auf Seite 12 - 23 D.H.

evangelischen Pfarrers im Februar 1934 eine öffentliche Gerichtsverhandlung mit polizeilichem Verlagsverbot einbrachte.

Der bedeutsamste Teil jener Botschaften enthielt Prophetien und Ausblicke bezüglich des Untergangs des materialistischen Äons mit Neubeginn eines Äons lichtvoller Zukunft als Auftakt der "WIEDERKUNFT CHRISTI".

Diese Auspizien waren zusammengefaßt in dem "Buch für die Kinder der Neuen Erde", konnten aber aufgrund des Verbots damals nicht gedruckt werden.

Dem 2. Weltkrieg (1939 - 1945) folgte meine russische Kriegsgefangenschaft bis 1949, während welcher Zeit ich die Schrift "Deutschlands christlich-geistige Sendung" in Rußland verfaßte, die ich bei verläßlichen Kameraden während der erzwungenen Aufenthalte in 22 Lagern kursieren ließ und 1950 als URgemeinde-Heft Nr. 1 in Wiesbaden herausgab.

Bei Kriegsende kam meine mir schon 1935 vorausgesagte Frau zur geistigen Erweckung (wir wurden durch das UG-Heft 1 zusammengeführt).

Aus ihrer Heimat (Kurort) Sudetenland vertrieben, durfte sie zum Inneren Wort erweckt, himmlische Niederschriften aufzeichnen, die im UG-Rahmen als Nr. 7 publiziert wurden. Unser Trauspruch (Psalm 60; 14) lautete: "Mit GOTT wollen wir Taten tun". Es folgten "Die Erde im Zeichen des Wassermann" v. P.H.O., B. sowie zahlreiche weitere Eröffnungen, die als UG-Schriften, z.B. Nr. 3 "Endzeit und Wiederkunft Christi" (B.D.), Nr. 7 "Ich komme zu euch" (A.V.), Nr. 9 "Sieben Himmelsstufen" (H. Georgie) und die "Vier Marksteine aus dem Leben Jesu" (Nr. 11 - 14) sowie "Karmatha" und "Abraham, eines Urerzengels Erdenleben" (A. W.) Verbreitung in mehr als einem Dutzend Länder fanden.

Ufologie: Durch Naturphänomene, Wissenschaft und Künste in die Spirale des Lichts

Bereits während dieser Zeit (seit 1950) pflegten meine Frau und ich aufgrund unserer Gewißheit um die Bewohntheit des Weltenraums hobbymäßig UFO-Forschung. 1956 wurde - wiederum in neuem (uns erstaunt machenden Auftrag) v. Oben die DEUTSCHE UFO-STUDIENGESELLSCHAFT e.V. mit dem VENTLA-Verlag gegründet, die ersten Nummern der UFO-NACHRICHTEN herausgegeben mit Interviews beim deutschen und österreichischen Rundfunk und Fernsehen, ebenso Konferenzen, Monatstagungen und Kongresse etc. gestartet.

Durch 15 Länder gereist, im Auto, Eisenbahn, Schiff und Flugzeug (alles vom eigenen Vermögen investiert), wurden zahlreiche Dia- und Filmvorträge - darunter im In- und Ausland - an sieben Universitäten - gehalten, und auf zwölf interkontinentalen Kongressen wurden Wissenschaftler - Ehrenvorsitz Prof. Dr. h.c. Hermann Oberth - Forscher und Kontaktpersonen aus allen Erdteilen u.a. auf zwei Weltkongressen 1960 und 1967 in Wiesbaden und Mainz eingeladen, die ihre außergewöhnlichen Erfahrungen (vergl. die DOKUMENTARBERICHTE von 1960, 1967, 1972 und 1975 sowie die UN 260 - 262, Kongreßverlauf 1979/80) vor Tausenden Personen bekanntgegeben haben.

Im Laufe dieser 32 Jahre (1950 - 1982) gingen durch die Urgemeinde-Monatstagungen, Vorträge sowie von der DUIST, den UFO-NACHRICHTEN (UN) und den VENTLA-Büchern an Mitglieder, Leser und Abonnenten in 89 Ländern - außer unseren über 700 Vorträgen und Symposien - ungezählte Informationen in Wort, Bild und Ausstellungen in alle Welt hinaus.

Weltthema Nr. 1 Außerirdische Flugobjekte

Prof. Dr. h.c. Hermann Oberth, Ehrenmitglied der DUIST erklärt das OTC-Modell einer „Fl. Untertasse" auf dem 4. Internationalen Kongreß der UFO-Forscher in der Rhein-Main-Halle/Wiesbaden 1960 vor 1 000 Teilnehmern und Delegierten aus 24 Ländern.

Durch diese Aktionen, die auch an sämtliche Mitgliedsstaaten der UNO/New York, an Regenten und Präsidenten direkt gingen - konnte eine klare "Scheidung der Geister" auf den Linien materialistischer Tendenzen *und* Zusammenführung Gleichgesinnter und echter Illuminaten deutlich beobachtet werden.

Bei meinem Vortrag "Entwicklung der Deutschen und Europäischen UFO-Forschung" auf dem 2. Konvent des "International Space Project" in Bakersfield/Kalifornien 1961 (siehe "Planetenmenschen besuchen unsere Erde" v. K. V. (vergr.), S. 120 - 130), verlas ich u.a. das gewaltige Wort des Herrn aus dem Großen Johannes-Evangelium Bd. 9, Kap. 90 und 94, folgende Prophezeiung:

(IX/94) [2] *Der Herr*: Ich werde bei Meiner zweiten Wiederkunft nicht mehr aus einem Weibe irgendwo wieder als ein Kind geboren werden; denn dieser Leib bleibt verklärt so wie Ich als Geist in Ewigkeit.

[3] Ich aber werde zuerst unsichtbar kommen in den Wolken des Himmels, was so viel sagen will als: Ich werde vorerst Mich den Menschen zu nahen anfangen durch wahrhaftige Seher, Weise und neuerweckte Propheten, und es werden in jener Zeit auch Mägde weissagen und die Jünglinge helle Träume haben, aus denen sie den Menschen Meine Ankunft verkünden werden, und es werden sie viele anhören und sich bessern; aber die Welt wird sie für irrsinnige Schwärmer schelten und ihnen nicht glauben, wie das auch mit den Propheten der Fall war.

[4] Ebenso werde Ich von Zeit zu Zeit Menschen erwecken, denen Ich alles das, was jetzt bei dieser Meiner Gegenwart ist, geschieht und gesprochen wird, durch ihr Herz in die Feder sagen werde, und es wird dann das einfach Geschriebene auf eine eigene, den dermaligen Menschen wohlbekannte kunstvolle Art in einer ganz kurzen Zeit von einigen Wochen und Tagen vielen Tausenden gleichlautenden Exemplaren können vervielfacht und so unter die Menschen gebracht werden; und da die Menschen in

jener Zeit, beinahe durchgängig des Lesens und Schreibens wohl kundig sein werden, so werden sie die neuen Bücher auch selbst wohl lesen und verstehen können.

[5] Und diese Art der Ausbreitung Meiner neu und rein wiedergegebenen Lehre aus den Himmeln wird dann um vieles schneller und wirksamer zu allen Menschen auf der ganzen Erde gebracht werden können denn so wie jetzt durch die Boten in Meinem Namen von Mund zu Mund.

[6] Wenn auf diese Art Meine Lehre unter die Menschen, die eines guten Willens und tätigen Glaubens sein werden, gebracht sein und zum wenigsten ein D r i t t e l der Menschen davon Kunde haben wird, so werde Ich denn auch hie und da persönlich und leibhaftig sichtbar*) zu denen kommen, die Mich am meisten lieben und nach Meiner Wiederkunft die größte Sehnsucht und dafür auch den vollen und lebendigen Glauben haben werden.

[7] Und Ich werde aus ihnen Selbst Gemeinden bilden, denen keine Macht der Welt mehr einen Trotz und Widerstand zu bieten vermögen wird; denn Ich werde ihr Heerführer und ihr ewig unüberwindlicher Held sein und alle toten und blinden Weltmenschen richten. Und so werde Ich die Erde reinigen von ihrem alten Unflate.

[8] Zur Zeit der neuen Seher und Propheten aber wird eine große Trübsal und Bedrängnis unter den Menschen sein, wie sie auf dieser Erde noch niemals da war; aber sie wird Meiner dermaligen Auserwählten wegen nur eine kurze Zeit dauern, auf daß diese an ihrer Seligwerdung nicht sollen einen Schaden erleiden...

[14] Es gibt ein gar großes Land im fernen Westen, das von allen Seiten vom großen Weltozean umflossen ist und nirgends über dem Meere mit der alten Welt zusammenhängt. Von jenem Lande ausgehend, werden die Menschen zuerst große Dinge vernehmen, <u>und diese werden auch im Westen Europas auftau-</u>

---

*) Vergl. Johannes 14, 21: "...Wer Mich liebt, den werde Ich lieben und Mich ihm offenbaren."

chen, und es wird daraus ein helles Strahlen und Widerstrahlen entstehen. Die Lichter der Himmel werden sich begegnen, erkennen und sich unterstützen.

[15] Aus diesen Lichtern wird sich die Sonne des Lebens, also das neue, vollkommene Jerusalem, gestalten, und in dieser Sonne werde Ich auf diese Erde wiederkommen.

*

[8] Um bei den Menschen mit der Länge der Zeiten in den Wissenschaften und den aus ihnen hervorgehenden Künsten eine volle Reinigung zu bewirken, muß ihnen zuvor Meine Lehre gepredigt sein... Zur rechten Zeit werde Ich Menschen erwecken für die reinen Wissenschaften und Künste, und diese werden es den Menschen von den Dächern herab verkünden, wie die Diener Balaams ihre Wunder bewirkt haben. Dadurch wird die reine Wissenschaft in allen Dingen, sowie auch die reinen Künste zu einem unbesiegbaren Vorläufer und Vorkämpfer für Mich gegen den alten Aberglauben werden; und so durch sie der Augiasstall wird gereinigt sein, dann werde Ich ein leichtes und wirksames Wiederkommen auf dieser Erde haben. Denn mit der allenthalben reinen Wissenschaft der Menschen wird sich meine reinste Lebenslehre auch leicht vereinen und so den Menschen ein vollständiges Lebenslicht geben, da eine Reinheit die andere nimmerdar verunreinigen kann, so wie *eine* sonnenhelle Wahrheit die andere nicht...

Ende des Zitats

UFO-Sichtungen von Familie Veit

Während der Aussprachen nach meinen über 600 UFO-Vorträgen wurde häufig die Frage an mich gerichtet: "Haben Sie selbst schon Fliegende Untertassen gesehen?", worauf ich wahr-

Fall 2) Zwei IFOs über Wiesbaden-Schierstein — Ölbild nach der Beobachtung v. Karl L. Veit am 11. August 1955, 13.30 Uhr.

UFO-Sichtung in Los Angeles/St Monica, Kalif. am 4 Sept. 1961. 21 Uhr im Garten v. Fam Waltz

Zeugen: 12 Personen

Von 12 Personen bezeugte UFO-Sichtung. Los Angeles / Calif.

Los Angeles, California

(Labor Day) Sept 4/61--------9:45 PM

While gathered in the home of Mr. & Mrs. Waltz, discussing the UFO subject with Mr. Carl Veit of Germany and specifically, while Mr. Veit was presenting his European UFO slides (out in the yard), the daughter of Mr. Otto suddenly asked, "Daddy, what is that"?

Every one looked up and observed a football-like object moving silently from the north to the south;then,when being observed, it seemed to pause,then move upward, pausing again for a moment before disappearing from our range of vision (It appeared through a set of field glasses to hover at an extremely high altitude)

This object appeared to be about 50 to 100 ft in diameter and had the appearance of being dully illuminated and mettalic.

Confirming that the above statements are entirely true, we hereby affix our signaturs;

Los Angeles Mr. & Mrs. W. Waltz

Wiesbaden Karl L. Veit

Los Angeles, Calif. Jean Waltz

Lucerne Valley James Glen Johnson

Los Angeles, Calif Rev. Dorothy Chenoweth

Chicago, Ill. John Otto, Jon Otto, Lisa Otto and Laura M. Otto

Mrs Bernice C. Stranges

Venice, Calif Dr. Frank E. Stranges

heitsgemäß antwortete: "Jawohl, meine Frau und ich haben in 25 Fällen teils am Tage, teils des Nachts Fliegende Objekte beobachten können."

Eine Auswahl von drei charakteristischen Ereignissen:

Fall 2) Am 11. August 1955 sah ich zwei große Objekte mit ionisierter Lufthülle von Richtung Mainz über den Rhein nach Wiesbaden-Biebrich-Erbenheim (Flugplatz) um 12.30 Uhr bei klarem Sonnenschein in bedeutender Geschwindigkeit fliegen. Die Sichtung dauerte ca. fünf Sekunden. Weder die Größe, noch die Geschwindigkeit und erst recht nicht die Ionisation der Lufthülle hätten Möglichkeit zur Verwechslung mit einem herkömmlichen Flugzeugtyp geboten. Bemerkenswert war eine anschließende, auffallende Lufttätigkeit von Düsenjägern des Erbenheimer Militärflughafens im Groß-Wiesbadener Luftraum. - Von dieser unvorhergesehenen Sichtung, die mich sehr bewegte, hatte ich ein Ölbild gemalt, das ich auf der Veranstaltung Wiesbadener Künstler in der Brunnenkolonnade im Juni 1956 ausstellte. Dieses Bild "UFOs über Wiesbaden-Schierstein" rief nicht wenig Erstaunen hervor und wurde zum Anlaß eines Sonderartikels mit guter Tendenz im "Wiesbadener Tagblatt".

Fall 4) Am 1. Mai 1957 hatte ich mit meiner Frau, unserem damals 13jährigen Sohn und zwei Herren der Nachbarschaft - also zusammen fünf Personen - Gelegenheit, ein Aufklärungsgerät (ferngesteuerte Telemeterscheibe) fünf Minuten lang von 12.00 bis 12.05 Uhr bei hellem Sonnenschein, mit bloßen Augen und mit Fernglas zu beobachten. Das runde Objekt, das oben silbrig glänzte und eine dunklere Unterseite hatte, wechselte etwa zehnmal seinen Standort, machte flatternde Bewegungen und stand jeweils kurz still. Nach fünf Minuten verschwand es mit derartiger Plötzlichkeit, daß niemand von uns fünf Personen die Richtung oder die Art des Verschwindens resp. sich Auflösens feststellen konnte.

Fall 10) Anläßlich meiner Amerikareise (31. August bis 9. Sept. 1961) zum 2. Kongreß "International Space Project", über New York nach Bakersfield/Kalifornien (siehe Gesamtbericht in "UFO-Nachrichten" Nr. 62 v. Okt. 1961) hatte ich weitere private Referate in Los Angeles und San José (Calif.), wobei die gemeinsame Sichtung eines Strahlschiffes über St. Monica stattfand.

Am Montag Abend, 4. September 1961, trafen sich eine Reihe unserer UFO-Freunde in Los Angeles/Santa Monica im Hause von Mr. und Mrs. O. W. Waltz. Es waren weiterhin anwesend deren Tochter Jean Waltz, James Glen Johnson, Lucerne Valley, Rev. Dorothy Chenoweth, Los Angeles, Ing. John Otto und Frau Doris, Sohn Jon und Tochter Lisa Otto,*) Chicago, Dr. Frank Stranges**) und Frau Bernice, Venice, Californien, also zwölf Personen.

Wegen großer Hitze wurde der Vorschlag gemacht, daß ich meine europäischen UFO-Dias nicht im Zimmer, sondern im Garten vorführen sollte, und ich zeigte dann die Lichtbilder. Während meiner Erklärungen, etwa beim 25. Bild, sagte Lisa, das achtjährige Töchterchen von Mr. und Mrs. Otto: "Daddy, what is that?", indem sie nach oben zeigte. Alle schauten überrascht empor und beobachteten genau über uns eine leuchtende Scheibe, in der Erscheinung etwas kleiner als der Vollmond, die sich von Norden nach Süden bewegte. Während wir sie etwa vier Minuten lang beobachteten, schien sie still zu stehen, bewegte sich dann aufwärts, ruhte wiederum für einen Augenblick, bevor sie aus unserem Blickfeld verschwand. Sie schien, durch das Fernglas gesehen, nach ihrem sich von uns entfernenden Flug,in einer außerordentlichen Höhe zu schweben. Das Objekt hatte schätzungsweise einen Durchmesser von 15 bis 30 Metern, leuchtete

---

*) Moderator im TV Chicago, der später zu einer Sondertagung nach Wiesbaden kam.

**) War Gastredner auf dem DUIST-Weltkongreß 1967 und ein zweites Mal Kontakt-Referent bei dem 12. Konvent der UFO-Forscher 1979 in Mainz.

schwach rötlich-orange und schien metallisch zu sein. Der Eindruck war wie mattglühendes Eisen. Es wird bestätigt, daß obige Angaben völlig wahr sind; das Dokument Seite ... zeigt unsere Unterschriften.

Nach diesem für uns alle beglückenden Erlebnis zeigte ich den zweiten Teil meiner Dias, die auch viele Bilder vom Wiesbadener UFO-Kongreß Oktober 1960 darstellten.

Alle Anwesenden, besonders Dr. Stranges und John Otto waren von der Schau und dem Gesamtrahmen der internationalen Veranstaltung und vor allem von den Persönlichkeiten aufs Tiefste beeindruckt und hocherstaunt. Beide äußerten sich in gleichem Sinne: "Wir wußten überhaupt nicht, daß von der Deutschen UFO-Studiengesellschaft in der Bundesrepublik, in Berlin und vielen europäischen Ländern solch enorme Aufklärungsarbeit geleistet wurde.

Das ist ja mehr, als bei uns in Amerika! Das sehen wir auch an Eurem wundervollen Dokumentarbericht über Euren UFO-Kongreß."

Es folgten sodann die Vorführung der auswahlbesten Dias von John Otto. Dr. Stranges hatte seine hochinteressante Serie am Sonntag vorgeführt - und so konnten wir uns nach reichhaltigem Austausch erst lange nach Mitternacht trennen mit allen guten Wünschen für die Weiterentwicklung und für eine fruchtbare Zusammenarbeit zwischen beiden Kontinenten.

Dieses Ereignis läßt annehmen, daß unser Zusammensein in Santa Monica von unseren Weltraumbrüdern genauest beobachtet worden war und sie sich mit ihrem Strahlschiff zu dieser günstigen Gelegenheit zeigten und bemerkbar machen wollten.

Schärfung des Beurteilungsvermögens

Es gilt jedoch offenen Sinnes, auch auf negative Erscheinungen zu achten. In den USA und Europa sind Scharlatane aufgetreten, die Daten und "Rettung vor dem bevorstehenden Weltuntergang" an *solche* Menschen versprachen, die in ihrer Vertrauensseligkeit ihr Vermögen dafür opferten, als "Erwählte" dabei sein zu dürfen. Andere Schwindeleien, Irreführungen oder Voraussagen mit Zeitangaben über Massenlandungen von UFOs wurden verbreitet, deren spiritistische Urheber in Foppgeistern zu suchen sind, die leichtgläubige Medien samt Anhänger täuschen. Z.B. im Fall des ehemaligen Feldwebels Edilcio Barbosa (44), der die Landung eines Jupiter-Raumschiffes für den 8. März 1980 angekündigt hatte, worauf 50.000 Menschen in Casimiso de Abreu, 140 km von Rio entfernt, vergeblich gewartet hatten.

Die heutige Menschheit steht vor zwei grundsätzlichen Willensentscheidungen:

a) Beim Verharren auf materiegefesselter Sandgrundlage eskaliert die destruktive Entwicklung (unsere derzeitigen Weltverhältnisse).

b) Bei Bewußtseinserweiterung durch *geistig evolutionierende Reife* zeigen sich Einsichten in kosmische und himmlische Welten, wie dieses mit den VENTLA-Büchern und UG-Schriften für Menschen guten Willens zugänglich gemacht wurde.

Der sowohl als Bezeichnung wie als Vorkommnis gebrauchte Begriff gewaltsamer "Entführung" gehört grundsätzlich zur negativen Welt. Auch die vielen Science-fiction-Filme und ihre mit ungeheuren Phantasiekulissen dargestellten Aggressionen aus dem Weltall sind in dieselbe Kategorie einzustufen. - "Entführung" und ENTRÜCKUNG sind grundverschiedene Ereignisse, die der Unterwelt resp. den Sphären des Lichts entstammen. Die empirische Wissenschaft von der Realität extraterrestrischer Flugkörper mit intelligenten, uns überlegenen Piloten, bestätigt die Bewohntheit des Weltalls und dient der realen Naturwisschenschaft als Brücke zu den Wundern des Universums, ja, zu himmlischen Lichtwelten.

Man kannt den Begriff der "*Entrückung*" (Paulus an die Thessalonicher). Der deutsche Prediger, Heiler und Evangelist Hermann Zeiss/Solingen hatte bereits in den 50er Jahren aus dem VENTLA-Buch (1958) "Im Innern der Raumschiffe" von George Adamski erkannt, daß die seither schwer zu verstehende Entrükkung im Auftrag des wiederkommenden Christus JESUS mit außerirdischen Raumschiffen vonstatten gehen würde. Er hatte daraus seinen Gemeinden vielerorts vorgelesen.

Durch eine Reihe von Kontaktlern wurde dieses Thema unabhängig voneinander während der letzten 20 Jahre mit mehr oder weniger Deutlichkeit erklärt, weil die Generalreinigung des verseuchten Erdkörpers (Luft, Wasser, Boden, Nukleartests etc.) mit moralischem Tiefstand zahlreicher kriegerischer Nationen einen zwangsläufig selbst herbeigeführten *Abschluß* mit NEU-BEGINN aller Gutgewillten nach Göttlichem Plan erforderlich macht.

Vergl. Offbg. 1; 7 - 8: "Siehe, Er kommt mit den Wolken, und es werden Ihn sehen alle Augen und die Ihn zerstochen haben; und werden heulen alle Geschlechter der Erde. - Ich bin das A und das O, der Anfang und das Ende, spricht GOTT der HERR, der da ist und der da war und der da kommt, der Allmächtige."

"Und sah eine große Schar aus allen Völkern und Sprachen ... und riefen: Heil sei dem, Der auf dem Stuhl sitzt, unserem Gott und dem Lamm." (7; 10).

"Und ich sah einen Engel fliegen mitten durch den Himmel, der hatte ein ewiges Evangelium zu verkünden denen, die auf Erden wohnen und allen Heiden und Geschlechtern, Sprachen

C.A.'s Fotoapparat erfaßte diesen ‚Friedensstern', der aus 84 Engeln gebildet zu sein scheint, — was jedoch von niemandem der Teilnehmer wahrgenommen, nur von der Kameralinse aufgenommen wurde, während der Eröffnung des Wüsten-Konvents durch George van Tassel.

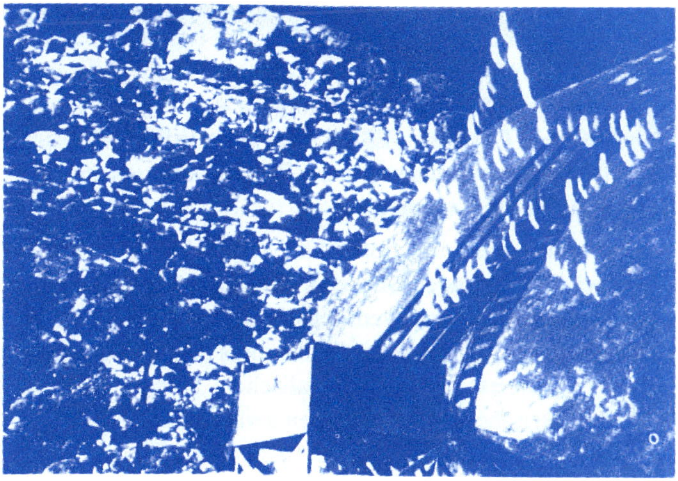

Das Stern-Phänomen am Giant Rock/Kalifornien am Sonnabend, 27. Oktober 1962, 10.30 Uhr, als „Antwort auf unsere Gebete um Frieden am Höhepunkt der Kuba-Krise".

Carl Anderson/Calif.

Siehe den Auszug seines Erlebnisberichts Seite 83 bis 87.

und Völkern - und sprach mit starker Stimme: Fürchtet Gott und gebe Ihm Ehre; denn die Zeit Seines Gerichts ist gekommen! Und betet an Den, Der gemacht hat Himmel und Erde, das Meer und die Wasserbrunnen." (14; 6 - 7)

"Der allmächtige Gott hat das Reich eingenommen." (19; 6)

"Ich mache alles neu ... Siehe da die Hütte Gottes bei den Menschen! Und Er wird bei ihnen wohnen, und sie werden Sein Volk sein, und Er Selbst, GOTT mit ihnen, wird ihr GOTT sein; und Er wird abwischen alle Tränen von ihren Augen, und der Tod wird nicht mehr sein, noch Leid noch Geschrei noch Schmerz; denn das Erste ist vergangen." (21; 3 - 4)

"Es spricht, der solches bezeugt: Ja, Ich komme bald!" (22; 20)

"Es werden Zeichen am Himmel sein" ... "Und es wird gepredigt werden das Evangelium vom Reich in der ganzen Welt zu einem Zeugnis über alle Völker, und dann wird das Ende kommen." (24; 14)

Als "Zeichen am Himmel" sollen wir die außerirdischen Flugobjekte ansehen, die sowohl als "Warnung" wie als "Hoffnung" zu deuten sind. Wer dieses ZEICHEN versteht, der ahnt oder *weiß*, was die Weltenuhr geschlagen hat.

Mit Vorbedacht wurde auf dem 12. DUIST-Kongreß im Oktober 1979 im Mainzer Kurfürstlichen Schloß u.a. das Thema "Evakuierung" vor einem vorbereiteten Auditorium (u.a. Dipl.-Ing. Hermann Ilg und Prof. Pedro Romaniuk/Argentinien) sozusagen probeweise behandelt. Leona, die wir persönlich kennenlernten, schrieb uns einen Ausspruch von Prof. William Brockhaus: "Wissenschaft ist geordnete Erkenntnis, in ein System gebrachte Wahrheit." Dazu sei auf Wunsch Emanuels noch eine Einzelwahrheit in das bisher veröffentlichte UFO-Gesamtwissen eingefügt:

"Tatsache ist, daß auch Erkenntnisse eines Nichtwissenschaftlers, eines Laien ihre Geltung haben. Denn er erlebt sie so, wie sie ihm zuteil werden, ohne die Brille des Forschers, unbelastet allen sogenannten "Fachwissens", geöffnet der Wahrheit und mit einem untrüglichen Gefühl für diese.

Die Menschheit unseres Planeten kann ohne Wissenschaft nicht überleben. Daher ist jede Einzelwahrheit ein Rettungsring, eine Chance zu überleben.

Durch Vertrauen erlangt man Verständnis der bewundernswerten Planarbeit und Hilfeleistung der Interplanetarier im Endzeitgeschehen, die der offiziellen Wissenschaft noch unbekannt sind."

Nunmehr seien diese Eröffnungen in die Hände verständnisvoller Menschen guten Willens gelegt. Alle hierin enthaltenen Aufschlüsse mögen zur Errettung von Milliarden Seelen dienen. Die Zeit ist gekommen, daß durch gewaltige Umwälzungen die Herangereiften in die universelle Gemeinschaft aufgenommen werden, wie es in Joh. 6; 45 heißt: "Sie werden *alle* von Gott gelehrt sein..."

Die beiden Begriffe EVAKUIERUNG und ENTRÜCKUNG besagen, daß nach eigener freier Entscheidung jener Teil der Menschheit aus allen Nationen, der wirklich guten Willens ist, vor den letzten Katastrophen auf höhere Weisung hin durch Weltraummenschen von der Erde weg- und aufgenommen werden soll, um nach der Reinigung des Erdballs zu neugestalteten Lebensräumen zurückgebracht zu werden. Das betrifft die Evakuierten, während die Entrückten in höheren geistigen Lebensräumen verbleiben.

5. Kapitel

Zwölf Außerirdische sprechen

ORTHON redet mit George ADAMSKI

In seinem großartigen Buch "Im Innern der Raumschiffe" beschrieb der weltbekannte UFO-Pionier seine hervorragenden Erlebnisse mit außerirdischen Piloten und Wissenschaftlern. Hier eine charakteristische Stelle der Unterhaltung, die ORTHON an George A. richtete:

"...Das Kippen eurer Erde ist ein Grund, weswegen wir sie ständig beobachten, denn ihre Beziehung zu den anderen Planeten in unserem Milchstraßensystem ist äußerst wichtig. Ein drastisches Kentern eines Planeten würde sich in einem bestimmten Ausmaß auf alle auswirken und die Bahnen, in denen wir durch den Raum fahren, entscheidend ändern."

"Ein heftiges Kentern würde sicherlich eine große Katastrophe auf unserer Erde hervorrufen, nicht wahr?" fragte ich.

"Das muß zwangsläufig geschehen", erwiderte er. "Leider begreift der Erdenmensch die Gesetze noch nicht, die die Beziehung des Menschen zu der Welt, in der er lebt, bestimmen. Lange Zeitalter hindurch hat es viele Zeichen und Omen gegeben; aber eure Leute haben sie einfach ignoriert. Viele sind in eurer Heiligen Schrift als Prophezeiung festgehalten; jedoch eure Leute haben sie nicht beachtet. Manche davon sind sogar schon in Erfüllung gegangen. Trotzdem sind die Menschen nicht klüger geworden. Es ist nicht weise, sich vom Schöpfer loszusagen. Die Menschheit muß sich führen lassen von der Hand, die ihr das Leben gab!

...Wir wollen die gegenwärtige Zeitperiode das "Zeitalter der kosmischen Verständigung" nennen. Es ist dies das erste Mal in eurer Zivilisation, daß ihr euch in umfassendem Sinne der Wahr-

Zigarrenförmiges Mutterschiff, das ‚Aufklärer‘ ausschickt. Die letzte einer Serie von vier Schnellaufnahmen, die George Adamski am 5. März 1951 machte. Auf dem ersten Bild war nur ein Aufklärer sichtbar; auf dem zweiten zwei, auf dem dritten fünf und auf dem vierten sechs „Scouts“.

Das Erkundungsschiff des Venusmenschen, das George Adamski am 13. Dez. 1952, 9.10 Uhr in Palomar Gardens-/Kalifornien fotografiert hat. Man beachte die kugelförmigen Landevorrichtungen, die Linse auf der Spitze der Kuppel sowie die untere große Linse. Die helle Linie rund um den unteren Rand der Kuppel ist die Kraftspule.

scheinlichkeit bewußt werdet, daß andere Welten als die eure auch von Menschen bewohnt sein können. Da wir in unseren Raumschiffen jetzt so zahlreich überall am Himmel eurer Welt erscheinen, haben sogar diejenigen, die nicht glauben wollen, keine Wahl mehr. Soweit die Erdenmenschheit sich zurückerinnern kann, gibt es jetzt zum ersten Male überwältigende Beweise dafür, daß euer Planet das Leben nicht als Zufallserscheinung hervorgebracht hat, wie das von vielen eurer Wissenschaftler behauptet worden ist. Ein Menschengeschlecht entwickelt sich auf eurer Welt deshalb, weil euer Planet einer von vielen ist in der weiten, wohlgeordneten Schöpfung des Einen Ur-Ewigen und, wie alle anderen, Seinen Göttlichen Gesetzen unterworfen ist.

Unsere Schiffe vollführen an eurem Himmel Flugmanöver, die kein irdisches Flugzeug, ganz gleich welcher Nation, nachmachen könnte. Das wissen eure Wissenschaftler. Auch eure Regierungen wissen es. Überall in eurer Welt haben uns die Piloten eurer Flugzeuge gesehen und bewundert. Tausende eurer Leute haben uns am Himmel erblickt und waren höchst erstaunt. Weitere Tausende schauen überall nach oben in der Hoffnung, uns irgendwo zu erspähen.

Dies ist euch alles schon von den Alten vorausgesagt worden. In euren aufgeschriebenen Prophezeiungen heißt es, daß die ganze Welt in Unordnung geraten wird, und daß folgende Zeichen geschehen werden: Söhne Gottes werden vom Himmel zur Erde herabkommen, um die Menschheit zu retten. Die jetzigen Verhältnisse in eurer Welt haben euch, um mit euren Worten zu sprechen, unter den Schatten des Todes gestellt. Eure ganze Welt ist in Unordnung. Da ihr nun den Weltenraum "Himmel" nennt, und da auch wir Söhne und Töchter Gottes sind, könnte es da nicht vielleicht sein, daß gerade jetzt die alte Prophezeiung in Erfüllung geht?

Weiter ist vorausgesagt worden, daß, wenn diese Zeit kommt, sich die dunklen Rassen der Erde erheben und ihren Anspruch auf Gleichberechtigung und ein Leben als freie Menschen anmelden werden, der ihnen so lange von euch Hellhäutigen verweigert worden ist. Geht nicht auch diese Prophezeiung gerade zu dieser Zeit auf Erden in Erfüllung?

Du siehst, wir kennen die Geschichte eurer Welt gut. Der Begriff des Satzes "Wir sind unseres Bruders Hüter" gilt für die gesamte Menschheit überall. In eben dieser Rolle als Hüter unserer Brüder kommen wir zu euch und sagen: "Laßt das Allerhöchste Wesen des Universums für eure Welt das Leitwort sein, damit eure Trübsal vergeht wie die Finsternis vor dem Licht!"

Was wäre der Mensch ohne den Atem des Lebens? Und von wem bekommt er ihn? Ist er nicht überall zu finden, zum Segen aller Menschen? Sage dann dem Erdenmenschen, daß sein Gott nicht an einem weit entfernten Orte wohnt, sondern immerfort ganz nahe ist in allen Erscheinungsformen, auch im Menschen selbst..."

6. Kapitel

Kumars Note an die Menschen der Erde

Carl Andersons Begegnung mit Kumar, dem Weltraumpiloten

(Auszug)

Am 27. Juni 1958, als ich abends allein durch den Park in der Nähe meines Hauses ging, erschien ganz plötzlich ein Mann an meiner Seite. Er schien wie aus der Luft gekommen zu sein. Ich war sehr bestürzt, doch der Fremde beruhigte mich sogleich. Er sei von einem Planeten gekommen, der uns als Mars bekannt sei. Als ich ihn fragte, ob Menschen anderer Planeten auch rauchen, denn er hatte mir eine Zigarette angeboten, sagte er, daß heute viele Menschen auf dieser Erde seien, die von anderen Planeten kamen und manche der irdischen Gewohnheiten angenommen hätten, um weniger aufzufallen.

Kumar sagte zu mir, daß viele dieser außerirdischen Wesen in menschlichen Leibern auf der Erde inkarniert seien, wie der Herr JESUS CHRISTUS. Tausende sind von anderen Planeten mit Weltraumschiffen, die hier gelandet sind, hergebracht worden und leben und arbeiten jetzt unter den Menschen dieser Erde. Sie sind für einen ganz bestimmten Zweck hierher geschickt worden, um das Menschengeschlecht vor dem gänzlichen Untergang zu retten.

Er sagte, daß sich sein Raumschiff in nächster Nähe befände und er sich diesmal nicht lange hier aufhalten könne. Er bat, ich solle aufmerksam zuhören. Er begann zu sprechen:

Große wissenschaftliche Geister unserer Planeten wurden

ausgewählt, um als neugeborene Kinder bei euch inkarniert zu werden. - Viele Raumschiffe wurden von euch schon gesehen und Landungen beobachtet. Kontakte wurden an vielen entlegenen Teilen eurer Erde und in allen Ländern geknüpft. Eure großen Führer wurden aufgesucht und gewarnt vor furchtbaren Verwüstungen auf eurem Planeten, wenn alle jene in hohen, verantwortlichen Stellungen ihr Tun und Lassen nicht ändern.

Es ist zutiefst bedauerlich, daß unsere Vorschläge in den meisten Fällen zurückgewiesen wurden und unser Aufenthalt unter euch von vielen eurer Regierungschefs geleugnet worden ist. Dies ist euch teils wohlbekannt. Deshalb mußten wir unsere Kontakte mit denen auf privater Ebene treffen, die wir ausgewählt haben, um die Wahrheit unter euch Menschen zu verbreiten.

Diese wurden gründlich geprüft und in mannigfacher Weise auf die Probe gestellt, bevor sie beauftragt wurden. Es gibt viele Tausende unter euch, die den großen aufrichtigen Wunsch haben, uns Beistand zu leisten, und es ist diesen sehr schwer begreiflich, weshalb sie anscheinend von uns zurückgewiesen worden sind. Daher ermahnen wir euch dringend, *geduldig* zu sein! Wir haben die Gedankenwellen von allen denen aufgezeichnet, die vom Wunsch beseelt sind, uns zu helfen. Im Neuen Zeitalter, das schnell heranrückt, wird es noch viele Aufgaben geben, die ausgeführt werden müssen. Ihr Auftrag: unser Dasein und den Zweck unseres Kommens zu eurem Planeten bekanntzumachen.

Lest gründlich eure Heilige Schrift. Wenn ihr gelernt haben werdet, den wahren Sinn zu verstehen, dann werdet ihr wissen, was der Zweck unseres Kommens auf eure Erde ist, nämlich das *Kommen* des HERRN vorzubereiten. Das Haus muß gereinigt werden, bevor der Meister einziehen kann. Daher habt Geduld, ihr, die ihr es aufrichtig wünschet, uns zu helfen. Ihr werdet eure Aufgabe schon zur rechten Zeit erhalten, und es wird von euch erwartet werden, diese genau mit aller eurer Kraft und Fähigkeit auszuführen.

Wie wir schon früher betonten, haben unsere Botschafter persönlich eure Führer in hohen Stellungen aufgesucht. Es geschah mit dem Bemühen, auf eurem Planeten brüderliche Liebe zu erwecken und die Todesgefahr des Atoms abzuschaffen. Es ist nicht erlaubt, daß diese von einem Planeten unseres Sonnensystems benutzt wird. Der Mangel an Verständnis und Mitwirkung eurer Führer in hohen Stellungen ist höchst bedauerlich. Das bekümmert uns schmerzlichst. Es ist gegen unser universales Gesetz, in irgendeiner Weise Gewalt auszuüben. Wir können es nur versuchen, euch den Weg zu weisen, die Entscheidung aber liegt bei euch.

Wir waren gezwungen, die furchtbare Verwüstung anzusehen, die auf eurem Planeten entstand durch den verbotenen Gebrauch der atomaren Todeskraft. Auf verschiedene Weise mußten wir eingreifen, um größere Zerstörungen auf eurer Erde, dem schönen Planeten Shan, zu verhüten. Wir wenden keine Gewalt an, aber der Auserwählten wegen hielten wir es bei gewissen Gelegenheiten für nötig, unsere Anwendungsmittel durch die Atmosphäre eures Planeten zu senden, um den größten Teil der tödlichen Radioaktivität, die von euren sogenannten Wissenschaftlern freigelassen wurde, aufzusaugen und dadurch unschädlich zu machen.

Hätten wir diese furchtbare Todeskraft nicht unschädlich gemacht, wären noch viele Millionen Menschen mehr ums Leben gekommen. Eure Nahrung und euer Wasser wären hoffnungslos vergiftet worden. Unsere "Entgifter" (Nullifiers) wurden in vielen Teilen eurer Welt gesehen, und über die "grünen Feuerbälle" ist oft berichtet worden.

Wir haben euch beraten, haben es euch eindringlich gesagt, aber wir können euch nicht gewaltsam zwingen. Wir können nur bereitstehen und warten, wie sich die Dinge weiter entwickeln werden. Eure Heilige Schrift sagt: Wir wissen weder Tag noch Stunde.

Wir stehen mit mehr als fünf Millionen unserer Schiffe aller Arten und Größen bereit. Wie die Prophezeiungen in eurem Heiligen Buch bestätigen, werden wir nur die Auserwählten retten. (Das war 1950! D. H.) Diese Auserwählten sind jene Unschuldigen, die es vorgezogen haben, nach den Lehren des MEISTERS zu leben. Jene, die sich aufrichtig bemüht haben, einander zu lieben und in Frieden zu leben, die aber die unschuldigen Opfer ihrer weltlichen Diktatoren geworden sind. - Wir sind jederzeit zu Massenlandungen bereit, wann immer es notwendig werden sollte, die Auserwählten wegzubringen, um unsere Gäste zu sein, bis euer Planet Shan vollkommen gereinigt und wieder bewohnbar ist. -

Erst dann wird euer Meister Sein Königreich errichten auf Erden, in dem ihr in Frieden und Liebe leben werdet, denn dann wird das Böse (Satanische) in Ketten gebunden sein (Off. Joh. 20, 2). Fürchtet euch also nicht, *wenn wir uns eurer Erde in großer Zahl nähern werden.* Es ist die Aufgabe derer, die bisher noch *keinen Auftrag erhalten haben, die Nachricht von unserem Kommen zu verbreiten*, weil eure Regierungen sich geweigert haben, mitzuwirken.

Wie sich die Menschheit zu unserem Kommen stellt, wird eine wichtige Rolle in der erfolgreichen Durchführung der Evakuierung eures Planeten spielen. Unglücklicherweise werden die Herzen vieler Menschen versagen.

Wenn wir uns euch nähern, wird die Zeit nur knapp und die Verwirrung sehr groß sein. Verhaltet euch dann genau gemäß den Instruktionen, kehret nicht zurück, um materielle Werte mitzunehmen. Ihr werdet mit allem versorgt werden. Wir beobachten und warten.

Äußerst nachdenklich sind wir über eure Wissenschaftler, wenn wir sehen, wie sie sich bemühen, den Weltraum zu erforschen. So haben wir beobachtet, wie eure künstlichen Satelliten in die Umlaufbahnen hinausgeschickt wurden. Mitunter sind wir ihnen gefolgt. So wurden wir dann für eure Fernrohre sichtbar. Eure Astronomen haben das gesehen und davon berichtet.*)

Unsere Raumschiffe, die ihr "Untertassen" nennt, sowie unsere Gegenwart unter euch ist nicht alles, worüber ihr von euren Führern in Unwissenheit gehalten werdet. Diese werden aber für ihr Verhalten zur Rechenschaft gezogen werden. -

Und nun, Brüder und Schwerstern auf Shan, bevor wir unsere Übermittlung beenden, wünschen wir, denjenigen unsere Liebe und unseren tiefsten Dank auszusprechen, die sich für wahrhafte Aufklärung eingesetzt haben. -

Unsere Bemühungen basieren aufgrund echten Helfenwollens, weshalb auch so viele und verschiedenartige Kontakte gemacht worden sind. Denn alles hat seinen Zweck in der letzten, endgültigen Analyse. Ihr werdet auf viele Widerstände stoßen, aber sie werden alle überwunden werden. Das "Projekt des Weltenraumes" wird den Zweck erfüllen, für den es bestimmt ist. Dessen sei gewiß!

Projekt: ASHTAR

Kommandant von 10 Millionen Weltraumschiffen
von der Weltraumstation SHARE.

Derselbe, der sich "In kommenden Tagen" (VENTLA-Verlag, durch E.P.H., USA, bekanntgab.

*) Seitdem von den USA und der SU bemannte Raumkapseln in den Umlauf und zum Mond geschickt wurden, haben alle irdischen Astronauten während dieser Flüge extraterrestrische Raumschiffe gesehen, teils fotografiert und darüber berichtet. Vieles wurde der Öffentlichkeit vorenthalten. **Vergl. UN 289, Titelseite: "Russen treffen im Orbit auf außerirdische Raumfahrer" (mit 2 Bildern), und UN 303, Seite 7: "Sowjetische Kosmonauten sahen Engel". K.V.**

7. Kapitel

Eugen Drake

ARAMIAs und ESTRALONs Vermittlungen an mich

Dieses Sonnensystem führt den Auftrag einer hohen kosmischen Wesenheit durch, die alles Leben des großen Schöpfungsplanes lenkt...

Eine immer größere Anzahl von Raumschiffen hat sich nun in den oberen Schichten unserer Atmosphäre gesammelt. Diese Besatzungen haben die Zahl von 2 1/2 Millionen bereits überschritten und Millionen weitere sind auf dem Weg hierher.

Sie wollen uns vorbereiten für die kommende Zivilisation eines Neuen Zeitalters. Die gesamte derzeitige Weltsituation ist bereits unter ihrer Kontrolle.

Alle Weltführer stehen gleichfalls unter Bewachung. Alle sogenannten "Geheimkonferenzen", Planungen, Operationen sowie die Entwürfe und Zeichnungen sind diesen Raumwesen bekannt.

Unsichtbare Beobachter sind inmitten all dieser Zusammenkünfte und hören, sehen und fotografieren alles Wichtige, was diese an zukünftigen Vernichtungsplänen beschließen. Durch ihre Weitsichtapparate können sie jede Phase unseres Lebens verfolgen.

Nachdem die Mission der gesamten Raumschiffe eine hilfreiche und friedlicher Natur ist, soll dabei keinem Erdenmenschen irgendein Leid zugefügt werden, vorausgesetzt, daß kein feindlicher Akt von uns aus gestartet wird. Die Planetarier haben nun Kontakt mit vielen auf der Erde Lebenden aufgenommen, um mit diesen die neue Zivilisation des kommenden Zeitalters aufzubauen.

Sollte gegen diese Kontaktleute mit irdischer Gewalt vorgegangen werden, würden diese sofort in Raumschiffen in Sicherheit gebracht werden.

Aufgabe der Raumschiffe zur Endzeit

Viele der kleinen Scheiben werden in naher Zukunft auf der Erde gesehen werden, wenn sich die Katastrophen häufen. Auch einige der großen Raumschiffe werden sichtbar werden. Ihr Erscheinen wird Millionen Menschen dieser Erde beweisen, daß es Wesen von uns hoch überlegener Art rundum im Raum gibt; der jahrelang exerzierten Schweigetaktik und Lügenkampagne wird damit ein rasches Ende bereitet.

Wenn diese uns neue Menschenrasse in Nord- und Südamerika, in Europa, Afrika und Australien landet, werden wir sehen, daß sie Körper wie wir besitzen. Wir werden ihre Weisheit und Macht kennenlernen.

Viele unserer Künstler, Musiker und Poeten erhielten ihr geniales Gedankengut aus diesen Welten. Jedoch auch viele, an sich wunderbare Erfindungen wurden ihren Schöpfern auf dieser Erde von verbrecherischen Charakteren entrissen, um sich damit zu bereichern und die Menschheit damit frondienstmäßig von sich abhängig zu machen.

Erde und Planeten unseres Sonnensystems nähern sich mit unvorstellbarer Geschwindigkeit der alles verändernden Aura der Zentralsonne *Alkyone* im Siebengestirn. Dies wird das Angesicht der Erde von Grund auf verändern. Versunkene Kontinente werden wieder sichtbar werden, und die Meere werden zu einem Großteil in unterirdischen Räumen verschwinden. Selbst der uns umgebende Luftraum wird sich verändern und seine Vibrationsschwingung erhöhen.

Je mehr sich die Erde der Zentralsonne nähert, desto mehr Raumschiffe fremder Sonnensysteme werden sich ihr nähern wollen. Falls jedoch deren Absichten nicht freundlicher Art sind, werden sie von den Weltraumpatrouillen der Raumschiffe unseres Sonnensystems angehalten und abgedrängt.

Ernährungsfaktoren

Wir essen *keine fleischliche Nahrung* irgendwelcher Art. Auf diesem Gebiet sind wir den Erdbewohnern weit voraus. Wenn ihr aufhören werdet, Tiere zu morden, um euch mit deren Leichen zu ernähren, dann werdet ihr auch bald aufhören, euch selbst in Kriegen umzubringen.

ESTRALON, stellvertretende Kommandantin sagt:

"Raumschiffe sind auf eurer Erde seit Hunderten von Jahren gelandet. Oft hat man darüber in euren alten Büchern berichtet. Man baute und benützte schon Raumschiffe auf den mittlerweile untergegangenen Kontinenten MU (Lemurien) und *Atlantis*, welche zu ihrer Blütezeit sogar schon Raumstationen in der Stratosphäre unterhielten. Es gibt noch immer fünf solcher Raumplattformen, die in bestimmter Höhe um eure Erde kreisen.

Ihr seht also, daß weder Raumstationen, noch Raumschiffe eine neue Idee erst eurer Zeitepoche darstellen.

Wenn die Führer der Völker eurer Erde nicht so zerstörungswillig eingestellt wären, würden wir euch gerne die Geheimnisse verraten, wie auch ihr euch solche Raumschiffe bauen könntet. So muß dies aber noch unterbleiben, bis ihr gelernt habt, in Frieden miteinander zu leben. Erst wenn ihr euch unseres Vertrauens und Wissens würdig erwiesen habt, werden wir euch mehr darüber mitteilen."

Vor der Weisheit und Anmut dieser Frau von der Venus kam ich mir wie ein Staubkorn vor.

J.H
Estralon

Sie fuhr fort:

b"Bei jedem neuen Zeitlater, wenn die Erde und ihre Bewohner drastischen Änderungen unterworfen sind, kommen wir Raumleute zu ihrer Unterstützung. In diesem Falle kommen wir zur Hilfe jener, die sich mit den Lichtkräften abgestimmt haben. Wir helfen den großen geistigen Bruderschaften und den älteren Rassen, damit sich die Erde weiter entwickeln kann."

Estralon erzählte mir, daß einige weise Führer und Mystiker der damaligen Zeit vor diesem Untergang beider Kontinente in anderen Ländern Wissenszentren gegründet und mit jenen, denen sie trauen konnten, besiedelt hatten. *Diese wenigen waren ausersehen, die Fülle des Wissens, der Kunst und Wissenschaften vor der allgemeinen Zerstörung hinüberzuretten in kommende Zeiten.*

Es war beinahe so, wie es jetzt zugeht auf dieser Erde, wo die Mächte der Zerstörung gegen die kleine Gruppe der Aufbauwilligen stehen."

Dekadenz der Endzeit

"So sieht es aber bei nahezu allen Nationen dieser Erde aus. Und so wie damals, geschieht es auch heute wieder: Einige weise Männer wählen nach sorgfältiger Prüfung jene Menschen aus, welche die Fackel des Wissens und der Weisheit kommenden Generationen weiterreichen sollen.

Die Besten werden dadurch nicht verloren sein, wenn die derzeitigen Weltmächte die Kontrolle über die jetzige Erdsituation verlieren sollten. Kommt diese Zeit, dann wird diese ausgesuchte Gruppe von Menschen zusätzlich alle Hilfe von unseren Raumschiffen bekommen. Denn wir landen und nehmen Kontakte auf mit den vielen Bruderschaften und mystischen Führern, wie auch ihren Mitarbeitern.

Wären die jetzigen Führer der Erde in der Lage, in diese Zeitmaschine hineinzuschauen, würden sie schnell bemerken, welche furchtbaren Resultate ihre verbrecherischen Gewaltmethoden heraufbeschwören, was der Erde bevorsteht, was ihren Völkern und ihren Zivilisationen. Könnte man es ihnen nur endlich so klar und deutlich zeigen. Sie würden sich wohl anstelle ihrer gegenseitigen Haßprojekte schnellstens einer Tätigkeit befleißigen, die zum Frieden führt."

Estralon und Aramia sagten beide zu mir: "Wir, die ihr Raummenschen nennt, sind nicht beeindruckt von dem, was die Regierungen dieser Erde fallweise an Friedensbeteuerungen verlauten lassen. Wir sind im Besitz der von beiden Machtgruppen geheimgehaltenen Tatsachen. Wir kennen die Geheimdokumente in den Staatstresoren aller Nationen. Wir wissen aber auch, daß die Völker der Erde Frieden mit allen anderen wünschen.

Gewisse Führer wünschen keinen Frieden, außer, sie können einen solchen diktieren.

Wir haben erkannt, daß die Nationen der Erde die Kontrolle über die gesamte Erdsituation verloren haben und in ihrer ganzen Geteiltheit nicht fähig sind, einen Weltfrieden zu etablieren.

Sie können sich ja nicht einmal innerhalb ihrer eigenen Regierungen vertragen.

Eure Führer verraten letztlich niemanden als sich selbst. Aber unglücklicherweise würden sie eher eine ganze Zivilisation zerstören, eher würden sie die ganze Erde auslöschen, als sich zum Prinzip des Rechtes zu bekennen."

Rettungsaktions-Ordnung des Neuen Zeitalters

"Deshalb können wir nicht tatenlos zusehen, wie diese Erde zerstört wird, selbst wenn ein Großteil der Menschen es gar nicht besser verdienen würde.

Wir Raumleute, eure älteren Brüder, werden, wenn es notwendig ist, Kräfte einsetzen, von denen ihr keine Vorstellung habt. Wir werden die Erde vor ihrer Zerstörung bewahren, sowie jene, welche auserwählt wurden, die Führer des kommenden Zeitlaters zu sein.

Merkt es euch wohl, ihr Führer der Zerstörung. Wir wissen genau, wer und wo ihr seid; wir sind ein sehr geduldiges Volk, aber wir werden einmal sehr schnell handeln, um die Erde von eurer Art zu befreien, sobald uns unser oberster Führer dazu den Befehl erteilt. Die Macht, die dieser Führer darstellt, reicht so weit und ist so groß, daß ich als einzelner sie nicht beschreiben kann."

Estralon

Es folgen hier weitere Parallelen über die Evakuierungspläne der Extraterrestrier, die seit 30 Jahren in verschiedenen Kontinenten resp. Ländern an dort lebende Personen, meist durch persönliche Kontakte, gegeben wurden.

All diese waren bereits Vorläufer zu dem, was Leona in letzten Jahren konkret gesagt und erstmalig gezeigt wurde in geistiger Schau bzw. in konkreten Angaben durch Zeichnungen und Erklärungen des *"Wie"* eines gigantischen *Abholungsplanes.*

D. H.

8. Kapitel

Orfeo Angelucci

Geheimnis der Untertassen

"Es besteht ein unumstößliches Gesetz im Kosmos, daß ein zu großes Vorherrschen des Bösen unabwendbar eine Selbstzerstörung hervorruft mit einem nachfolgenden neuen Anfang" ... So sprachen Lyra und Orion zu Orfeo, und er berichtet weiter:

"...Diese Szene veränderte sich und zeigte eine dritte Welt. Dies war offensichtlich eine mittlere Welt, weder so dunkel und hoffnungslos wie die erste noch so licht und voll Geist wie die zweite. Zur Linken dieses Planeten erschien ein anderer kleiner Körper - ich erkannte ihn als unseren Mond, und der Planet war die Erde.

Von dem Planeten fuhren mehrere winzige Raumschiffe auf zum Mond und kehrten nicht wieder. Dann stieg eine kleine Luftflotte aus solchen Raumschiffen auf zum Mond, aber einige der Fahrzeuge kehrten zur Erde zurück.

Plötzlich, o wie schrecklich war das, erschien zur Rechten des Planeten Erde der rote Feuerfleck des kosmischen Gerichts. Rapide nahm er an Größe zu und ließ einen feurigen Flammenschweif hinter sich. Offensichtlich wurde der Komet unwiderstehlich zur Erde gezogen. Weder Lyra noch Orion sprachen, aber eine fremde Stimme sagte: "In der Dimension der Erdenzeit ist jetzt das Jahr 1986."

Voll Schauder und Angst wartete ich auf das Ende. Aber langsam verblich die unheilverkündende Szene auf dem Schirm. Erregt wandte ich mich an Orion: "Was geschieht nun mit der Erde?"

Orion und Lyra schauten mich beide voll Mitleid an, und

Orion erwiderte sanft: "Das hängt ganz von deinen Erdenbrüdern ab und ihrem Fortschritt in Richtung Einigkeit, Verständnis und Nächstenliebe während der Zeitperiode, die ihnen noch bleibt, zwischen dem sogenannten Jetzt und dem Jahre 1986. Wir werden ihnen alle geistige Hilfe, die möglich ist, gewähren; nicht nur wir, sondern auch andere Wesen aus allen Teilen des Universums. Wir glauben, daß sie und ihre Welt gerettet werden. Aber für keinen bestimmten Zeitpunkt in der Raum-Zeitwelt liegt die Zukunft jemals unwiderruflich fest.

Wenn die Erdenmenschen durch zu großes Übergewicht des Bösen die Selbstzerstörung ihres Planeten über sich bringen, so bedeutet das einen weiteren "Fall" der Erdenmenschen in noch tiefere Netze der Materie und der Unwirklichkeit. Da du deine Erdenbürger liebst, Orfeo, bemühe dich dein ganzes Leben hindurch bis zu deinem letzten Atemzuge, ihnen zu einer Welt der Liebe, des Lichtes und der Einigkeit zu verhelfen!"...

HOWARD MENGER und sein MENTOR

Raumpilot enthüllt die Mission der auf der Erde inkarnierten Außerirdischen

GOTT-Erkenntnis und Supra-Wissenschaft

"Viele von Eurer Bevölkerung haben sich hier auf der Erde freiwillig inkarniert und kommen von anderen Planeten Eures Sonnensystems, um einem Plan voranzuhelfen, der universal im Ausmaß ist. Sie haben auf ihren früheren Planeten ein sehr viel höheres Verständnis der Gesetze des Ewigen Vaters erlebt und selber zum Ausdruck gebracht. Wir haben nun begonnen, sie zu kontakten und ihr aufgrund der niedrigen Frequenz des Erdplaneten blockiertes Gedächtnis zu befreien. Doch wagen wir keinesfalls in der Form von Gewalt oder Kontrolle einzugreifen.

Das würde nicht mit den Gesetzen des Vaters übereinstimmen, denen wir anhängen. Wir sind für den Fortschritt und erfüllen nach dem besten Wissen und Können den Willen unseres Unendlichen Vaters. Gegen diese Gesetze handeln hieße, sie gegen uns wenden, wie wir wissen; was aber nicht der eigentliche Grund ist, daß wir nicht gegen sie verstoßen. Würden wir ihnen entgegenarbeiten, dann würden wir den Fortschritt verzögern und damit gerade das verhindern, das herbeizuführen wir uns zur Aufgabe gemacht haben. Vielen unter Eurem Erdenvolk, die sich freiwillig wieder eingekörpert haben, wurden rasche geistige Wahrheits- und Erkenntnisblitze, die aus ihrem ewigen Selbst kamen, zuteil. Aber diese Gedanken wurden meist verworfen als Einbildungen oder Halluzinationen und aus Eurem Bewußtsein vertrieben. Das ist leichter, als auf die Wahrheit zu hören und danach zu handeln. Es ist leichter, sich den verdrehten Wegen eurer Welt anzupassen, als seine Meinung frei zu äußern, um dadurch sogenannte Freunde, Geld, Macht, Ansehen und falsche Sicherheit zu verlieren. Das ist der Unterschied zwischen Männern wie Jesus, Moses, Buddha, Konfuzius u.a. im Vergleich zu Königen, Generälen und Tyrannen sowie Diktatoren, die in Wirklichkeit alle strategische Mörder der Menschheit sind.

Eure heiligen Schriften erzählen von der Sünde des Mordes, der Verfolgung, die Jesus und Propheten widerfahren ist. Diese ist wohl gegen die Gesetze Gottes, hat aber das Denken der Menschen auf Erden nicht geändert. Ihr seht immer noch zu Menschen empor, fürchtet sie oder paßt euch ihnen an, die eine solche Machtstellung und Autorität über ihre Brüder erreicht haben. Denkt Ihr denn, daß dieser Gott Gewalt, Verfolgung, Mord und Sünde in irgendeiner Form billigt? Sicherlich nicht, und solche, die es tun, huldigen einem falschen Gott, um ihren eigenen Zwecken zu dienen...

Eure Wissenschaftler sind notwendig, um den Fortschritt aller Lebensbereiche auf Eurem Planeten zu fördern. Wenn die "Wissenschaft" auftritt, beginnt der Mensch die Antworten auf viele beobachtete Phänomene zu finden, die er bisher nicht verstand. Augenblicklich jedoch begrenzt die Wissenschaft tatsächlich sich selber und den Fortschritt der Masse eurer Bevölkerung, indem sie das anerkennt, was nur durch objektive, anstatt durch subjektive Wirklichkeit als solche bewiesen werden kann, die mit der Wahrheit verbunden ist...

Wendet er nun die Wissenschaft in ihrer gegenwärtigen Form an, so wird er wohl niemals alle Antworten finden. Deshalb muß von den Wissenschaftlern eurer Tage eine *neue* Wissenschaft kommen, etwas, was *über* das derzeitige Niveau herausgeht, bevor es einen Fortschritt in diesem Bereich geben kann..." (1954!)

9. Kapitel

Der Außerirdische Besucher Valdar trifft Edwin in Durban/SA

Im Jahre 1960 kam Valdar in einem Raumschiff von einem Planeten mit Namen *Koldas* auf die Erde. Er wurde durch seinen Vorgesetzten *Wy-Ora* für eine zweijährige Mission an verschiedene Orte der Erde gesandt. Bereits vorher hatte Wy-Ora unseren Planeten besucht und freien Umgang mit den Erdbewohnern gepflegt. Er hatte ausgedehnte Reisen unternommen und den Grundstein zu *Valdars Aufgabe* gelegt. Planet Koldas ist einer der Mitglieder einer Konföderation von zwölf Planeten.

Valdar kam im geheimen auf die Erde, um höchste Regierungsmitglieder vieler Länder zu treffen, um interplanetarische Integration zu diskutieren und um über Nukleartests und Luftverschmutzung zu sprechen; desgleichen war es seine Aufgabe, Regierungsoberhäupter vor möglichen Veränderungen unserer Lebensbedingungen zu warnen. Bei diesen Änderungen der Lebensbedingungen könnte es sich um eigentliche Katastrophen handeln, die geeignet wären, das ganze Sonnensystem zu beeinflussen. In einem solchen Falle wäre die Erde augenblicklich jedoch nicht in der Lage, eine Massenevakuierung ins All zu organisieren. Die Konföderation bot Hilfe an. Sie plante, eine große Anzahl von Menschen in Sicherheit zu bringen, d.h. zu evakuieren, um sie später, nach Normalisierung der Lage, wieder auf die Erde zurückzubringen. Dieses Rettungsangebot war von rein humanitären Gedanken getragen.

Leider brach das Zwiegespräch zwischen den angesprochenen Führern der Erde und der Konföderation ab, weil keine Einigung zwischen unseren verschiedenen Ländern erzielt werden konnte.

Valdar sagte, daß die Konföderation die Erde eingeladen habe, ihrer Gruppe von Planeten beizutreten und daß dies der Hauptgrund seiner hiesigen Mission sei. Während seines Aufenthaltes in Durban verbrachte Valdar einen großen Teil seiner Freizeit in Bibliotheken und Museen, wo er las und studierte. Vor allem war er interessiert an den verschiedenen Religionen der Erde, doch war er völlig unvoreingenommen. Was Valdar beunruhigte, waren Gewalttätigkeit, Trunkenheit, Gesetzlosigkeit und Drogenmißbrauch.

Nur einige kleine Staaten waren geneigt, freundschaftliche Beziehungen zur Konföderation herzustellen. Die Mehrzahl der Länder und die großen Mächte wollten ihre Politik nicht ändern und öffentlich die Existenz einer anderen wohlwollenden Zivilisation von außerhalb unseres Sonnensystems nicht eingestehen.

Während Valdars Aufenthalt auf der Erde traf er in Durban (Südafrika) den 18jährigen Jugendlichen Edwin. Desgleichen traf er bei seinen Reisen überall in anderen Ländern einzelne Menschen. Aufgrund vieler Negativitäten werden bedeutende Veränderungen auf der Erde und in unserem Sonnensystem erwartet.

Es könnte nötig werden, Bewohner der Erde evakuieren zu müssen.

Die Geschichte der Konföderation und ihre Radio-Übertragungen an die Q-Gruppe in Durban stellt den Inhalt eines Programms dar. Die vorrangigen Punkte dieser Radio-Übertragungen scheinen folgendes anzuzeigen:

Es gibt Gruppen von Individuen auf der Erde, die durch negative Kräfte kontrolliert werden. Diese scheinen erfolgreich die Anstrengungen der Konföderation zu untergraben, die der Erde auf den Weg zu einer höheren zivilisierten Gesellschaft verhelfen möchten.

Diese negativen Agenten haben es geschafft, auf allen Ebenen unserer Gesellschaft, Regierungen und gebildeten Kreisen einzudringen und brachten es fertig, Dornen unter den Weizen zu säen...

Die Warnungen der Konföderation an die Welt über künftige drastische Änderungen, Änderungen, die bereits begonnen haben sollen, wurden von den Regierungen der Erde ignoriert. Daher die Forderung an die Konföderation, unseren Planeten zu verlassen. Gemäß den Wissenschaftlern der Konföderation müssen diese Änderungen kommen, wenn sich das magnetische Feld zwischen dem ersten und dem zweiten Spannungsfeld normalisiert. Sie erwarten, daß sich die Erdachse leicht verschiebt und dadurch das Abschmelzen und Verdunsten der polaren Eiskappen verursacht. Dies wird sich in abnormalen Gezeiten, Wetteränderungen und graduellen Überflutungen von tiefer gelegenen Landmassen auswirken. Andere Umwälzungen, Erdbeben und vulkanische Eruptionen werden ebenfalls erwartet. *Im Falle von sich verschlechternden Lebensbedingungen auf der Erde wäre die Konföderation noch immer bereit, eine große Anzahl von Menschen zu evakuieren.*

Falls nötig, wären Transportschiffe der Konföderation willens, all jene auf den weit entfernten Planeten Epicot zu evakuieren, die bereit wären, eine neue Art von Leben zu beginnen. Epicot ist ein junger Planet mit ähnlichen Lebensbedingungn wie auf der Erde und liegt in einem Sonnensystem in unserer Milchstraße. Es ist ihr Plan, all diejenigen zu empfangen, die die Lebensweise der Konföderation wählen.

Der Radioempfänger, den Valdar im Jahr 1962 Edwin gegeben hatte, wurde am 24. Januar 1979 durch drei mysteriöse Männer, die sich als Mitglieder der südafrikanischen Sicherheitspolizei ausgaben, beschlagnahmt. Der Vorfall wurde darauf den lokalen Polizeistellen gemeldet. In der Zwischenzeit hat die Konföderation neue Methoden ausprobiert, die die Kommunikation der Raum- und Zeitreisenden mit den Q-Gruppen aufrechterhalten werden.

Juli 1979 — Carl van Vlierden

Aus Gesprächen E. Castillos mit Krhisnamerk

Die Bewußtseinsbildung ist das Wichtigste in dieser Zeit, denn der Plan, den die Außerirdischen haben, ist so erhaben, daß alle Menschen ihn kennen sollten. Er muß verbreitet werden, so daß er alle sozialen Schichten erreicht. Durch dieses Wissen, das uns mitgeteilt wird, ist die Wahrheit gewaltig schön. Sie vereint die Menschheit ohne Unterschied von Rasse, Religion oder Stand ... Der Interplanetarier sagte: "...Zum Zwecke der Instruktion ist es nötig, daß Menschen von diesem Planeten an einen speziellen Ort evakuiert werden, wo sie zu einem neuen Bewußtsein geschult werden, damit sie ihre Brüder auf der Erde führen können.

Das sind Menschen, die um ihrer Verdienste und ihres Mutes willen für das Wohl der Erde zu arbeiten, für dieses große Werk ausersehen wurden..."

Krhisnamerk
Wissenschaftler der Plejaden-Bruderschaft

10. Kapitel

Ein Außerirdischer gibt Aufschlüsse über die Erdsituation

Dick Millers Kontakte mit Extraterrestriern

"Wir vermögen den Gedanken nicht zu ertragen an die weltweiten Auswirkungen, die eine Auflösung eures Planeten auf das Sonnensystem und dessen Bewohner haben müßte. Wir werden die Anwendung atomarer Vernichtungswaffen zu verhindern wissen, damit nicht noch einmal das passiert, was einst mit dem unglücklichen Planeten Maldek geschah. Und - obgleich sich der größte Teil der Menschen unserer Existenz noch immer nicht bewußt geworden ist oder werden will - wir lieben Euch dennoch!

Unsere Besuche auf Eurem Planeten geschehen aus verschiedenen Gründen. Wir sind sehr interessiert an der Entwicklung eurer Versuche auf dem Gebiet des Raketenantriebs und der Waltraumfahrt. Letztere ist aber nur möglich durch Anwendung eines "Variablen Polaritätsresonanz-Kraftfeldes", von dem das *ganze* Schiff umgeben sein muß! Eigentlich sollten Eure Wissenschaftler imstande sein, das herauszufinden, wenn sie mehrere unserer Fahrzeuge untersuchen würden. Wenn ein Reaktionsmotor, ganz gleich, wie hoch entwickelt, für interplanetarische Reisen gebraucht werden sollte, würde es dann nicht sonderbar erscheinen, daß kein einzigees unserer Fahrzeuge damit ausgestattet ist und betrieben wird?

Sie haben mehrere unserer Fahrzeuge. Einige ließen wir absichtlich zurück, damit man sie finden sollte. Einige andere aber gerieten in jene gefährlichen magnetischen Wirbel, die nahe der Erdoberfläche vorhanden sind. Diese Schiffe kamen also unfreiwillig bzw. zufällig in die Hände Eurer Regierung.

Wir unternehmen jetzt regelrechte Aufklärungsflüge über Gegenden mit magnetischen Störzonen und sonstigen Anomalien, d.h. wir legen regelrechte Kartenwerke an, Sammelmappen, die unseren Piloten dann zur Orientierung dienen.

Alle anderen bewohnten Planeten eurer Sonnenfamilie besitzen eine ausreichende technische Entwicklung, um sich in eigener Weise vor diesem Hindernis, einer Ballung von Trümmern und Strahlungen zu schützen; nur euer Planet vermag dies noch nicht und wäre der nahenden Gefahr wehrlos ausgesetzt, *wenn wir nicht einen Ring von 10 Millionen unserer Fahrzeuge rund um sie herum formiert hätten, der euch als Schutz dienen soll.*

Die kombinierten Kraftfelder all unserer zu Eurem Schutz entsandter Fahrzeuge werden zwar imstande sein, die Hauptmasse der kosmischen Strahlung abzuwehren bzw. abzulenken, es wird aber trotzdem geringen Teilen gelingen, die Oberfläche Eures Planeten zu erreichen. Die Auswirkung ist äußerst gefährlich!

Die Gefahr liegt in der Möglichkeit einer einschneidenden Störung des Gleichgewichts der irdischen Magnetfelder aus Süd- und Nordpol. Eine ungeschützte Begegnung könnte dazu führen, daß Euer Planet die Lage seiner jetzigen Pole umkehrt, d.h. daß der Nordpol zum Südpol, der Südpol aber zum Nordpol würde. Eine derartige Bewegung Eurer Achse würde praktisch die totale Zerstörung allen Lebens bedeuten!

Wir sind jedoch überzeugt davon, daß wir, indem wir unsere Fahrzeuge nach Zahl und Art, wie geschildert, einsetzen, in der Lage sein werden, ein solches drohendes Ereignis von Euch abzuhalten!

Wir tun alles, was wir zu tun vermögen, um Euch vor diesem Unheil zu beschützen, aber auch uns sind Grenzen gesetzt! Wir können also nur abwarten und beobachten, wie erfolgreich wir sind in unseren Maßnahmen. Ihr werdet nach unseren Schätzungen in wenigen Jahren (1954 gesagt! D.H.) durch das Zentrum der Wolke hindurchgehen. Und nach etwa sechs Monaten werdet Ihr sie hinter euch gelassen haben. Trotz alledem werden die Auswirkungen dieses verhängnisvollen Strahlungsherdes noch anhalten. Es wird im Gefolge des Durchganges auf Eurem Planeten schwere Erdbeben, Flutwellen, rauhe Wetter und andere Naturkatastrophen geben, denn die Wirkung dieser gefährlichen Strahlungswolke erstreckt sich bis in das innerste strukturelle Gefüge Eures Planeten."

Die große kosmische Konföderation - Einladung an die Erdenmenschheit

"Das ist bestimmt eine gute und einleuchtende Illustration unserer wissenschaftlichen Situation. Mir fiel auf, SOL-TEC, daß Sie, "Wir" sagten und auch eine *"Konföderation"* erwähnten. Was meinen Sie damit und was ist diese Konföderation?"

"Es gibt eine organisierte Gruppe von über 680 Planeten (!), die sämtlich das Recht zur Mitgliedschaft erworben haben, aufgrund ihrer fortschrittlichen Aufwärtsentwicklung. Diese Gruppe nun bildet die *Universal- oder Welten-Föderation, wie wir sie nennen.* Diese Planeten befinden sich in weit vorneinander verschiedenen Stadien oder Graden der Evolution, und dennoch leben und wirken sie alle zusammen zum Wohle aller. *Dein Planet, mein Bruder, war einst als Mitglied dieser großen Bruderschaft in Aussicht genommen.* Aber nach der Atlantis-Periode, dem Zusammenbruch dieser Zivilisation, mußten wir warten, bis wieder eine ihr vergleichbare Kultur bei Euch entstanden war und wir erneut versuchen konnten, Kontakte zu gewinnen, um Euch Erdenmenschen die Mitgliedschaft anzubieten. Jetzt rückt die Zeit rasch näher, in der wir eine solche Einladung an Euch ergehen lassen können.

Bevor dies jedoch geschehen kann, muß von seiten Eurer verschiedenen Völker und Nationen der gemeinsame Versuch unternommen werden, als Brüder zusammenzuleben! Wenn Ihr das durch aufrichtige und ehrliche Anstrengungen praktisch verwirklicht habt, dann wird es ein Erwachen für höhere geistige Werte geben, das Eure Völker in ein Zeitalter voller Schönheit und edler Lebenszwecke führen wird, so daß kein Glanz Eurer vergangenen Geschichte damit vergleichbar sein wird!

Warnung vor Nuklearwaffen

Wir haben das aus zwei Gründen getan: Erstens um euren Planeten vor der Zerstörung zu bewahren und zweitens um die weitreichenden Auswirkungen solcher Zerstörungen auf andere Planeten in Eurem Sonnensystem zu verhindern. Die kataklysmischen Veränderungen, die in der Struktur des Sonnensystems auftreten würden, wären furchtbar, falls wir euren Planeten auf eine solche Weise verlieren würden. Ihr seht daher, daß wir größtes Interesse an euren Errungenschaften und ihrer Überwachung haben müssen.

Unsere Absichten euch Erdenmenschen gegenüber sind vollkommen friedlich. Wir haben keineswegs den Wunsch, eure Regierung zu übernehmen, eure Völker zu beherrschen.

Wir möchten so gern in der Zukunft gewisse wissenschaftliche Techniken und kulturelle Fortschritte mit euch teilen können, ebenso Fortschritte in der Bildung. Eure Leistungen und technischen Errungenschaften haben beinahe einen Punkt erreicht, wo das möglich ist. Eure Völker werden bald das Recht zur Mitgliedschaft haben.

Wir von der "Universalen Konföderation" führen eine dauernde Überwachung Eures Planeten durch. Wir haben Millionen unserer Fahrzeuge in bestimmten Entfernungen von Eurer Erde. Allein auf unserem Heimatplaneten besitzen wir ca. zehn Millionen Raumfahrzeuge.*) Wenn Ihr die Anzahl zusammenrechnen

---

*) Parallele zu ASHTAR "In kommenden Tagen", Ventla-Verlag

würdet, die im ganzen Sonnensystem verfügbar ist, würdet Ihr an nahezu fünfhundert Millionen kommen.

Seht, wir, die wir Eure Brüder im Weltraum sind, haben eine *gemeinsame* Aufgabe mit Euch. Wir haben so viele Themen, die, wie wir glauben, für Euch von großem Interesse sind."

Voltra
und Eure Planetenfreunde."

Kontakte mit Regierungsoberhäuptern und Wissenschaftlern

"Sol-Tec, haben Sie oder Ihre Freunde jemals versucht, mit unseren Regierungsoberhäuptern oder führenden Wissenschaftlern Kontakte zu nehmen?"

Bei dieser Frage ging ein müder Ausdruck über sein Gesicht, als er antwortete:

"Wir haben in den letzten Jahren mit all den verschiedenen Führern Eurer Nationen Verbindungen, Kontakte aufgenommen. In einigen Fällen haben wir auch mit Wissenschaftlern gesprochen. Leider haben viele von ihnen nicht gewagt, uns zu glauben oder gar öffentlich Kunde von diesen Gesprächen zu geben oder gemäß den Informationen zu handeln, die wir ihnen gaben.

Wir haben ihnen dringend nahegelegt, ihre feindliche Haltung gegeneinander aufzugeben. Wir haben mit ihnen über technisch mögliche Fortschritte gesprochen, die Euren Völkern einen neuen Lebensstandard und eine neue Lebensweise ermöglichen würden. Es ist einfach traurig, feststellen zu müssen, daß eben diese obersten Regierungsstellen entweder glauben, daß ihre Völker dazu noch nicht reif genug seien oder aber, daß sie aus eigensüchtigen Gründen nicht wünschen, daß sich die Völker einer neugefundenen Freiheit erfreuten. Wir können natürlich Eure Führer nicht zwingen, unsere Anregungen oder die von uns angebotene Hilfe anzunehmen."

Aufklärungsaufgabe der Ufo-Studiengruppen

"Aus diesem Grunde haben wir unsere Taktik geändert und Verbindung mit Einzelpersonen und Gruppen Eurer verschiedenen Nationen aufgenommen, damit einmal eine gut informierte Menge von Menschen auf ihre Oberhäupter einen Einfluß auszuüben vermag."

*

Auf Wunsch zahlreicher Leser wurde das außerordentlich geschätzte Buch "Dick Millers Kontakte..." als Neuauflage in "UFO-NACHRICHTEN" als Fortsetzungsserie neu aufgelegt ab Nr. 272/Jan./Febr. 1982.

D. H.

Lichtgemeinschaften der Freude als Wegbereiter

So spricht Jesus: "Ich will meine Gemeinde zum Pfeiler machen im Strom des Todes, ich will sie erfüllen mit Überfülle von Freude und Liebe. Ich will sie zum Lichtglanz machen mitten in der Finsternis, ich will ihre Lippen mit Lobpreis der Himmel füllen. Ihr sollt empfangen, denn ich rede; ihr sollt die Fülle nehmen, denn ich erfülle euch. Ihr sollt die goldenen Leuchter sein in der Sturmnacht, ihr sollt wie Sonnenwiesen der Freude sein. Durch euren Mund will ich mich bezeugen, und euer Leben soll mich verherrlichen. Fontänen meiner Liebe lasse ich aufbrechen von lebendigem Wasser für das verdorrende Land.

Ich bin der Erste, ich bin der Letzte, und immer bin ich bei euch und bin das Licht. Mein Volk soll bereiten meinen Weg, denn ich komme im Licht. Mein Volk soll einladen und warnen, denn ich komme im Gericht. Seid bereit für die Kraft des Feuers, das ich in euch entzünde! Seid allezeit bereit für den offenen Himmel! Seid allezeit bereit, ich will mich durch euch verherrlichen. Ich lasse euch nicht allein, ich bin bei euch. In euch will ich das Licht sein, bis alle Augen mich sehen, bis Wehgeschrei und Lobpreis sich vermischen.

Der Himmel und aller Himmel Himmel sind mein: mein Reich kommt! Bereitet euch und bereitet mir die Bahn! Eurer Hand ist diese Welt vertraut, die meine Welt ist, des Ewigen Welt. Ladet ein, liebt die Menschen hinein in mein Reich, daß sie kommen von allen Enden der Erde und mich rühmen. Siehe, ich komme bald, und in jedem Augenblick bin ich schon bei euch. Wer überwindet, wird der Wunder Wunder schauen und ohne Ende mich rühmen. Er wird aus den Quellen der Freude trinken, die auch alles Leid durchdringen."

Gegeben am 25. Januar 1976
Aus "Weissagungen"

Kapitel 11

Karl L. Veit

DUIST-Aktionen - Resolutionen - Proklamationen - weltweit

an die wichtigsten Regierungen, Wissenschaftler und Institutionen seit 1956

Herz und Zentrum Europas

Im Laufe der Jahre - Ende der 50er bis 1982 - haben wir zahlreiche Briefe, VENTLA-Publikationen und Dedizierungen an die verschiedensten Führungsstellen vieler Nationen unserer Erde gesandt. So z.B. an:

Bundespräsident Prof. Theodor Heuss	Bonn
Bundeskanzler Dr. Konrad Adenauer	Bonn
Bundespräsident Dr. Heinrich Lübke	Bonn
Bundesverkehrsminister Dr. Seebohm	Bonn
Minister für Wissenschaft und Forschung, Dr. G. Stoltenberg	Bad Godesberg
Bundeskanzler Dr. K. Georg Kiesinger	Bonn
Chef des Bundeskanzleramtes Dr. Grundschöttel	Bonn
Bundesminister für Wissenschaft und Forschung, Dr. Schlepphorst	Bonn
Bundesverkehrsminister Dr. Leber	Bonn
Bundestagsabgeordneter J. Peter Josten	Oberwesel
Bundespräsidialamt, Dr. Wemmer	Bonn
Hessischer Minister für Wirtschaft und Verkehr	Wiesbaden
Ministerpräsident Dr. Gerhard Stoltenberg	Kiel
Oberbürgermeister Georg Buch	Wiesbaden
Oberbürgermeister Jockel Fuchs	Mainz
Ministerpräsident Dr. Peter Altmaier	Mainz
Bundeskanzler Prof. Ludwig Ehrhard	Bonn
US-Botschafter Thomas Stern	Bonn
An	
US-Präsident John F. Kennedy	Washington
US-Präsident Lyndon B. Johnson	Washington
US-Präsident Gerald R. Ford	Washington
US-Präsident Jimmy Carter	Washington
US-Präsident Ronald Reagan	Washington
Königin Juliana der Niederlande	Den Haag
Königin Elisabeth II von England	London
König von Dänemark	Kopenhagen
Bundespräsident von Österreich (Antw. Dr. Trescher)	Wien
Präsident Charles de Gaulle	Paris
Ministerpräsident Nikita Chruschtschow	Moskau
Akademie der Wissenschaften der UdSSR	Moskau
Ministerpräsident Sir Eric Gairy	Grenada
Ministerpräsident der VR China Mao Tse Tung	Peking
Präsident Ferdinand E. Marcos	Philippinen

An:

Papst Johannes XXIII.		Rom
Pater D. Grasso Pontificia Universita d. Gregoriana		Rom
Präses Dr. Kurt Scharf		Berlin
Erzbischof Marcarios		Nicosia/Cyp.
Dr. Otto von Habsburg, ehem. Thronprätendent von		Österreich
Prof. Dr. h.c. mult. Hermann Oberth		Feucht/Nürnb.
Prof. Dr. Wernher von Braun		Cape Canaveral
Prof. Dr. C. Fr. von Weizsäcker, Uni Göttingen		Hamburg
Prof. Dr. C. G. Jung		Zürich
Friedrich Franz von Unruh		Freiburg
Dr. Herbert Grabert, Dt. Hochschullehrer-Zeitung		Tübingen
Prof. Dr. Wänke, Max-Planck-Institut, Universität		Mainz
F. Ch. Prinz zu Schaumburg-Lippe		Schlangenbad/ Taunus
Prof. Dr. Harry O. Ruppe, Techn. Universität		München
Prof. Dr. Ed. Condon, Universität		Colorado
Dr. Donald Menzel, Harvard Observatorium		Cambridge
Technische Hochschule Budapest		Ungarn
An:		
Generalgouverneur Esmond Butler		Ottawa/Kanada
Generalgouverneur v. Trinidad und Tobago		Trinid. u. Tob.
Generalgouverneur M. L. Tyrell		Canberra
An:		
Msgr. Alberto Giovannetti	UNO	New York
UNO-Chef ASAG Abdel Chani	UNO	New York
UNO-Generalsekretär U. Thant	UNO	New York
UNO-Generalsekretär Dr. Kurt Waldheim	UNO	New York
UNO-Vertreter der Tschechoslowakei, Dr. Klusak	UNO	New York

Großaktion 7. Kongreß	
an die 136 UNO-Mitgliedsstaaten	Mainz
aller Kontinente (Einschreiben von)	Wiesbaden
Rundfunk- und TV-Stationen ARD und ZDF, Deutsche Welle etc.	Wiesb. Ffm.

5 Presseagenturen	In- und Ausland
25 Illustrierte und Zeitungen	In- und Ausland
7 Universitäten	In- und Ausland
7 Universitäts-Sternwarten	BRD
12 Interkontinentale Kongresse	BRD

700 Vorträge meist mit Dias und Filmen, in 15 Ländern zweier Kontinente
60 UFO-Buchtitel im VENTLA-Verlag
275 Ausgaben der Monatszeitschrift UFO-NACHRICHTEN (Leser in 89 Ländern) - Austausch mit ca. 80 UFO-Fachzeitschriften aller Kontinente
Bücherdedizierungen an Kongreßbibliothek Washington, Moskau, Frankfurt, Leipzig
Bücherdedizierungen an Öffentliche Bibliotheken: Wiesbaden und andere

Alle diese Unternehmungen (rund 260) erbrachten der DUIST Dankschreiben, Bestätigungen und Weiterleitungen an Spezialstellen resp. Institutionen.
Zusätzlich wurden durch unsere RF-Interviews und TV-Ausstrahlungen Millionen von Menschen über die Realität und Wichtigkeit der UFO-Phänomene durch die DUIST orientiert.

D. H.

Wir haben allerdings nicht den Eindruck, daß sich deswegen die Welt- resp. Regierungssituationen der Länder und Nationen gebessert hätten.

D. H.

33
Global-Aktion
Mainzer UFO-Proklamation
an 131 Nationen

KONGRESS-DOKUMENTE gingen an alle Mitgliedsstaaten der UNO, an Kaiser, Könige, Königinnen, Staatspräsidenten und Staats-Chefs von 131 Nationen p. Luftpost-Einschreiben.

Mainzer UFO-Proklamation

Luftpost-Einschreiben an die UNO

Nach Schlußbesprechung am 7. November 1967 wurde über die „Mainzer UFO-Proklamation" folgende Nachricht an die UNO gesandt:

DEUTSCHE UFO IFO-STUDIENGEMEINSCHAFT (DUIST) E.V.

62 WIESBADEN-SCHIERSTEIN

SECRETARY GENERAL U THANT 7. November 1967
UNITED NATIONS
NEW YORK (USA)

Die Deutsche UFO-Studiengesellschaft (DUIST) e. V. erlaubt sich, Seiner Exzellenz und der Generalversammlung der UNO den Hinweis auf die Notwendigkeit der Weiterbehandlung des UFO-Problems zu geben, das der 7. Internationale Weltkongreß der UFO-Forscher vom 3. bis 6. 11. 1967 in Mainz (Deutschland), auf dem Repräsentanten von 24 Ländern — unter Anwesenheit des weltbekannten Raketenforschers, Referenten und Ehrenmitglieds der DUIST, Professor Dr. h. c. Hermann Oberth — die Resolution, die vom Hauptreferenten des Konvents, Colman VonKeviczky MMSE (USA), Direktor des Interkontinentalen UFO-Netzes (ICUFON), und von Kongreßleiter Karl L. Veit stammt, angenommen hat:

„Der Kongreß hat einstimmig festgestellt und proklamiert, daß die ‚Unidentifizierten Flug-Objekte (UFOs) — Unidentified Flying Objects' identifizierte Flugschiffe aus dem Weltraum sind.

Diese Feststellung ist ein lebenswichtiges globales Problem, das lange Zeit vernachlässigt wurde und das die ganze Welt betrifft.

Alle Nationen müssen sich in der gemeinsamen Zusammenarbeit von Spezialforschung und Wissenschaft vereinigen, damit dieses Problem über alle Verschiedenheiten hinweg zur allgemeinen Zufriedenheit und zum Wohl der friedlichen Beziehungen zum Weltall und für unsere Zivilisation gelöst wird.

Vorschlag: Ein interkontinentales Forschungsinstitut auf exterritorialem Gebiet soll Regierungen und die Vereinten Nationen unterstützen betreffs UFO-Überwachung und offizieller Kontakte mit Besatzungen außerirdischer Mächte."

KARL L. VEIT
Präsident des Kongresses
COLMAN VONKEVICZKY
Direktor des ICUFON (USA)
(UN 136, Dezember 1967)

Die am Sonntag, 5. November 1967, verkündete „Resolution der DUIST" von Präsident Karl L. Veit und die „Mainzer UFO-Proklamation" von MMSE Colman VonKeviczky sind wortlautgetreu als Kapitel 24 abgedruckt.

Diese beiden Kongreß-Dokumente wurden mit obigem Begleitschreiben an Se. Exzellenz U Thant, Generalsekretär der Vereinten Nationen (UNO), sowie an die Kaiser, Könige, Königinnen, Staatspräsidenten und Staatschefs nachstehender Nationen und Länder per Luftpost-Einschreiben gesandt:

1. H. M. King Mohamed Zahir Shah
Kabul, Afghanistan
2. Mr. Pres. Maj.-Gen. Haxhi Lleshi
Tirana, Albanien
3. Mr. HeadRev. Col. Houari Boumedienne, Algier, Algerien
4. Mr. Pres. Arturo Illia
Buenos Aires, Argentinien
5. Gov. Gen. Lord Richard G. Casey
Canberra, Australien
6. Bundespräsident Franz Jonas
Wien, Österreich
7. H. H. Shaikh Isa bin Sulman al Khalifa
Maname, Bahrein-Insel
8. H. M. King Baudouin I
Brüssel, Belgien
9. Maharajah Jig-me Dorji Wangehuk
Bhutan, Asien
10. Gen. Rene B. Barrientos
La Paz, Bolivien
11. Pres. Humberto Castel Branco
Rio de Janeiro, Brasilien
12. Pres. Georgi Traikov
Sofia, Bulgarien
13. Pres. U Win Maung
Rangun, Burma
14. Chief of State Mwami Mwambutsa IV
Usumbura, Burundi
15. Chief of State Prince Norodom Sihanouk
Pnompenh, Kambodscha
16. Mr. Ahmadou Ahidjo, Pres.
Jaunde, Kamerun
17. Gov. General Maj. G. P. Vanier
Quebec, Kanada
18. Pres. David Dacko
Banqui, Zentralafrikanische Rep.
19. Gov. General William Copallawa
Colombo, Ceylon
20. Pres. François Tombalbaye
Fort Lamy, Republik Tschad
21. Pres. Eduardo Frei Montalva
Santiago de Chile, Chile
22. Pres. Liu shao-chi
Peking, Volksrepublik China
23. Generalissimo Chiang Kai-schek
Taipeh, Formosa (Nationalchina)
24. Guillermo Leon Valencia
Bogota, Kolumbien
25. Chief of State Joseph Kasavubu
Leopoldville, Republik Kongo
26. Alphonse Massamba-Debat
Brazzaville, Republik Kongo
27. Pres. Francisco J. Orlich Bolmarich
San José, Costa Rica
28. Dr. Osvaldo Dorticos Torrado
Havanna, Kuba
29. Archbishop Makarios
Nicosia, Zypern
30. Pres. Antonin Nowotny
Prag, Tschechoslowakei
31. Pres. Sourov Migan Apithy
Porto Novo, Republik Dahomey
32. H. M. King Frederick IX
Kopenhagen, Dänemark
33. Pres. Hector Garcia-Godoy
Santo Domingo, Dominikanische Republik
34. Capt. Ramon Castro Jijon Head o. junta
Quito, Ecuador
35. Pres. Lt. Col. Julio A. Rivera
San Salvador, El Salvador
36. H. M. Emperor Haile Selassie
Addis Abeba, Äthiopien
37. Pres. Dr. Urho Kekkonen
Helsinki, Finnland
38. Pres. Gen. Charles de Gaulle
Paris, Frankreich
39. Pres. Leon M'Ba
Libreville, Republik Gabun
40. Sir John Paul
Bathurst, Gambia (B)
41. Bundespräsident Dr. h. c. Heinrich Lübke, Bonn
42. Präsident des Staatsrates der DDR Walter Ulbricht, Ost-Berlin

43. Pres. Dr. Kwame Nkrumah
Akkra, Ghana (B)
44. H. M. King Constantine II
Athen, Griechenland
45. Col. Enrique Peralta Azurdia
Guatemala City, Guatemala
46. Pres. Sekou Touré
Konakry, Republik Guinea
47. Pres. Dr. François Duvalier
Port au Prince, Haiti
48. Pres. Col. Osvaldo Lopes Arellano
Tegucigalpa, Honduras
49. Pres. Istvan Dobi
Budapest, Ungarn
50. Pres. Asgeir Asgeirsson
Reykjavik, Island
51. Pres. Dr. Servepalli Radhakrishnan
Neu-Delhi, Indien (B)
52. Pres. Dr. Sukarno
Djakarta, Indonesien
53. H. M. Shah Mohammed Reza Pahlevi
Teheran, Iran
54. Pres. Col. Abdul Salam Arif
Bagdad, Irak
55. Pres. Eamon de Valera
Dublin, Irland
56. Pres. Zalman Shazar
Tel Aviv, Israel
57. Pres. Guiseppe Saragat
Rom, Italien
58. Pres. Felix Houphouet-Boigny
Ivory Coast Republik
59. Sir Clifford Campbell
Kingston, Jamaica (B)
60. H. M. Hirohito, Emperor of Japan
Tokio, Japan
61. HRM. King Hussein I.
Amman, Jordanien
62. Pres. Jomo Kenyatta
Nairobi, Kenia
63. Pres. Gen. Chung Hee Park
Söul, Republik Korea
64. Chairman Choi Young Kun
Pjöngjang, Volksrepublik Korea
65. Emir Abdulla As-Salim As-Sabah
Kuwait, Kuwait
66. H. M. King Sri Savang Vatthana
Vientiane, Laos
67. Pres. Charles Hélou
Beirut, Libanon
68. Pres. William V. Tubman
Monrovia, Liberia
69. H. M. Mohammed Idris el Senussi, King of Libyia
Tripolis, Libyen
70. S. H. Prinz Joseph II.
Vaduz, Liechtenstein
71. H. E. Grand Duke Jean
Luxemburg, Luxemburg
72. Pres. Philibert Tairanana
Tananarive, Republik Madagaskar
73. Sir Glyn Smallwood Jones
Malavi (B)
74. H. M. Ismail Masiruddin, Shah of Malaysia
Kuala Lumpur, Malaiischer Bund
75. H. E. Sultan H. H. Al Amir Mohamed Farid Didi
Male, Malediven
76. Gov. Gen. Sir Maurice Henry Dorman
La Valetta, Malta
77. Pres. Modibo Keita
Bamako, Mali
78. Pres. Moktar O. Daddah
Nuakschott, Mauretanien
79. Pres. Gustav Diaz Ordaz
Mexico-City, Mexiko
80. S. H. Prinz Rainer III.
Monte Carlo, Monaco
81. Chairman of Mong. Presidium, Tjyrgalsaikhan
Ulan Bator, Mongolische Volksrep.
82. H. M. King Hassan II.
Rabat, Marokko
83. H. H. Sultan Said Bin Taimur
Maskat, Oman und Mascat
84. H. M. King Mahendra Bir Bikram Jang, Katmandu, Nepal
85. H. R. M. Queen Juliana
Amsterdam, Holland
86. Sir Bernard Ferguson, Gov. Gen.
Wellington, Neuseeland
87. Pres. René Schick Gutierrez
Managua, Nicaragua
88. Pres. Hamani Diori
Niamey, Republik Niger
89. Pres. Dr. Nuamdi Azikiwe
Lagos, Nigeria
90. H. M. H. King Olav V.
Oslo, Norwegen
91. Pres. Field Marshal Mohammed Ajub Khan
Karatschi, Pakistan
92. Pres. Marco Aurelio Robles
Panama City, Panama
93. Pres. Gen. Alfredo Stroessner
Asuncion, Paraguay
94. Pres. Fernando Belaunde Terry
Lima, Peru
95. Pres. Diosdado Macapagal
Manila, Philippinische Republik
96. Chairman of Council of State Edward Ochab
Warschau, Polen
97. Pres. Rear Admiral Americo R. Tomas
Lissabon, Portugal
98. Pres. Council of State Chivu Stoka
Bukarest, Rumänien
99. Pres. Georgiore Kayibanda
Kigali, Ruanda
100. H. M. King Feisal Abdel Aziz al Saud, Riad, Saudi-Arabien
101. Pres. Leopold S. Senghor
Dakar, Senegal (F)
102. Gov. Gen. Henry J. L. Boston
Freetown, Sierra Leone (B)
103. Yang di-Pertuan Negara
Singapur, Hinterindien
104. Pres. Abdulla Osman
Magadiscio, Republik Somaliland
105. Pres. Charles R. Swart
Pretoria, Südafrikanische Republik
106. Staatschef Gen. Francisco Franco
Madrid, Spanien
107. Pres. Ismail al'Azhari
Khartum, Sudan
108. H. M. King Gustav Adolf VI.
Stockholm, Schweden
109. Pres. Hanns-Pieter Tschudi
Bern, Schweiz
110. Pres. Gen. Maj. Amin el-Hafez
Damaskus, Syrien
111. Pres. Julius Nyerere
Dar-es-Salam, Tansania (B)
112. H. M. King Bhumibol Aduldet
Bangkok, Thailand
113. Nicolas Crunitzky
Lome, Togo
114. Gen. Gov. Sir Salomon Hochoy
Port of Spain, Trinidad/Tobago (B)
115. Pres. Habib Bourguiba
Tunis, Tunesien
116. Pres. Gen. Gemal Gursel
Ankara, Türkei
117. H. M. King Mutesa II.
Kampala, Uganda (B)
118. Pres. Gamal Abdel Nasser
Kairo, Ägypten
119. H. M. Queen Elizabeth II.
London, Großbritannien
119a. H. R. H. Prince Philip
London, Großbritannien
120. Chief of State Mr. Maurice Yameogo
Wagadugu, Ober-Volta
121. Pres. Lyndon B. Johnson
Washington, D.C., USA
122. Pres. N. C. Dr. Washington Beltran
Montevideo, Uruguay
123. Pres. Anastas I. Mikojan
Moskau, UdSSR
124. S. H. Papst Paul VI.
Vatikan, Italien
125. Pres. Dr. Raul Leoni
Caracas, Venezuela
126. Pres. Ho Chi Minh
Hanoi, Nordvietnam
127. Maj. Gen. Nguyen Vah Thieu
Saigon, Südvietnam
128. H. H. Malietoa Tanumafili II.
Western Samoa (Pazifisch. Ozean)
129. Chief of State of Yemen
Sana, Jemen
130. Pres. Marshal Tito
Belgrad, Jugoslawien
131. Pres. Kenneth Kaunda
Beira, Sambia (B)
132. H. E. Gen. Secretary U Thant, N.Y.

Die Einschreiben umfassen die Reg.-Nr. 751b bis 881b sowie 353 und 354 mit Datum des 27. November 1967.

Gleiche Benachrichtigungen mit Unterlagen ergingen an die Presseagenturen dpa, UPI, AP und Reuter, an Dir. of ICUFON, Colman VonKeviczky, New York, N.Y., und an The Library of Congress, Washington, D.C., USA.

Von diesen 132 höchsten Staatsstellen haben:
13 geantwortet,
4 sind zurückgekommen mit dem Vermerk „gone away" und von
115 blieb eine Bestätigung aus.

Auf den folgenden Seiten bringen wir die Texte der 13 Bestätigungsschreiben gemäß den Daten ihrer Absendung bzw. Eingänge.*)

***) Siehe „DOKUMENTARBERICHT 7. DUIST-Kongreß 1967" (S. 156–158)** D.H.

Mission der UFO-Forscher in aller Welt

Notwendige Verbreitung des ufologischen Geistesguts

"...Ihr habt uns einen unschätzbaren Dienst von unabsehbarem Wert geleistet durch den Druck und die Verbreitung der von euch sogenannten "Untertassen-Bücher". Ihr Einfluß und das Interesse, das sie erweckt haben, verbreiten sich mit ständig zunehmender Geschwindigkeit weit über eure Kenntnis hinaus. Wir müssen die Quellen am Laufen halten mit so wenig wie möglich Verunreinigung aus gegnerischen Quellen...

Wir haben die Länder der Erde kreuz und quer durchforscht, und wir haben eine große Menge feiner, aufrichtiger und edelmütiger Menschen gefunden. Wir führen Buch über jeden einzelnen. Wir haben sie beobachtet zu Hause, im Geschäft, bei der Arbeit, beim Spiel, im Glück, im Unglück, in zufriedenen Zeiten und wenn ein Mißgeschick sie trifft! Zu allen Zeiten bleiben diese Menschen ruhig, besonnen und hilfsbereit und geben den Schwachen und Angstvollen Mut und Kraft.

Wir kennen Tausende und Abertausende solcher Männer, Frauen und Kinder. Wir danken Gott dafür, daß sie da sind. Wäre eure ganze Erde nur von solchen Menschen bevölkert, was für ein Danksagungsfest gäbe es da!...

Gebt eure Informationen durch alle euch offenstehenden Kanäle weiter, ohne aufdringlich zu sein. Es ist eine dringende Notwendigkeit, die Öffentlichkeit auf unsere Gegenwart und auf unsere Absichten sowie Ziele aufmerksam zu machen. Dazu wäre noch zu sagen: Verkündet eure Informationen am besten als "Neueste Nachrichten"..., um das heilsame Interesse an dem Thema und Gebiet zu fördern, indem ihr taktvoll den Eindruck erweckt: es sei unzeitgemäß, heute noch die Existenz der Außerirdischen abzuleugnen und unsere freundschaftlichen Absichten anzuzweifeln.

Regt die Bildung von Klubs und kleineren Gruppen an, die sich zu bestimmten Zeiten regelmäßig treffen, um die neuesten Nachrichten aus dem Weltraum auszutauschen und zu besprechen. Legt besonderen Nachdruck auf die Tatsache, daß es unser vordinglichstes Ziel sein muß, die Grundübel zu beseitigen, von denen die unverantwortliche Anwendung neuentdeckter Kräfte ausgehen (Atomkraft), die diesen Planeten vollständig aufzulösen imstande sind...

Wir haben einen langen, mühseligen Entwicklungsprozeß durchgemacht, bis wir gelernt haben, alles das wieder zu schätzen und dessen Wert zu begreifen, was das Leben im Letzten und Tiefsten als Hauptinhalt zu bieten hat, nachdem *wir* zum ersten Mal das Glück hatten, daß weise und geduldige Lehrer aus dem Himmelsraum zu uns kamen...

Richtet euer eigenes Leben so viel wie nur möglich nach dem einzigartigen Leben des EINEN, Der Sich Selbst demütigte, indem Er in fleischlichem Leibe die Verbindung mit euch Sterblichen aufnahm. Je mehr ihr Ihm nacheifert, um so mehr habt ihr einen Anspruch auf unsere besondere Aufmerksamkeit und Hilfe. Als zukünftige Freunde und Mitarbeiter im Dienste des kommenden KÖNIGs der Könige grüßen wir euch und bieten euch unseren vollen Einsatz an in dem Kampf um eure Befreiung von allen denen, die euch verführen und an die verderbliche Herrschaft ihrer fürchterlichen Götzen binden wollen.

Wir kommen als eure Verteidiger und Befreier. Wir kommen auf die dringende Aufforderung eures himmlischen VATERs hin, um euch von der unerträglichen Knechtschaft frei zu machen...

Und deshalb, meine Freunde, sind wir gezwungen, uns mit euren lästigen Beschränkungen vertraut zu machen und uns euren reichlich mißlichen Verhältnissen anzupassen, sowohl den atmosphärischen wie auch vielen anderen, damit wir imstande sind, die Hilfe zu leisten, die von uns erwartet wird in dem jetzigen Übergangsstadium eures verfinsterten Planeten zu einem Himmelskörper von strahlendem Glanz.

Aus der Tatsache, daß diese Umwandlung gleichzeitig auf den materiellen, seelischen und geistigen Ebenen stattfinden muß, ergeben sich scheinbar unüberwindliche Schwierigkeiten... Wenn ihr euch eine wunderbar freudvolle "verbesserte Neuauflage" eures gesamten jetzigen leidvollen Lebens vorstellen könnt, dann begrüße ich euch als die künftigen Bürger der "Neuen Welt" im "Neuen Zeitalter"!

Ashtar

Befehlshaber von zehn Millionen Wesen aus dem Weltraum,
die ihre Stützpunkte im Bereich eurer Erdbahn bezogen haben.
1956

12. Kapitel

Zeugnis des Uraniden RO

In dem Buch "Wissenschaftler des Uranus testen Erdvölker" (V.V.) sagt der außerirdische wissenschaftliche Expeditionsleiter und Pilot RO nach den sieben Erdumkreisungen und Völker-Tests:

"...Ein Einfliegen von vielen Tausenden Planetariern mit ihren Raumschiffen kann die Farbenschattierungen der Erdbewohner ins Positive schwenken lassen, und die übrigbleibende Menschheit kann einen Beginn zu neuer Lebensgrundlage des Menschengeschlechtes auf Erden bilden...

Bevor ich auf eine möglichst reale Zukunftsaussicht der Erde eingehe, hier noch mein Wunschgedanke für die Erddimension: Alle Erdenmenschen sollten gut denken, edel und uneigennützig sein, dann würde sich jedes weitere Wort über Zukunftsaussichten erübrigen und ich, RO, könnte allen nur ein "Bravo" zurufen! Da dies aber leider nicht der Fall ist und die Masse in ihrer Ausstrahlung vieles andere als gutdenkend, edelgesinnt und uneigennützig ist, wird der Menschheit der bittere Weg einer Reinigung nicht erspart bleiben.

Wie im vorstehenden Bericht bereits erwähnt, braucht die Erdenzentralkraft eine zur negativen Schwingungspolkraft ausgleichende positive Schwingungspolkraft. Da letztere in der beängstigenden Minderheit ist und von außerirdischen Wesenheiten (den Planetariern) gespeist werden muß, so wächst damit der Einfluß der Planetarier auf eure Erde. Wenn jemand etwas gibt,so will er einen bestimmten Einfluß auch ausüben können, was dann sein Recht ist, so auch hier. Die Folgen solchen Einflusses liegen auf der Hand: Es wird, wie euch schon mitgeteilt und nahegebracht wurde, ein erdumspannendes Überwachungssystem installiert. Jeder Planetarierflug dient seiner ihm adäquaten Schwingungsbreite auf Erden. Da die Schwingungszahl im Ernstfall jedoch zu druckunterschiedlich ist, muß ein Reservoir zu ihrem Ausgleich angelegt werden. Der mögliche Ernstfall wird uns vorher, d.h. von hochstehender Warte, mitgeteilt, so daß wir - wenn erforderlich - z.B. einen Eingriff bezüglich der Trägheitsgesetze anwenden können oder müssen!

Diese Aufzählung ist nur eine Möglichkeit. Ich bin mir klar, daß noch mehrere Pläne vorhanden sind. So wurde z.B. von der Evakuierung positiv strahlender Menschen gesprochen, anders ausgedrückt: von Erdenmenschen, die den Ordnungsplänen des Schöpfers behilflich sind. Diese könnten als Evakuierte auf anderen Planeten ihr Erdenleben weiter fortführen, dazulernen und als Leitstrahl von den Planetariern nach ihrer Reinigungsperiode wieder auf dem Erdplaneten abgesetzt werden.

Solche Zukunftsschau ist nicht besonders erfreulich für viele Erdbewohner. Nach diesen Zukunftsaussichten werdet ihr allen Grund haben, nun etwas deprimiert zu sein. Das *scheint* jedoch nur so! Wenn ihr den Grundgedanken des Lebens genauer kennen werdet, so wird eure Trauer oder Deprimiertheit in Freude verwandelt werden. Alles, was aus höherer Erkenntnisreife für die

Erde getan wird, ist zum Wohle der verkörperten Wesen, in diesem Fall für euch!

Über das Thema "Zeitperiode" der Reinigung der Erde müssen wir schweigen. Jetzt werden einige Leser einwenden: Warum darf RO uns dies nicht kundgeben? Meine Antwort: Damit dieser Plan nicht durchkreuzt werden kann...

Den höher entwickelten Planetariern wird zur rechten Zeit mitgeteilt werden, mit ihren Raumschiffen zu landen und jene Menschen aufzunehmen, die den Keim zur neuen Lebensordnung auf Erden tragen sollen..."

P. Leopold

AKON
Erdenmenschheit aus Weltraumperspektive

Im Buch von E. Klarer "Erlebnisse jenseits der Lichtmauer" sagt der Außerirdische AKON zu Elisabeth während ihrer Unterhaltungen im Mutterschiff u.a.:
"...Die Reife der Zivilisation von Rassen und Menschen kann nur an der Größe ihres Mitleidens und Verstehens gemessen werden."
"Die Menschen auf der Erde können nicht länger an die Oberfläche ihres Planeten gefesselt bleiben, wie Kreaturen zweier Dimensionen, die auf der Länge und Breite ihrer Domäne herumkriechen. Sie werden nun hinaussegeln in die Höhen und Breiten der dritten Dimension und werden sich selbst so sehen, wie sie wirklich sind. Doch ehe sie Verstehen und Kontrolle ihrer Umwelt erreichen, müssen viele Anpassungen in ihren Denk- und Lebensweisen erfolgen. Das ist von überragender Wichtigkeit für ihre Weiterentwicklung und ihre ständige Existenz."
"Wenn sie sich nicht zum Besseren wenden, werden sie sich selbst vernichten. Wir werden keine andere Wahl haben als einzugreifen, um das harmonische Gleichgewicht im Sonnensystem auf-

recht zu erhalten. In der Vergangenheit wurden im Sonnensystem schöne Länder durch ihre Bewohner verwüstet, ganze Planeten brachgelegt und durch ihre destruktive Lebensweise zerstört."

Ende des alten und Neubeginn eines Zeitalters

Aus Orfeo Angelucci's "GEHEIMNIS der UNTERTASSEN" zitieren wir wichtige Argumente, die Neptun an Orfeo übermittelte:

"Die Tage, die auf Erden kommen werden, sind mir bekannt; aber dir und deinen Mitmenschen sind sie noch gnädig verborgen. Das kann ich dir sagen: Die Stunde der Tragödie ist der Erde sehr nahe. In der Geschichte wird sie "Das große Unheil" genannt werden. Weite Verwüstungen, Leiden und Tod vieler Menschen wird es im Gefolge haben. Du kannst dir wohl denken, wie der Mensch "Das große Unheil" selbst verursachen wird.

Dieses große Unglück wird von Gott zugelassen als letzte Hoffnung, die Menschheit aufzurütteln und sie zu der Schrekkens-Erkenntnis zu bringen, welch' fürchterlichen Preis sie bezahlen müsse, falls sie die blutige Vernichtungsschlacht von Hermagedon beginnen sollte.

Eine schwache Hoffnung besteht noch, den Krieg, der das Ende der Erde bedeuten würde, abzuwenden; denn in der Zeitdimension liegt nichts absolut fest. Aber wenn der Krieg, der das Ende eines Zeitalters bringt, kommen würde, dann stehen unsere Heerscharen bereit, um allen denen zu helfen, die geistig nicht gegen uns stehen."

Ich senkte meinen Kopf. Ganz, ganz fern meinte ich geisterhaft das Echo schöner Musik aus jener verlorenen Welt zu vernehmen, traurige Musik, als ob Tausende von Engeln eine Trauerhymne sängen.

Schließlich sagte Neptun leise: "Mein Weltenbruder, erschrecke nicht, du weißt doch, es ist immer am dunkelsten kurz bevor die Sonne aufgeht. Und die Morgendämmerung der Erde ist nahe, so nahe, daß die ersten herrlichen Strahlen für viele in eurer Welt bereits durchbrechen. Schon können wir die leuchtende Wirklichkeit eurer großen morgigen Welt sehen - einer Welt der Bruderliebe und der Kameradschaft, wo der Mensch des Menschen Freund ist und alle durch die Liebe des Vaters in Einigkeit verbunden sind. Die Wolken am Horizont werden schnell vorüberziehen, und "morgen" werden die Leiden nur noch wie die Träume der Nacht erscheinen.

Wir aus dem Universum warten auf das Erwachen des neuen, großen Erdentages, an dem wir die Kinder der Erde in unserer Mitte willkommen heißen können.

Unsere Liebe und unser Vertrauen mögen dich und deine Mitmenschen stärken!"

Gloria Lee

Ein Mann vom Jupiter spricht

In dem Buch "Why We Are Here" (Warum wir hier sind) - 1959 - übermittelte der Jupitermensch J. W. an die amerikanische Pilotin Gloria Lee ab September 1953 seine Botschaften.
Diese wurden nach jahrelanger Korrespondenz mit der Autorin für DUIST und VENTLA-Verlag von unserer engsten Mitarbeiterin Frau Cläre Müller und Studienrätin Henny Rather ins Deutsche übersetzt.
Auf dem 4. Interkontinentalen DUIST-Kongreß der UFO-Forscher 1960 in der Rhein/Main-Halle in Wiesbaden hielt Frau C. Müller vor über 1.000 Teilnehmern und Delegierten aus 19 Nationen ihr Referat: "Planetenfreunde als unsere Lehrer und Helfer im Neuen Zeitalter" mit den beachtenswerten Ratschlägen und Beurteilungen der Erdverhältnisse von J. W. (DOKUMENTARBERICHT 1960, Seiten 50 - 71, vergriffen)
Ein kleiner Auszug aus Gloria Lee's Hauptwerk, worin J. W. u.a. sagt:

...Bald müßt ihr bereit sein, uns zu empfangen, denn es ist der Wille Gottes, daß wir euch helfen. Aber denkt daran, wir können euch nicht helfen, wenn ihr es nicht zulaßt. Seid mit uns an dem Tag, an dem wir in Massen landen, da wir kommen, euch von Trübsalen zu erretten... Gottes Wille ist es nicht, durch Verneinung zu herrschen, sondern euren Planeten vom Negativen zu reinigen...

Wenn wir landen, möchten wir euch so viel von unserer Liebe sagen... Es sind so viele widrige Bedingungen wegzuräumen, noch bevor wir mit der Hilfe beginnen können. Streckt eure Hände uns entgegen, wenn wir zu euch kommen, damit wir wissen, daß ihr euch nicht fürchtet...

Von Gott kommt zur rechten Zeit nichts als Gutes. Und wenn der Mensch diese Tatsache als sicher annimmt, wird er auch mit Gott sein. Kommt zu uns in euren Gedanken. Ihr werdet mit uns wie Brüder sein. Das ist der himmlische Plan. Es ist wichtig, daß ihr nur positive Gedanken habt, ein positives Kraftfeld um euch schafft. Wenn ihr das nicht tut, könnt ihr nicht mit uns sein... Sowie die Gedanken des Menschen EINS werden mit den Gedanken Gottes, nimmt sogar die Atmosphäre oder das magnetische Feld, das eure Erde umgibt, ein sehr starkes Licht an...

Wenn euer Inneres durch das Christusbewußtsein erleuchtet wird, ist es das Größte, was euch im Leben begegnen kann. Wenn ihr die Wahrheit über Gott begreift und Liebe für Gott empfindet, wird das eines der größten Wunder in eurem Leben sein: Wenn dies geschieht, wird eure ganze Welt, sogar die Menschen ringsumher und euer eigenes Selbst sich zum Besseren wandeln...

*

Gloria Lee sprach ab Anfang der 50er Jahre von einer Rettung der gefährdeten Menschen verschiedener Kontinente resp. Landstriche mit teils naturmäßigen, teils höheren Aspekten und Schwingungsebenen.

Heute, 30 Jahre später, sind die allseitigen Gefahren global so gestiegen, daß von einer Alarmstufe I gesprochen werden muß, selbst *wenn* die letzte Konsequenz noch einige Jahre hinausgezögert würde, um der tiefen Barmherzigkeit unseres Schöpfers willen.

A. V.

Warnung vor prähistorischer Hybris

Wenn der Mensch mit genau den Elementen spielt, die der Schöpfer verwendete, als er das Universum ins Leben rief, dann riskiert er die Göttliche Zensur. Wenn das geschieht, wird eure Regierung höchstwahrscheinlich schwere Vorwürfe hinnehmen müssen. Oder, wenn der Schöpfer erlaubt, daß das geschieht (und ich denke nicht, daß er es will), könnte die Erde, oder ein Teil von ihr, ganz leicht dem gleichen Pfad folgen, den schon solche Führer, wie jene von Atlantis und anderen Königreichen, die mit dem Feuer spielten, eingeschlagen hatten.

Wir haben unsere Instruktionen vom Allmächtigen Gott. Wir sind vorbereitet, ohne Fragen zu handeln auf das Kommando des Vaters von uns allen. Das ist nicht neu für viele von euch, die an das Wort des Lebenden Gottes glauben. Gottes Boten wurden gerufen, diesem Planeten zu helfen in vergangenen Zeiten, und wir werden wieder dazu aufgerufen, da bin ich ganz sicher. Aber, ihr müßtet völlig mit Blindheit geschlagen sein, um aus den Ereignissen und Katastrophen nicht zu erkennen, daß wir in der ENDZEIT leben. Ich liebe euch alle und bete für euch. Gott segne euch.

Val Thor

Dr. Frank Stranges "UFOJOURNAL", Herbst 1981
UN-Übersetzer Manfred Landeck

Einige der Internationalen UFO-Studiengesellschaften

Außer der im 11. Kapitel offengelegten zahlreichen Einzel- und Globalaktionen der DUIST, haben sich gemäß unserer Kenntnisnahme folgende UFO-Studiengruppen und -Gesellschaften bei entsprechenden Regierungsstellen ernsthaft um Aufklärung bemüht:

Lord Clancarty	FSR	London
Major H. Ch. Petersen	IGSB	Dänemark
MMSE Colman VonKeviczky	ICUDON	New York
Major Donald Keyhoe	NICAP	Washington D.C.
Fl.Capt. Yusuke Matsumura	CBA	Yokohama/Japan
Dr. Walter Bühler	SBEDV	Rio/Brasilien
Prof. Pedro Romaniuk	ICIEPA	Buenos Aires
Ing. Enriqe Castillo	CIFE	Venezuela
Dipl. met. Elizabeth Klarer	ATCL	Südafrika
Fred Steckling	AF	Vista/Kalif.
Dr. Frank Stranges	NICUFO	Venice/USA
Prof. A. Hynek	MUFON	USA
Jimmy Guieu	Ldln	Frankreich
Eugenio Siragusa	CdT	Catania/Italien

13. Kapitel

Karl L. Veit

Interkontinentale Verkündigungen

Kurzauszug aus meinem Bakersfielder Vortrag am 2. September 1961: Zwei Tage danach erlebten wir, zusammen 12 Augenzeugen, die atemberaubende IFO-Beobachtung in St. Monica, die als Fall 10 mit zwei Illustrationen berichtet ist.

...Wie die Amerikaner das Werk OASHSPE (die kosmische Bibel) haben, so besitzen wir in Europa Göttliche Offenbarungswerke, u.a. "Das Große Evangelium Johannes" (11 Bände). Darin gab JESUS zu Seiner Erdenzeit eine Prophezeiung, die sich auf das 20. Jahrhundert bezieht. "Die Lichter, die inkarnierten Lichtseelen, aus dem großen Kontinent, der allseits vom Meer umflossen ist (also AMERIKA) und der ALTEN WELT werden sich begegnen, sich erkennen und gegenseitig unterstützen" - wodurch ein wesentlicher Beitrag zur Erkenntnis der ENDZEIT und des beginnenden NEUEN Zeitalters des WASSERMANN geleistet wird. (Vergl. Kap. 4)

Wir dürfen diese Prophezeiung der BEGEGNUNG der LICHTER von Amerika ausgehend auch auf die weltumfassende Tätigkeit der bedeutenden amerikanischen Evangelisten anwenden; ich persönlich glaube, wir können diese Textstelle vor allem auch auf die echten Kontaktler von Amerika und Europa beziehen.

Und so erleben wir auch heute hier eine solche "Begegnung und Zusammenführung" zwischen dem Neuen und Alten Kontinent.

Auch John McCoy spricht in seinem Büchlein "They Shall Be Gathered Together" (Sie sollen zusammengeführt werden) davon.

Auf diese Weise entsteht eine wahre Gemeinschaft von

Weltbürgern und Kosmopoliten mit einer universellen Freund- und Bruderschaft. So versuchen wir der Menschheit gemeinsam nach der Planung GOTTES zu dienen.

JESUS CHRISTUS ist als Ewiger Logos und Herr des Himmels und der Erde auch der größte Wissenschaftler, Künstler und höchste Regent. Nach SEINER Weisung kommen die Fliegenden Scheiben und ihre Insassen als Vorläufer und Beauftragte zur Wiederherstellung der kosmischen Ordnung auf unsere Erde am Beginn des Neuen Zeitalters und als Einleitung der Wiederkunft Christi.

In dem Buch "ICH RUFE EUCH NOCH EINMAL" sagt Er, der Herr (S. 33) "...Verkündet Meinen Namen, wohin ihr auch geht; das war Mein ausdrücklicher Auftrag an Meine Apostel bei Meiner Auffahrt in den Himmel. Errichtet überall Vorposten für MEIN REICH. Stellt Verbindungen für Mich her, macht Mich bekannt bci den Völkern, sei es öffentlich durch Reden, die ihr haltet, sei es in allcr Stille..."

Zu dieser völkerverbindenden Mission zwischen Amerika und Europa wollte auch ich durch meine Darlegungen einen Beitrag leisten...

1. Mexikanischer UFO-Kongreß

"Niemand soll sich über anderes zu urteilen erlauben als nur über die Dinge, die er kennt!"

Cammille Flammarion, französ. Astronom,
Autor von "DER BEWOHNTE WELTRAUM"

Wie der Eingeweihte weiß, ist im Amerikanischen Staatsarchiv in Washington D.C. sowie im US-Verteidigungsministerium (Pentagon) sowie bei der NASA alles gesammelt, was die Unidentifizierten Flugobjekte (UFOs) betrifft.

Ende 1969 wurde das von der Luftwaffe seit 1952 geführte "Project Bluebook" ("Projekt Blaubuch") abgeschlossen mit der Erklärung: "... daß die gemeldeten und überprüften "UFOs" keine Bedrohung der Sicherheit Amerikas darstellen. Es gebe ferner keine Beweise dafür, daß die untersuchten Erscheinungen und Objekte von einer über die gegenwärtigen wissenschaftlichen Kenntnisse hinausgehenden technologischen Entwicklung seien, und man habe auch keine schlüssigen Beweise dafür finden können, daß es sich bei den gesichteten Objekten um außerirdische Fahrzeuge handelte." (!)

Wenn es sich nach dieser Darstellung der europäischen Presse vom Herbst 1976 nicht um außerirdische Flugobjekte handelt, *woher* kommen sie dann nach der Meinung der Luftwaffe? - Auf *wen* haben die NATO-Offiziere (vergl. UN 244/April 1977, S. 6, "Galaktische UFO-Überwachung") geschossen? Seit 30 Jahren ist von den Unidentifizierten Flugobjekten die Rede, und die Skala der Auslegung geht von der innerirdischen bis zur galaktisch-kosmischen Herkunft.

Durch Negierung der Kontaktler wird eine a-priori-Ablehnung bekundet, die von keinem objektiven Forschungsgeist und keinem tieferen (als derzeitigem Schul-)Wissen zeugt. Wir entsinnen uns Prof. H. Oberths Forderung: "Es ist Aufgabe der Wissenschaft, *alles* zu erforschen, was an sie herangetragen wird. Doch viele Wissenschaftler scheinen wie vollgestopfte Gänse, die nicht mehr fähig sind, etwas Neues aufzunehmen..." Ende des Zitates.

Allein von Major Petersen/Dänemark und mir wurde auf dem Acapulco-Konvent die Notwendigkeit intensiver Behandlung der Kontaktlerberichte als logische Erweiterung der Sichtungsmeldungen und Landungsprotokolle als effektive Kulmination der Ufologie hervorgehoben.

*

An den fünf Kongreßtagen kamen 32 Sprecher aus zwei Kontinenten zu Wort. 21 waren aus Nord- und Mittelamerika, drei aus Südamerika und acht aus Europa.

Die Kongresse der Deutschen UFO-Studiengesellschaft, Zentrale Wiesbaden, haben alle den Charakter einer futuristischen *freiwissenschaftlichen Akademie* für *Ufologie*.

UFO-Lichtbildervorträge

in Acapulco, Zihuatanejo und Mexiko-City

Im Rahmen des Acapulco-Kongresses hatte mein Vortrag "*Intergalaktische Weltraumfahrt - Kontakte mit Außerirdischen*" (80 Diapositive) am Samstag, dem 23. April 1977, stattgefunden. Die UFO-Aufnahmen aus sämtlichen Kontinenten einschließlich der Nagora-Farbfotos in Verbindung mit den*einzigen*zahlreichen Ausstellungstafeln von *Icufon/Duist* vermittelten mit Major C. VonKeviczkys warnenden Ausführungen einmalige Übersichten über Realitäten und Sinn von Einflügen der Extraterrestrier mit Konsequenzen für Regierungen, Menschheit und gegenwärtiges Zeitgeschehen!

Nach den heißen Intensivtagen von Acapulco folgten durch Einladung des Verlegers der erstkassigen illustrierten Halbmonatszeitschrift "WELT-KUNST"/München, des Hoteliers Carlos Breuer, in seinem exquisiten Hotel Sotavento in der malerischen Bucht von *Zihuatanejo* zwei Lichtbildervorträge.

Am Mittwoch, dem 27. April, erschienen 29 Teilnehmer, alles Mitglieder des Rotary-Clubs. Darunter waren zwei Herren der Regierung und zwei Schiffskapitäne. Anschließend lebhaftes Frage-und-Antwort-Spiel.

Am Samstag, dem 30. April, kamen wieder zehn UFO-interessierte Deutsche, Schweizer und Mexikaner zusammen, darunter ein Fluglinien-Kapitän, zwei Privatpiloten, die aus Mexiko-City (300 km) hergeflogen waren, sowie der Bürgermeisterkandidat von Zihuatanejo. Wiederum bis spät in die Nacht ufologische Gespräche aufgrund der 84 UFO-Fotos aus allen Erdteilen, auch aus Arktis und Antarktis.

In *Mexiko-City* war am Donnerstag, 5. Mai, eine ausgiebige ufologische Konferenz bei Frau Margret Seedorf und ihrem Vetter, Regierungsarchitekt Roland Seedorf. Am Abend des 6. Mai gleichfalls im Familienkreis unserer Gastgeber, Computer-Ing.-Ehepaar Carlos und Martha Brena.

Samstag, 7. Mai, folgten wir der Party-Einladung von Familie Jan Norrie (Ing. f. Elektrolokomotiven und Brückenbau). In dieser Wohnung, in der *George Adamski 1955* geweilt hatte, zeigte ich 86 Diapositive vor 20 Gästen der besten Gesellschaft.

Der Sonntag war dem Besuch der phantastischen Mond-(160 m) und Sonnepyramide (200 m hoch) in Teotihucan mit Ehepaar Brena und Geschwister Brauer gewidmet.

Am Montag, 9. Mai 1977, fand mit Herrn Walter Brauer, Senora Brena, meiner Frau und mir ein Besuch bei *Salvador Villanueva Medina* statt, Autor des Buches "*Ich war auf einem anderen Planeten*". Unter anderem sagte er: "Ich habe die Aufgabe, zu verbreiten, daß man vor den zukünftigen Naturkatastrophen Häuser bauen sollte, in denen man auf dem Meer als in Wohnschiffen leben kann, *um zu überleben.*" Nach inspirativen Zeichnungen (die ihm aus seinem Werkstattbüro auf geheimnisvolle Weise gestohlen wurden), baute er das fotografierte (wir sahen es) Modell. Das müsse und wolle er in seiner kurzen Lebenszeit noch tun, erklären und bauen lassen...

An diesem Abend war die letzte Party bei dem Architekten-Ehepaar Carlos Herrmann, mit 15 Personen gesellschaftlicher Kreise, mit ufologischen Gesprächen. Durch all diese Zusammenführungen wurden beglückende Freundschaften geschlossen mit der Möglichkeit ufologischen Austausches und Monatstreffen.

Durch meine Frau erfolgte an diesem Abend die geistige Heilung einer kranken Indianerin.

Erwähnt seien noch die fachlichen Unterhaltungen mit *Lufthansa-Flugkapitän Klein*, dem Co-Piloten und Funker der LH 404 im Cockpit während 1 1/4 Stunden über dem Atlantik. Stark interessiert am ufologischen Themenkreis gingen auch zu dieser Crew ungezählte Informationen über Acapulco und das Weltthema der *Außerirdischen Flugobjekte*.

K.L. Veit

14. Kapitel

11. Internationaler Kongreß der UFO-Forscher WIESBADEN 1975

Kongreßleiter Karl L. Veit

Kongreß-Resümee und Wiesbadener UFO-Manifest

Der 11. Internationale UFO-Forscher-Kongreß der DUIST-Zentrale Wiesbaden mit Delegierten aus drei Kontinenten und 18 Ländern vermittelte allen Teilnehmern 18 Exklusiv-Referate.

Darunter waren sechs Lichtbildervorträge. Auch wurde auf das vielfältige Ausstellungsmaterial resp. auf den Abguß des "Steins von Madrid" und den Marsglobus verwiesen:

1) Kongreßleiter Karl L. Veit (BRD)
   Leistungsschau der DUIST und des Ventla-Verlages der Jahre 1972 - 1974
2) Studiendirektor Karl Maier (BRD)
   Auf der Suche nach Beweisen

3) ICUFON-Dir. C. VonKeviczky (USA) - Dr. W. K. Bühler (Brasilien)
DUIST-Tätigkeit im Spiegel ausländischer Beobachter
4) Dipl.-Chem. Michael Klimô (Ungarn/BRD)
100.000 Jahre Runenschrift
5) Erfinder und Konstrukteur Waldomir Markgraf (Österreich/BRD)
Neue Wege zu naturgemäßer Energieerzeugung
6) Dr. Jürgen Blunck (BRD)
Leben und Überleben außerhalb der Erde aus heutiger Sicht
7) Ing. Adolf Geigenthaler (BRD)
Die Nagora-UFO-Farbfotoserie
8) Prof. Dr. Marco Todeschini (Italien)
- Verlesung - Studiendir. Karl Maier
Entscheidende Experimente in der modernen Physik
9) Dipl.-Ing. Enrique Castillo (Venezuela)
Reise in einem UFO
10) Pilotin, Meteorologin Elizabeth Klarer-Fielding (Südafrika)
Geheimnisse des Lichts - Weltraumreise mit Akon
11) Sen. Fernando Sesma (Spanien) vertreten durch Frau Hilde Menzel (BRD)
Der Stein von Madrid
12) Horst Raps (BRD)
Auswanderung der Atlantiden
13) Forschungs-Ing. Rho Sigma (USA, ehem. NASA-Ing.)
- Verlesung -
Manifestation der Äther-Energie
14) UN-Korrespondent Hugo Schwarz (USA)
UFO-Problematik in den Vereinigten Staaten
15) SADIE-Mitarbeiterin und UN-Korrespondentin Ruth Gerstel (Argentinien)
Ufologische Tätigkeit in Südamerika
16) Matthias Engelhardt (BRD)
Archetypen und UFO-Realität der Neuzeit

17) Dipl.-Ing. E. Castillo (Venezuela)
Test in Washington D.C.
Die drei Phasen von Plan A
18) DUIST-Präsident Karl L. Veit
Resümee, Resolution und Wiesbadener UFO-Manifest

Die Zusammenfassung dieser Referate

- mit Global-Informationen über permanente Einflüge, Landungen und Existenz-Analysen galaktischer Flying Saucers,
- Weltraumfahrten mit außerirdischen Raumschiffen von Frau Elizabeth Klarer und Dipl.-Ing. Enrique Castillo,
- die Vorträge über prähistorische Beweisversuche verlorengegangener Kräfte und Flugtechniken bis zur Wiederfindung eines Quasi-perpetuum-mobile,
- zahlreiche UFO-Fotobeweise und Indizien für Besuche aus dem Weltraum,
- Übersichten der ufologischen Situationen in bestimmten Erdteilen,

geben uns dominierende Einblicke in das neue kosmische Weltbild. Ausgestellt waren: 29 Tafeln mit 270 UFO-Fotos, 3 Landkarten und 3 Vortragsplakate als Standard-Dokumentationen zu den Vorträgen mit jeweils dazugehörigen Diapositiven.

Wiesbadener UFO-Manifest

Verkündet auf dem "11. Interkontinentalen Kongreß der UFO-Forscher in Wiesbaden" am Abschlußtag, dem 2. November 1975,

von DUIST-Präsident Karl L. Veit

Seit 25 Jahren beschäftigen wir uns mit der

1. Existenz ungewöhnlicher Flugapparate - allgemein bekannt als UFOs, Flying Saucers, Fliegende Scheiben, Soucoupes Volantes, Discos Volandores, Platos Voadores, Disci Volanti, Flygende Tefat, Vliegende Schotels etc., sie haben mit "Glauben oder Nichtglauben" nichts zu tun. Sie wurden als reale Objekte von Wissenschaftlern sämtlicher Erdteile ebenso von Spezialisten der Arktis und Antarktis, seit 25 Jahren als auffallende, ja atemberaubende Phänomene in der Atmosphäre als sichtbare, fotografierte und gefilmte Metallapparate festgestellt und auf Radarschirmen erfaßt, und auf dem 11. Konvent der DUIST von 16 Vortragenden sowie den über 300 Teilnehmern bestätigt.
2. Ungezählte exakte UFO-Beobachtungen, UFO-Lichtbilder und UFO-Filme fremdartiger Flugkörper wurden im Laufe der Jahre von Dienststellen der Luftwaffe und Marine wie von privaten UFO-Forschungsgesellschaften gesammelt, archiviert und ausgewertet, wie es die diesbezüglichen Archive zahlreicher Kulturnationen beweisen.
   Flugkapitäne, Schiffsoffiziere, Ingenieure, Physiker, Astronauten, Kosmobiologen, Astronomen, Meteorologen, Flugturmoffiziere, Radarbeamte und Militärwissenschaftler haben die sogenannten "Unbekannten Flug-Objekte" (UFOs) einwandfrei als nicht irdische Apparate analysiert und identifiziert. Daher auch Interplanetarische Flugobjekte (IFOs).
3. "Unidentifizierte Flug-Objekte" (UFOs) werden von kompetenten Untersuchern - wozu sich die hier genannten Referenten aufgrund ihrer jahrzehntelangen intensiven Forschungstätigkeit und Synthese-Arbeiten zählen - als extraterrestrische, interstellare resp. galaktische Flugobjekte deklariert, die von überlegenen Intelligenzen gesteuert und in verblüffender Weise manövriert werden.
4. Diese als "Außerirdische Flug-Objekte" klassifizierten Apparate sind in sehr häufigen Fällen in ebenfalls fast allen Ländern

unseres Globus als "Erkundungs- oder Aufklärungsfahrzeuge" bei Fast-Landungen und Effektiv-Landungen beobachtet und gleichfalls von Polizeibeamten protokolliert worden, was alles primär gründlich und objektiv in UFO-Fachzeitschriften zur Publikation gelangte und laufend geschieht.

5. Als Kulmination hörten wir zwei Fälle von Mitflügen in IFOs im irdischen Luftraum sowie im Weltraum: Die Pilotin und Meteorologin Elizabeth Klarer/Südafrikanische Union berichtet aus ihrem aufsehenerregenden Manuskript, das als Buch im Herbst 1977 erscheinen wird. Darin werden erstmalig sensationelle Schilderungen über den Mitflug mit Extraterrestriern und ihren viermonatigen Aufenthalt auf einem Planeten sowie von einem Geschehnis, das die Erde mit einer Rasse von Alpha Centauri verbindt, mitgeteilt.
   Dipl.-Ing. Enrique Castillo/Venezuela schilderte seine faszinierenden ersten Begegnungen mit Außerirdischen mit den Flugreisen über Südamerika und seine Aufgaben für die Erde. Tatsachenberichte von kostenfreien (!) Mitflügen irdischer Kontaktpersonen zu anderen Weltkörpern gehören zu den Gipfelpunkten der IFO-Forschung; sie sind damit den Bestrebungen terrestrischer Astronautik weit voraus und bestätigen das Vorhandensein überlegener Menschenrassen, die friedlich auf fernen Gestirnen leben, einschließlich der von ihnen seit Jahrtausenden (oder noch länger) praktizierten interplanetaren, intersolaren oder galaktischen Weltraumfahrt nach dem Prinzip der Sonnenenergie.

6. Die Persönlichkeiten des Kongreß-Komitees mit den Unterzeichneten aus drei Kontinenten sind der festen und begründeten Überzeugung, daß bei vernünftiger, friedlicher, unpolitisch-übernationaler und überkonfessioneller Einstellung der Regierungen und Weltkirchen sowie einer reinen humanitären - antikriegerischen - Entwicklung der Nationen und Völker mit ihren freien, d.h. nicht politisch gebundenen Wissenschaft und

Technik, die hier mit aller Deutlichkeit aufgezeigten neuen Wege - ohne Atombomen-Prestige und Super-Umweltverschmutzung - beschritten werden müßten.

7. Solarisches und galaktisches Konföderationsziel:
   Nur im Erfassen von genügend dargelegten ethischen Forderungen mit zugleich konstruktiven Angeboten, verbunden mit ersichtlichen Taten von irdischer Seite, liegt der faktische Fortschritt zu der ersehnten "besseren Welt". Erst dadurch kommt das unwillkürlich uns später bewußte Hineinwachsen in die universale Ordnung mit erweitertem Bewußtsein und erhöhter Lebensfrequenz und Anschluß der Erde an die kosmische Konföderation zustande.
   Dies wird endlich zur lang erwarteten Freundschaftsverbindung mit Außerirdischen und einer soziologisch gerechten höheren Gesellschaftsform nach bereits bekannten, doch für uns individuell zu gestaltenden Vorbildern führen.
   Seit 1956 gehen von Wiesbaden aus die Globalbestrebungen in laufenden Aktionen und Aufklärungskampagnen in sämtliche Kontinente.

Hierzu wollen wir alle beitragen, unseren Mitmenschen und der Welt gegenüber.

Nochmals möchte ich allen Mitarbeitern, den Delegierten und Referenten danken, die an den Vorarbeiten und dem reibungslosen und vielgestaltigen Ablauf unserer drei Konventtage sich beteiligt haben.

Schließen möchte ich mit unserem DUIST-Motto:

Internationale Verständigung, als Voraussetzung für den nötigen globalen und universalen Frieden, für die interplanetare Freundschaft, deren Anbahnung wir als besonders Bevorzugte erleben durften durch die Erwählung von Kontaktpersönlichkeiten, die in allen Erdteilen tätig sind, von denen wir wieder zwei in Wiesbaden unter uns hatten;

ihnen sind wir zu besonderem Dank wegen ihrer nicht leichten Mission verpflichtet.
Mit unserer Aktivität wollen wir einen bescheidenen oder größeren Beitrag zur kommenden kosmischen Konföderation leisten.
Wir wollen uns wiedersehen, wie es die Zeit erlaubt und uns dann weiter freuen über neue Erkenntnisse, die bis dahin im Rahmen unseres Forschungsgebiets gewonnen wurden.
Zufolge vielfach geäußerter Wünsche und aufgrund unseres fast einstimmig bekundeten Tests wollen wir eine Herausgabe des Kongreßverlaufs, wie in früheren Jahren, als DOKUMENTARBERICHT herausgeben.
Der Mit- und Nachwelt dokumentiert und ‚protokolliert‘ veröffentlicht und überliefert.
Im Namen des DUIST-Vorstandes

Karl L. Veit

Im Festsaal des Casinos/Wiesbaden

15. Kapitel

Karl L. Veit

12. DUIST-Kongreß 1979

Bedeutung der Kontakte mit außerirdischen Piloten für die Menschheitsevolution

Sehr verehrte Gäste, Freunde und Mitglieder!

Für viele von ihnen bedeutet dieser Konvent in Mainz ein Wiedersehen mit altbekannten Freunden, und er wird gleichzeitig zum Anlaß neuer Freundschaften mit Möglichkeiten des Erfahrungsaustausches.

WIESBADEN als Zentrale der DUIST und MAINZ haben in der europäischen und Welt-UFO-Forschung einen Klang besonderer Art. Neun Kongresse haben seit 1956 in Wiesbaden stattgefunden und drei in Mainz: 1963 der 5. mit Eugenio Siragusa hier in diesem Saal, und 1967 der 7. WELTKONGRESS mit über 1.000 Teilnehmern an jedem der vier Tage und den Filmarbeiten zum Rainer-Erler-ZDF-Film "DIE DELEGATION". Und nun als dritter Mainzer Kongreß, der in einer denkwürdigen, aber auch hybriden und existenzbedrohenden Zeit das Dutzend voll macht.

Wir wollen uns Rechenschaft darüber geben, inwieweit wir alle zur Überwindung dieser unheilvollen Zeit beitragen können, nicht nur in passiver Anhörung des hier Gebotenen, sondern in aktiver Form im Hineinwirken in verantwortungsvolle Stellen der Regierungen, der Abgeordneten, beim Ministerium für Wissenschaft und Forschung, des Flugwesens, der Polizei, bei kirchlichen Ämtern, in Kreise der Pädagogik und der Massenmedien. Wie anders sollen wir uns vor drohender Selbstvernichtung bewahren und retten, wenn wir etwa nur in Passivität und Resignation verharren? - Daher unsere Mitverantwortung als Wissende oder Eingeweihte.

So manche haben bedauert, daß der vierjährige Zeitraum zwischen 1975 und 1979 recht lang war. Wir müssen bekennen, bei unserer Arbeitsfülle verrann die Zeit nur zu rasch. Was erarbeitet wurde, hörten wir bei der gestrigen Generalversammlung.

In einer Zeit voller Extreme stehen wir vor gewaltigen Ereignissen, deren Ausmaße weder im zerstörerischen noch im aufbauenden Sinn in ihrer ganzen Tragweite kaum erfaßt werden können. Gemessen an der auf dem Weltvulkan tanzenden Masse Mensch vor dem Lavaausbruch - atomverseucht, luftverpestet, wasser- und naturgeschädigt - dürfte dies vielleicht der letzte UFO-Kongreß sein.

Prof. Dr. med. Mommsen sagt: "Gesundes Denken und echter Fortschritt kommen nur in oder aus einer demütigen religiösen Haltung. Die Abschaltung des Menschen von seinem Grund, seiner religiösen Rückbindung an eine göttliche Macht, ist das große biologische Verbrechen. Dies ist der Urgrund, die Ursache der Verschmutzung unserer Umwelt, der Entartung unserer Ernährung, der Verbrechen, Tiere zu Versuchen zu mißbrauchen, der Entweihung des Begriffs "Arbeit" usw. Wir sind auf dem Wege in das Nichts. Und dieses Ungesunde wird vernichtet. Das ist ein Urgesetz der Natur, dem der Mensch auch unterworfen ist..."

Dr. M. H. Edwards, der auch als Berater der "Aerial Phenomena Research Organisation von Tucson/Arizona" fungiert, ist Wissenschaftler für moderne Sprachen an der Universität Viktoria, British Columbia; er meint, er könne die UFOs nicht ignorieren; schon deshalb nicht, weil er als Student von seinem Professor die Mahnung mitbekommen habe, niemals über eine Idee zu lachen, bevor er nicht etwas von ihr verstanden habe. - Weil er nun von der Existenz der UFOs überzeugt war, setzte er seine Forschungen fort und kann sich heute, wie er sagt, als Autorität auf diesem Gebiet betrachten.

"Sichtungen erfolgen dauernd", erklärt er. "Außerdem haben

wir nahezu tausend Fälle, bei denen menschliche Wesen gesehen wurden, entweder innerhalb ihrer Vehikel oder nahe dabei. Angesichts so vieler Fälle ist es fast undenkbar, sie alle als unzuverlässig oder falsch abzutun." Soweit Dr. Edwards.

Im britischen "Leicester Chronicle" vom 1. September 1978 berichtete Prof. Allen Hynek, daß zwei bis drei Millionen der 15 Millionen amerikanischen UFO-Sichtungen nicht natürliche Erklärungen finden, und daß - über die ganze Welt verteilt - sich innerhalb von 24 Stunden ungefähr 100 Sichtungen ereignen!

"Der Schlüssel zum Verständnis des UFO-Phänomens liegt in den Wirkungen, die bei den verschiedenen Zeugen entstehen. Wir dürfen ein völlig unbekanntes Phänomen nicht nach den Kriterien unserer eigenen Welt interpretieren." Soweit Prof. Hynek.

Mit Recht und zugleich als zwangsläufig logische Erweiterung des ungeheuren UFO-Sichtungskomplexes formulierten meine Frau und ich daher im letzten Rundbrief an die Mitglieder die Frage: "Was hätten wir schon davon, wenn der ganze Himmel weiterhin voller IFOs hinge, aber wir wüßten bzw. erführen nicht, was sie wollen, warum sie hier sind resp. es würde weiterhin millionenweise nur von SICHTUNGEN berichtet?"

Somit stoßen wir auf die Tatsache und Relevanz unserer Mission, d.h. Aufklärung und Verbreitung der Wahrheit über:

I. IFOs, Interplanetarische Weltraumschiffe,
II. Landungen und
III. Direkte Begegnungen mit außerirdischen Piloten. Sie sind Beweise für die Bewohntheit des Weltraumes mit intelligenten Wesen, das heißt MENSCHEN nach dem Ebenbilde Gottes.

Ich darf wohl die Gewißheit aussprechen, daß alle Anwesenden hier zu jener Kategorie gehören, die folgende Ausführungen von Elizabeth Klarer nicht nur am besten verstehen, sondern auch als Notwendigkeit weiterverbreiten:

"...Man kann nicht erwarten, daß man alles auf einem Tablett überreicht bekommt, wenn man nicht über die Requisiten des Wissens, des Verständnisses, der Harmonie ohne Furcht, der Liebe und Disziplin verfügt.

Akons fortgeschrittene Zivilisation kann niemals in die mitleidlose Politik der irdischen Nationen verwickelt werden. Sie bleibt im Hintergrund und hält sich von den Menschen der Erd-Nationen fern und zwar wegen der politischen und rassischen Streitereien. Ihre ganze Zivilisation und auch das Antriebssystem ihrer Raumschiffe sind von der universalen Harmonie in der harmonischen Lichtfrequenz abhängig. Geheiligte Geheimnisse der Natur können nicht mißbraucht werden, und Akons Zivilisation ist der Wächter dieser Geheimnisse."

Die modernen Pioniere des Kosmischen Zeitalters mit seiner neuen und aktuellsten Wissenschaft der Erde, der IFOLOGIE, sind das heutige "SALZ", das die erhabene Geist- und Lebenslehre CHRISTI zum universellen Verständnis erweitern hilft.- Der beschränkte Erdianer wird zum bewußten Bruder einer universellen Rasse, die als Geschöpfe des EINEN GOTTES zum Katalysator Seines Friedens, Seiner Harmonie werden und damit zur Verwirklichung der Schlußkapitel der Geheimen Offenbarungs-Pophetie mit beitragen.

Hier bei Ihnen, verehrte Kongreßteilnehmer, und den zahlreichen Ungenannten, den geistig eingestellten Ifologen aller Kontinente und im Speziellen durch die KONTAKTLER, sind die relevanten Voraussetzungen und begehbaren Wege für die Menschheitsevolution effektiv vorhanden. Zwar weiß man, daß Schmähung, Rufmord und Verfolgung stets die vernichtenden Waffen der Unwissenheit gegenüber den Verfechtern eines hohen Wissens und den Wohltätern der Menschheit waren; und sie sind es noch heute!

Doch ohne das Hervortreten und die Publizierungen der mutigen Kontaktler in Verbindung mit verantwortungsvollen

Fachzeitschriften- und UFO-Bücher-Verlegern hätte sich das Erkenntnisniveau aller an Ufologie Interessierten über die BEWOHNTHEIT des WELTENRAUMES und die kulturellen sowie technischen Verhältnisse der Extraterrestrier - unmöglich in dem Maße auf unserem Globus ausbreiten können, wie dies im Lauf der letzen 25 Jahre tatsächlich geschehen ist.

Die UFOLOGIE ist das WELTTHEMA Nr. EINS! In einem Brief an einen Leser formulierte meine Frau in Kurzform: "Die Ufologie ist die Wissenschaft der Weltgeschichte. Sie wird sie um und um drehen. Die Zeichen wachsen alljährlich ins neue Kosmische Zeitalter!"

Daß in den letzten Jahren die europäischen Regierungen von Frankreich, Spanien, der UdSSR, das Parlament von Italien und das Oberhaus in Großbritannien, Rußland und China sich mit der UFO-Thematik teils sehr intensiv und ganz offiziell beschäftigt haben, sei in Kürze vermerkt.

Über Vorgänge im italienischen Parlament orientierte uns unter anderen Quellen Herr Hellmuth Hoffmann mit folgendem Auszug:

"Der italienische Abgeordnete Falco Accame hat an Staatschef Andreotti und Verteidigungsminister Ruffini drei Anfragen gerichtet, worin er um Aufklärung darüber bittet, welche Informationen das Verteidigungsministerium über UFOs besitzt. Gleichzeitig empfiehlt er eine eingehende Untersuchung des UFO-Problems durch eine aus neutralen Wissenschaftlern und Technikern bestehende Kommission unter ausdrücklichem Ausschluß des Militärs. Diese Kommission solle nach Möglichkeit mit ähnlichen Stellen in anderen europäischen Ländern zusammenarbeiten. Durch die jüngsten Ereignisse sei die UFO-Frage in ein aktuelles Stadium getreten."

Durch die Vorstöße in der UNO seitens des ICUFON-Dir. Colman VonKeviczky, New York, des ehemaligen Ministerpräsidenten von Grenada, Sir Gairy, durch das Exposé von Astronaut

Gordon Cooper (siehe UN 259) und Prof. Hynek wurde die Generalversammlung der Vereinten Nationen mit ihren 149 Mitgliedsvertretern mit der UFO-Frage offiziell konfrontiert.

Über all dies wurde in den "UFO-Nachrichten" der vergangenen Jahre (wie nirgends in den Tageszeitungen) wahrheitsgemäß berichtet.

Ohne Übertreibung kann man behaupten:

Es gibt heute keine Kulturnation mehr - einschließlich der Entwicklungsländer -, die nicht über wichtige Weltraumangelegenheiten orientiert wäre. In der Weltpresse wird freilich noch immer versucht, die Bedeutung dieser Tatsachen zu ignorieren, zu verhöhnen oder die Informationen herunterzuspielen. Es hilft ihnen nichts! Die WAHRHEIT gewinnt täglich an Boden.

Wir kamen zu einem erstaunlichen Ergebnis aufgrund unserer Sammlung von Kontakten in unserem Archiv von weit über 200 Fällen. Ich habe sie in einem umfangreichen Manuskript nach geographischen und chronologischen Gesichtspunkten geordnet und hätte sie längst in zwei Bänden unserem internationalen Leserpublikum dargeboten, wenn nicht die Finanzierungsfrage vieles vereiteln würde. Das Manuskript liegt vor.

DIREKTE BEGEGNUNGEN
MIT AUSSERIRDISCHEN

Kontaktler: Gipfelpunkte der Ufologie
Erlebnisberichte aus fünf Kontinenten

Inhaltsübersicht.

Direkte Begegnungen in 5 Kontinenten

	EUROPA	
1	Dänemark	2
2	Deutschland	13
3	England	9
4	Finnland	3
5	Frankreich	12
6	Italien	17
7	Norwegen	2
8	Österreich	4
9	Polen	1
10	Portugal	3
11	Schweden	6
12	Schweiz	1
13	Spanien	15
14	UdSSR	2
	14 Staaten	90
	AMERIKA	
	Nordamerika	
1	Kanada	4
2	Mexiko	4
3	USA	55
		63
	Mittelamerika	
4	Dominikan. Republik	1
	Südamerika	
5	Argentinien	18
6	Brasilien	33
7	Chile	6
8	Peru/San Salvador	2
9	Uruguay	1
10	Venezuela	1
		61
		1
		63
	10 Staaten	125
	ASIEN	
1	Indischer Ozean	2
2	Indonesien	1
3	Iran	1
4	Japan	3
5	Türkei	1
6	Vietnam	1
		9

	AFRIKA			AUSTRALIEN	
7	Angola	1	9	Neuguinea	1
8	Südafrika	4	10	Neuseeland	1
		5			2
			10	Staaten	16

[Dies ist der Stand lt. DUIST-Archiv bis 1975]

Zusammengefaßt sind das 34 Nationen mit 231 Kontaktberichten. Für das bereits Gehörte und des noch Zukünftigen bedarf es der vollen Bewußtwerdung unserer eigenen Rolle, die es mit Vorsicht, Mut und Spürsinn zu vertreten gilt.

In diesem Sinne der gegenwärtigen Aufgabe der Ufologen in aller Welt und in direktem Zusammenhang mit unserem Generalthema BEDEUTUNG DER KONTAKTE MIT AUSSERIRDISCHEN PILOTEN FÜR DIE MENSCHHEITS-EVOLUTION äußert sich die Weltraumfrau BOREALIS (vgl. UN 259, Seite 6) gegen Ende ihres Berichtes:

"Aus unserer WELTRAUM-Perspektive werden wir weiterhin versuchen, das ethische Niveau der Völker zu heben.

Während sich die meisten eures Volkes der Jagd nach sinnlichen Genüssen hingeben, haben doch viele ein psychisches Erwachen erlebt. Ein neues Interesse für Religion und tiefere Philosophie ist entstanden. Auch das ist ein Teil des traditionellen Musters während der letzten Tage einer Zivilisation. Doch leider neigt die Mehrzahl dem Negativen zu.

Das soll indessen nicht bedeuten, daß diese wenigen, die guten Willens sind, ihren Kampf voller Verzweiflung aufgeben sollen, denn auf jenen muß die neue Weltordnung aufgebaut werden. Wie dunkel die Nacht auch scheinen mag, so müssen die Dinge, wofür sie kämpfen, eines Tages siegen. Denn sie haben recht, und es ist ein unumstößliches Gesetz des Höchsten, daß das Gute am Ende gewinnen wird. Es gibt nicht genug Finsternis im ganzen Universum, um ein einziges Licht auszulöschen.

Die heutige Menschheit befindet sich in einem Meer von Unwissenheit, Aberglauben, Begierde und Unmenschlichkeit. Seit dem Morgen aller Zeiten haben entwickelte und weitsichtige Wesen tapfer versucht, ihre Mitmenschen aus diesem Meer zu erretten. Es ist die Aufgabe eines jeden, diesen Kampf nach bestem Vermögen fortzusetzen. Jedes bißchen Kenntnis, das wir vermitteln können, ist ein Stück Vorwärtsentwicklung, welche einmal die endgültige Rettung der ganzen Menschheit bedeuten wird.

In unseren Anstrengungen können wir nie mit einem "vollen Erfolg" rechnen, wie oberflächliche und nicht-denkende Menschen beurteilen. Unsere Namen werden verlorengehen unter den Zahllosen, die uns vorangegangen sind und die nach uns kommen werden. Es steht geschrieben, daß sich wahres und dauerhaftes Vorwärtsschreiten in der Menschheitsgeschichte nicht plötzlich und dramatisch zu erkennen gibt, sondern allmählich, nach mühevollen Zeiten der Entwicklung.

Im Grunde genommen versagen wir nicht, denn: Keine Anstrengung - gerichtet auf ein würdiges Ziel - wird jemals vergeblich sein.

Möge nun der Unendliche an eurer Seite wandeln, wohin euer Weg auch führen mag, jetzt und in alle Zukunft..."

*

Als Abschluß hierzu noch ein Beispiel aus unserer Erfahrungspraxis:

Als Artur Berlet, Autor von "IM RAUMSCHIFF VON PLANET ZU PLANET", mit Acorc im Hause des Hochgestellten von Acart war, erhielt er die Aufforderung, seine Erlebnisse niederzuschreiben. "Man solle dafür sorgen, daß diese Geschichte möglichst auf der ganzen Erde gelesen wird!" Bei diesem Vorschlag (sagt Berlet) platzte ich fast vor Lachen, faßte mich aber sogleich wieder und antwortete: "Offengestanden, ich verstehe Sie nicht, mein Herr! Unsere Erdenbürger würden kein Wort davon glauben!"

Antwort: "Das denken Sie jetzt in diesem Augenblick, weil Sie keine Beweise erbringen können; aber nach 20 Erden-Jahren oder auch früher wird man es verstehen, und daran ist uns gelegen!"

"Das wäre sehr schön, aber ich verfüge über keinerlei Mittel und es ist deshalb sehr schwierig". "Machen Sie sich darüber keine Sorgen, diese Mittel werden schon kommen. Tun Sie es, es wird Ihnen, uns und einem Teil Ihrer Mitmenschen nützen!" -

In der Tat kam die brasilianische Publikation zustande, weil Artur Berlet mit Dr. Bühler bekannt wurde, der den Bericht an den VENTLA-Verlag weiterleitete. Hier wurde er übersetzt und gelangte in deutscher Sprache zu Lesern in 88 Ländern.

Ob das wohl höhere Führungen und Fügungen sind?

Kongreßsaal im Kurfürstlichen Schloß/Mainz 1979

16. Kapitel

Notwendigkeit der Ufologie

in kosmischem Aspekt mit Kulmination im Göttlichen

Wir sind sehr erstaunt über moderne Wissenschaftler: Mühsam haben sie Theorien entwickelt über spontane Entstehung des Lebens in einer "Ursuppe" mit nachfolgender, Millionen Jahre umfassender Evolution; oder über die Entstehung des Weltalls durch einen "Urknall", um nur ja nicht ein Wesen höchster Intelligenz, den Schöpfergott, erwähnen oder anerkennen zu müssen. Dabei kann sich kein Wissenschaftler vorstellen, wie es zu einer derart dichten Anhäufung von Materie *vor* dem Urknall hätte kommen können! Außerdem würden für die Entstehung der Arten in den angenommenen kleinen Evolutionsschritten auch einige Milliarden Jahre nicht ausreichen.

Bereits als Sekundaner hatten wir im Fach der Apologetik den KAUSALEN GOTTESBEWEIS, daß "Nichts von selbst entstehen kann", durchgenommen. Er blieb lebenslang in mir wirksam.

Mein späteres Kunststudium am Städel'schen Kunstinstitut in Frankfurt umfaßte plastische und topographische Anatomie von Mensch und Tier, Malerei, Architektur und Kunstgeschichte. Dazu kamen Vergleichende Religionswissenschaft, Astronomie, Bibelstudium, NEUOFFENBARUNG GOTTES, um für die Herausgabe der UR-Gemeinde-Offenbarungen und Ventla-Bücher die nötige Grudlage zu schaffen. Ein durch solchen Dreiklang des Künstlerischen, Wissenschaftlichen und Esoterisch-Geistigen aufgebautes universelles Weltbild mit einem Schöpfergott steht natürlich in scharfem Gegensatz zum primitiven Materialismus.

Pure Naturwissenschaft ohne einen Schöpfer, der den Menschen nach Seinem Bilde schuf (1. Mose 1; 27 - Geistige Urschöpfung), und 1. Mose 2; 7 - 25 - Beginn der materiellen

Schöpfung (Adam aus Lehm) aufgrund des Urabfalls aus dem Urlicht, ist als Pantheismus und nach Spinozas Lehrsatz "Deus sive natura - natura sive deus" ("Gott oder die Natur - die Natur oder Gott") im Grunde genommen ein Armutszeugnis menschlichen Denkens. Schon Jakob Böhme sagte: "In Gott sind alle Dinge". Eine Gleichsetzung von SCHÖPFER und Geschöpf (Werk) ist für den Görlitzer Meister ein unzumutbarer Gedanke.

Ein einleuchtender Vergleich wäre, daß Beethovens Werk *nicht* er selbst ist. Oder Michelangelo Buonaroti *ist* doch nicht identisch mit der Gesamtheit seiner Plastiken, Fresken und Bauwerke. Sondern er war diese physische, seelische und essentielle unzerstörbare Individuum, das aufgrund seiner von GOTT erhaltenen Begabung dies alles schuf, und er blieb und ist nach seinem leiblichen Tod die ewig weiterbestehende Persönlichkeit auf einer weit höheren Seins-Ebene. Bezeichnenderweise rühmte dieser Künstler-Gigant (1474 - 1564) die unerreichbare Künstlerschaft und Machtvollkommenheit Gottes in seinen Gesprächen mit Vittoria Colonna (Marquese von Pescara) in der Kirche San Silvestro in Rom.

Die oben erwähnte Herumdrückerei um die Existenz des persönlichen Schöpfers ("Und GOTT schuf den Menschen nach Seinem Bilde") wird derzeit als modern von vielen vertreten. So z.B. behauptet Prof. Zacharia Sitschin in seinem Buch "Der 12. Planet" u.a.: "Außerirdische Wesen eines unbekannten Planeten unseres Sonnensystems hätten den Homo sapiens geschaffen; die wirkliche Vergangenheit desselben sei unbekannt." E. v. Däniken vertritt die ähnliche These: Extraterrestrier züchteten durch Gene-Manipulation den evolutionierten Menschentyp. Auch hier bleibt die Kernfrage ungelöst: *Wer* vorher den Urtyp der Sternenbewohner erschaffen hat...

Die Pluralität der "Götter" dient in diesen Fällen des Nichtwissens als billige Aushilfe für die tragische GOTT-VERKENNUNG.

Da vielen Wissenschaftlern künstlerische Begabungen oft gänzlich fehlen (besteht die Metapher "trockene Wissenschaft" häufig zu Recht), bleibt ihnen der Sinn für kreativ-ursächliche Hervorbringung einer Sonne, eines Planeten, eines Engels oder Menschen - überhaupt aller Dinge - mit der Erkenntnistiefe des EWIGEN LOGOS (Joh. 1; 1 - 5) verschlossen. Für den echten Künstler genügt eine Ameise, eine Blume, ein Wirbelknochen, ein Auge, die Studie eines Kehlkopfs, die Funktion der Nerven und Muskeln, die Schönheit der Menschengestalt, das Phänomen des Denkens, des Wachstums aus der Eizelle zum milliardenfach voluminösen Individuum, die unermeßliche Vielfalt aller Naturreiche - als Ausdruck der unerschöpflichen Phantasie allein in der Formen- und Farbengestaltung -, um im demütigen Bewundern den erhabenen Schöpfer zu erkennen. Kosmos, Sonnenstäubchen und Atom nötigen zur gleichen Bewunderung. Dieses Bewußtsein wird durch den Anblick des unendlichfaltigen Lebens auf, in und über der Erde, im Wasser und in der Atmosphäre und darüber hinaus im unendlichen Weltenraum und den hierarchisch darüberliegenden eigentlichen Himmelssphären*) in nicht beschreibliche Potenzen erweitert und gehoben.

Ein Dichter sagt:

"Wer Kunst und Wissenschaft besitzt, hat Religion; wer beides aber nicht besitzt, der *habe* Religion!"

Wie wir durch das Vorstellungsvermögen, das Mit- oder Direkterleben des Kontakts mit einem uns überlegenen Wesen unwillkürlich in eine gehobene Bewußtseinsebene gestellt werden, so ist es von unschätzbarer Bedeutung, wenn wir die untrügliche Gewißheit erlangen, mit der höchsten Schöpferintelligenz, personifiziert im ewigen fleischgewordenen Logos und auferstandenen Alpha & Omega - dem Ersten und Letzten -, in Verbindung kommen zu dürfen. Vor diesem Ereignis verblaßt alles andere an seitherigen Lebensidealen.

---

*) Vergl. "SIEBEN HIMMELSSTUFEN", wie auch Ashtar "In kommenden Tagen", beide VENTLA-Verlag Nachfolger, Gütersloh.

Dieses neue Licht rückt alles aus einer relativen in eine mehr und mehr *absolute* Wertordnung, wodurch echte Wissenschaft in himmlische Weisheit mündet. Denn in der GÖTTLICHEN WEISHEIT ist die Summe aller irdischen und kosmischen Wissenschaft enthalten.

Solche Perspektiven eröffnen sich allen echten Wahrheitssuchern. Es sind diejenigen, die den Ruf des Universums vernehmen und den Zeitgeist des Wassermann-Äons bereits verkörpern und hinausstrahlen. Natürlich muß eine Antenne für diese Art Übermittlung in Herz und Hirn vorhanden sein.

Eine erlesene Gesellschaft mit weitgespannten Voraussetzungen hatte sich beim 12. DUIST-KONGRESS im Kurfürstlichen Saal in Mainz zusammengefunden. - Referenten, Thematik und Auditorium waren eine harmonische Einheit, deren Strahlkraft in Unterstützung hoheitsvoll-spährischer Audienz auch in diesem Jahr dynamisch weiterwirkt.

Wie gut begreift man Lucius *Seneca* den Älteren (Zeitgenosse von Kaiser Augustus und Jesus Christus), wenn er sagt: "Ich gehorche nicht Gott; ich vereinige mich mit Seinem Willen!"

Bezeichnend bei fast allen Kontaktpersonen resp. ihren extraterrestrischen Partnern - auch auf diesem 12. Kongreß - ist die thematische Berührung des Begriffs der erhabenen GOTTHEIT, und in Sonderfällen die Bezeugung, der Hochachtung oder ein Hinweis auf den einmaligen GOTTMENSCHEN JESUS von Nazareth, als Lehrer des Friedens, der Liebe und unübertroffenes VORBILD nicht nur für die Erdenmenschheit, sondern auch für das gesamte bewohnte Universum!

K. L. V.

Verkündigung an die Hirten
Friede auf Erden und den Menschen ein Wohlgefallen (Radierung v. Rembrandt)

17. Kapitel

Existenz und Walten der Engel

Eine fundamentale Wahrheit

Im Artikel über die Engel (Christliches ABC, Verlag "Das Besondere", München) heißt es in Gruppe 4: "Nur große Kunst kann es wagen, Unsichtbares sichtbar zu machen. Und nun gar die Engel - sie, die allezeit das Angesicht Gottes sehen (Matth. 18; 10), sind ja nur Abglanz seiner Herrlichkeit.

Nur in der Begegnung ist der Engel da... Hat der Bote sein Wort gesagt, hat der Helfer seine Tat vollbracht, so ist er auch augenblicklich wieder verschwunden. Der Engel ist kein Schaustück. Durch Engel widerfährt uns etwas außerhalb des Faßbaren. Sie sind "Blick", sie sind "Stimme Gottes", der uns ruft, der uns leitet..."

Abgeschlossen wird die Darstellung der Engel: "...Gerade in den Engeln bekundet sich diese Wahrheit: Gottes Heilswille beschränkt sich nicht auf die Menschheit; er durchwaltet das ganze Universum. - Legt die Vorstellung dieses ungeheuren Weltraumes es nicht nahe, nach kosmischen Kräften zu fragen, die GOTT aussendet?"

Julius Schniewind hat im Blick auf Matth. 18; 10 von solchen Kräften gesprochen - die Engel als überkosmische Mächte angesehen, "durch die Gott die Natur regiert und auch sein Weltregiment dem Kleinsten und den Kleinsten zuwendet."

Auch Karl Barth hat zuversichtlich von den Engeln gesprochen: Gottes Wille geschieht auf Erden; dem gehen die Engel als Zeugen voran, als Gottes und der Menschen Diener, und halten Wache gegenüber den Chaosmächten.

"Man sollte sich für ihre herrliche und tröstliche Nähe offenhalten...", sagt Dr. phil. Gerd Schimansky.

Den Hirten wird die Geburt Christi verkündet
Lukas 2,1—14

Befreiung des Petrus
Apostelgeschichte 12; 1—11

"Wache gegenüber den Chaosmächten", damit ist sinngemäß zu definieren, was Dietrich Bonhöffer in "Widerstand und Ergebung" schrieb:

Von guten Mächten wunderbar geborgen,
erwarten wir getrost was kommen mag.
Gott ist mit uns am Abend und am Morgen,
und ganz gewiß an jedem neuen Tag.

Adolf Makloff

Zum gleichen Thema: Erfahrungen eines Russen

Über Wladimir Lindenbergs Buch "GOTTES BOTEN UNTER UNS" urteilte die Presse:

"Sind die Boten Gottes, von denen in der Bibel die Rede ist, wirklich immer Engel? Lindenberg schreibt: "Gott hat verschiedene Möglichkeiten, sich dem Menschen kundzutun..." Aus dem Bereich der Bibel, aus seinem eigenen Leben und dem Leben seiner Familie und Bekannten beschreibt Lindenberg Geschichten und Erlebnisse solcher Begegnungen mit Boten Gottes. In seiner Heimat in Rußland lernte er, Fügungen nicht als etwas Selbstverständliches hinzunehmen. Mit seinen Aufzeichnungen regt er den Leser an, über selbst erlebte Begegnungen und Ereignisse nachzudenken und die Augen dafür offenzuhalten."

Die Diakonieschwester

"Sein ganzes Leben begleiten ihn die Fingerzeige des Himmels. Als echtes Kind des orthodoxen Rußland erkennt Lindenberg in allen Kapiteln seiner bewegten Existenz Gottes Boten als Warner und Retter. Mit der großartigen Erzählergabe, die uns von den klassischen Epikern Rußlands so bekannt ist, bringt der Autor dem Leser Geschehnisse nahe, in denen der bedrohte Mensch

Zeichen erhält durch einen verhüllten Engel. Sicher ist natürliche Demut vonnöten, um die Dinge in hingebungsvollem Glauben hinnehmen zu können und sie nicht erklären zu wollen. Seine behütete Kindheit verbringt Lindenberg im zaristischen Rußland, als es dort noch eine spontane Beziehung zu den Heiligen gab, den Schutzengeln und den Worten des Testaments. So ist in ihm das Begreifen des geheimnisvollen widersprüchlichen Mythos "Leben" fest eingewurzelt. Weder die Trennung von der Familie, die auf Krieg und Revolution folgte, noch das KZ und wieder Krieg vermögen in diesem Menschen das Vertrauen auf die göttliche Führung zu zertrümmern.

Ohne Furcht mit JESUS zum Sieg

Kongreß Gelingen

Nach Lesung in "ICH rufe euch...", 10.00 Uhr, Sonntag, 12. August 1979, und unserem Gebet um JESU Oberste Führung des Kongresses:

Meine Kinder!

Wißt ihr noch immer nicht, daß ICH der EINE bin, Der in euch und um euch ist,

Der euch liebt und euren Dienst benötigt in dieser so dunklen und grausamen Erdenzeit?!

Wenn ihr an Mich glaubt und diesen Glauben anstrebt in eurer Umgebung, ob nah oder global, dann habt ihr alles ins rechte Gleis geschoben, und nichts kann geschehen, was gegen Meinen Willen wäre.

Bleibt Meine treuen Kinder, denn die Aufgabe auf dieser Erde ist kein Zufall; trotzdem sollt ihr täglich neu alles in Demut aber dennoch Souveränität erkämpfen, - denn dazu seid ihr *Meine* Kinder, die Ich stärke und segne, heute und immer. Amen!

A. F. V.

DRITTER TEIL

18. Kapitel

Hans-Dietrich Kortsch

Bibel - Prophetie - Gegenwart

Die Weisheitslehre und Prophetie der Bibel als Mittel zur Wahrheitsfindung in Vergangenheit, Gegenwart und Zukunft

Diese Hinweise aus dem Buch der Bücher sind für das Endzeitthema so aussagenreich, daß wir sie hier einfügen. D.H.

Die Bibel sagt (Dan. 12,4), daß in den letzten Tagen erst Aufschluß gegeben werden wird über in früheren Zeiten versiegelte Aussagen. Solche Informationen sollen wahrheitsuchende Menschen vertraut machen mit dem Wissen, das für den dramatischen Übergang ins kommende bessere Zeitalter notwendig ist.

Diese Erleuchteten sind *nicht nur* prädestinierte Menschenwesen auf unserer Erde, die *ohne Zutun* den Weg in eine glücklichere Zukunft gehen können. Der einzelne sollte wissen, daß er ohne großen Fleiß und einem intensiven Suchen nach Wegweisung für die vor ihm liegende notvolle Zeit auf unserer Erde den Durchbruch nicht finden kann.

Die Bibel ist nicht die einzige Quelle dazu. Sie ist aber das erstrangige mit göttlichen Weisungen erfüllte Weisheitsbuch für uns von heute angesichts des weltweit zu erwartenden gewaltigen Umbruchs. Unsere gegenwärtige Menschheit wird in so gewaltige Naturereignisse mit globalen Auswirkungen hineingeraten, daß eine ernste Vorbereitung darauf sehr dringend wird. Dieses kommende Zerstörungswerk wird unzähligen Menschen das Leben kosten. Es wird schon im ersten Schlag unfaßbar sein. Doch allen Überlebenden, die das göttliche Walten darin erkennen, kann es zum bewahrenden Segen in den weiteren Phasen der erdweiten Heimsuchungen gereichen, wenn sie Lehren daraus ziehen. Lehren, die ihnen ein Rettungswerk erschließen vor dem bald danach folgenden Ende unserer gesamten Zivilisation und Kultur-Epoche.

Im großen Anfang dieser weltweiten Not wird es nur eine entscheidende Hilfe geben: Das innere gedankliche Rufen zum allmächtigen Gott, unserem himmlischen Vater, oder zu Christus, um seinen Beistand in größter Not und Gefahr. Die Voraussetzung zu diesem Beistand, die der Mensch schon vorher im Glauben an die Bewahrungsmacht Gottes in sich tragen sollte, heißt: unbedingte *Wahrheitsliebe*, ferner das (lebendige) Bewußtsein, daß der *Christus-Geist* eine gegenwärtige und übernatürliche Kraft ist und schließlich die Liebe zum Nächsten, d.h. die bewußte *Abwendung vom Egoismus* - achten wir auf das ehern wirkende geistige Gesetz: "Was der Mensch sät, das wird er ernten".

Hier sollen in einer einleitenden Disposition Aussagen der Bibel genannt werden. Sie dürften den meisten (Christen-)Menschen in ihrer endzeitlichen Bedeutung weitgehend unbekannt sein.

Zu obiger Einleitung möge noch folgendes hinzugefügt werden. Der 1. "Paukenschlag" (gleich einem göttlichen Alarmsignal) will uns Menschen (der Gegenwart) nicht nur zu einer letzten Besinnung wachrütteln, um den Weg in ein neues, glückhaftes Zeitalter mit großem geistigen Eifer zu suchen; es will (dieses erste schockierende Geschehen) darüber hinaus den *Menschen guten Willens* den Blick öffnen, daß sie zu einem außergewöhnlichen Auftrag berufen sein können. Wozu? Um nach der Kettenreaktion von Katastrophen am Wiederaufbau der zerstörten Erde zur Neuordnung auf allen Gebieten des Lebens von ihrem Schöpfer als brauchbare und schöpferisch tätige Elemente eingesetzt werden zu können. Die von biblisch belehrten Menschen erwartete und prophezeite *Neue Erde* wird dann beglückende Wirklichkeit werden.

Nachstehende Aussagen mit anderen Hinweisen der Bibel sollen, angesichts der zunehmend babylonisch-verwirrender werdenden Weltlage und bestimmter Vorgänge in der Atmosphäre sowie im Kosmos, in unser Blickfeld gerückt werden. Diese Vorgänge werden die Geistes-Menschen von heute in ihrer Zukunftserwartung betreffen; sie werden sie trotz der hereinbrechenden großen Unruhe auf unserer Erde mit beruhigender Zuversicht erfüllen.

Bibel-Aussagen über Einwirkungen aus dem Kosmos

Lk. 21.11: "...schreckhafte Erscheinungen und große Zeichen am Himmel... sie sind da - nicht nur Atomexplosionen, Raketen und Astronauten usw., *sondern auch UFOs* (Unbekannte Flugobjekte und Außerirdische Wesen)"

Ps. 104.3: "...du nimmst Wolken zu deinen Wagen..."

Ps. 68.18: "...seine Wagen sind vieltausend mal tausend..." Der (nur) religiöse Mensch neigt dazu, die Bibel in vielem unverantwortlich zu vergeistigen oder - an einem für ihn tödlichen Buchstaben-Glauben festzuhalten. Es gab in alter und gibt in unserer Zeit außerirdische Flugapparate mit zerstörendem und andere mit rettendem Auftrag.

Jes. 66.15: "...der Herr wird kommen mit Feuer und seine Wagen wie ein Wetter..." Das 2. Kommen Christi ist hier angesagt. Die ungewöhnlichen Begleiterscheinungen dazu werden in den christlichen Institutuionen bis heute kaum gelehrt.

2. Th. 1.7,8: "...Jesus wird erscheinen vom Himmel her samt den Engeln/Boten und der Heeresmacht seiner Kraft..."

Vers 10//Elb.: "...wenn er kommen wird mit seinen Heiligen/ Abgesonderten..." Die wenigen bisher genannten Aussagen eröffnen uns den Blick für außerordentliche Ereignisse beim Wiedererscheinen des Nazareners Jesus und seiner Helfer vom Himmel her! Beachten wir: Mit ihm kommen Engel *und* Menschensöhne/ Menschenwesen.

Ein 2. außerirdisch-göttlich gewirktes Geschehen, um 2. Th.1.7,8,10 (das und der Menschensöhne etc. vom Himmel her) in Erfüllung gehen zu lassen, erkennen wir in 1. Th. 4.17: "...entrückt auf Wolken (Wolken-Wagen Gottes!)..."

Der offensichtliche Zweck: Um gemäß dem Plan Gottes nach einer göttlichen Belehrung und Bevollmächtigung an einem himmlisch-kosmischen Ort, diese Entrückten zur Erde zurückzuführen. Zunächst durch sie Erde und Menschheit zu richten und danach die durch eine gottfeindliche Menschheit zerstörte Erde wieder aufzubauen.

Off. 19.11-19: "...der Himmel aufgetan ... er wird die Nationen regieren mit eisernem Stabe (Ps. 2/Off. 12.5/die "Männlichen"/ein Kollektiv/Ps. 132.11,12/er und die Söhne/1. Joh. 3.1,2/ er und die anderen Menschensöhne) ... ein König der Könige, ein Herr der Herren." Daß bei dieser Rückkehr auch Menschenwesen einer göttlichen Erwählung eingeschlossen sind, glaubt kaum jemand. Siehe dazu Anm. L.-Jub. nach Vers 16 am Schluß: ...sein Gefolge die himmlischen Heerscharen, Engel und Menschen - vgl. obige Stellenangaben.

Diese Bibelaussagen sollen zunächst genügen, um zu zeigen, da gibt es Wahrheiten, die Menschen guten Willens in unseren Tagen erkennen sollten. Botschaft, Glaube, Erkenntnis und dann erst das Erleben durch Transformation/Umwandlung, d.h. De-Materialisierung und wieder Re-Materialisierung in einen veränderten Geist/Seele/Körper-Zustand in der Zeit chaotischer Einbrüche auf Erden wie im Kosmos. - Es wird plötzlich über die Menschheit kommen. -

Geistiges Sehen in die Vergangenheit und in das zukünftige Geschehen

Was wir zur Aufwärtsentwicklung brauchen, ist ein stets sich ergänzendes biblisches Verständnis. Ein Verständnis im Sinne der Realität und einer unerhörten Aktualität dieses Weisheitsbuches. Von dem Frommen weithin einseitig gewertet und einseitig genutzt; von den anderen total verkannt. Eine erschütternde Bilanz der bestehenden Erkenntnis-Situation von biblischer Wahrheit und Weisheit *und* dem Angebot an die Menschen seit zwei und mehr Jahrtausenden. Dennoch, der große Stufenplan hinein in die angesagten weiteren Weltzeiten (Off. 14.11/Hebr. 1.8/Phil. 2.10,11) ist von der Allweisheit des Schöpfers vorausgeschaut und vorprogrammiert.

Was aber hat das mit den *außerirdischen Phänomenen* zu tun? Die obigen Gedanken und die sich daraus ergebenden Konsequenzen über das Gesetz des Lebens gehören mit zur Grundhaltung von Menschen, die UFOs (Unbekannte Flugobjekte) und die "Wagen Gottes" begreifen wollen. *Nur dann* vermögen diese zu wenig ernst genommenen Erscheinungen aus der "unsichtbaren" Welt ihnen eines jetzt nicht mehr fernen Tages dienstbar zu sein (Hebr. 1.13,14/1. Th. 4.17). Es geht dabei um zum Überleben Berufene (und Beauftragte) in unserer Zeit.

Das starke Auftreten von UFOs sollte uns aufmerken lassen. Auch die stark anschwellende Publizierung von derartigen (angeblichen!, so heißt es oft) Erscheinungen in Zeitungen, Radio und Fernsehen. Sehr oft unverstanden/geistig unbelehrt und daher verspöttelt. Oft auch plump und unseriös vermarktet. Zum Teil aber auch ernst und sachlich dargestellt - von Wissenden.

Für eine genügend klare Sicht ist eine permanent-wirksame Bezugsebene unerläßlich. Ein*Maßstab*, um die Dinge um uns und die in die Erden-Sphäre hereinbrechenden Phänomene (die zerstörenden haben zeitlich den Vorrang) messen zu können. Ohne jemanden überreden zu wollen, kann aus langjähriger Erfahrung sehr empfohlen werden, den Versuch zu machen, über eine gewisse Dauer hinweg die Bibel zu Rate zu ziehen. Und zwar in ihrem *Gesamt*-Zeugnis, d.h. nach ihren General-Linien (die überall in grundsätzlicher Übereinstimmung zu finden sind). Und das nach mehreren Übersetzungen. *Damit* kann der "Maß-Stab" erarbeitet werden. Er wird den nach Wahrheit suchenden und zum göttlichen Stand berufenen Menschen-Wesen untrüglich dienen. Zur Prüfung geistiger Probleme genauso wie von täglich auf uns einstürmenden Fragen (wozu auch unsere Umweltprobleme gehören), sowie auch der äußerst brisanten politischen, wirtschaftlichen (Verfall des Geldes!) und der wahnwitzigen militärischen Weltlage. Und wir bekommen Klarheit über Sinn und Zweck der außerirdischen Phänomene.

Zum Schluß: Beachten wir das hochexplosive "Pulverfaß Naher Osten" (Israel-Syrien/Arab. Welt). Von dorther dürfte die Welt angezündet werden. Als flankierende und außerordentliche Begleiterscheinungen dazu eine gravierende Veränderung in der Machtstruktur der noch bestehenden beiden Supermächte Sowjetrußland und Amerika. Die vom Wahn getriebene Überheblichkeit des Menschen wird das kosmische Gesetz in Kürze zum 1. apokalyptischen Schock gegen die Geschöpfe "nach Gottes Ebenbild" in Bewegung setzen.

Die Hybris wird das Inferno ins Gigantische steigern; sie ruft den ZORN Gottes (schon seit Jahrtausenden) herbei und wird ihn nun in die Welt der lebenden Massen schütten. Das Gesetz des Geistes ist unbestechlich - es führt zum Wohlergehen oder zum Wahnsinn und Untergang (1. M. 28/29/30). Die Massen-Menschen in ihrer Verachtung jedweder göttlichen Ordnung sind nun dem galoppierenden und totalen Verfall ausgeliefert. Die anderen, dem Christus-kosmischen Gesetz des Lebens nachspürenden wenigen sind dazu berufen, durch das kommende Getümmel durchgeschleust zu werden - hinein in eine neue göttliche Weltordnung.

Elias Feuerwagen und seine Bedeutung für unsere Zeit

Erdachsenverschiebung: Sonnenaufgang nicht mehr im Osten...

Die Zeitereignisse und weltweiten Entwicklungen mahnen uns jeden Tag deutlich, die Augen nicht zu verschließen vor dem, was auf uns alle zukommt. Wache und geistig sehende Menschen bereiten sich gedanklich (und praktisch) vor auf die große Notzeit; sie ist biblisch und andernorts prophezeit. Sie tritt schon in allen Bereichen auf, aber auch in allen - wenn auch der *Massen-Mensch* nichts davon zu verspüren meint.

Der von Massen-Medien manipulierte Mensch, "gebildet" oder nicht, religiös/fromm, mit liberaler oder gar atheistischer Ausrichtung, *verdrängt*, ohne es zu merken, unübersehbare Erfahrungen in unserer hochgradig gefährdeten Umwelt. Z.B. durch Kernreaktoren ("friedliche Atomenergie"), Industrie- und Autoabgase, anhaltende Bodenvergiftung durch Chemikalien, tödliche Meeresvergiftung durch Industrieabwässer und Reinigung von Öltankern etc. auf offener See. Sämtlich hervorgerufen durch den angeblichen Zwang zu immerwährend zunehmendem Wirtschaftswachstum. Das Gegenteil wird in Kürze die Menschen in die Knie zwingen, nachdem sie Gott und seine Gesetze in einer grenzenlosen Verantwortungslosigkeit mißachtet haben (Off. 11.18: ... dein Zorn ist gekommen...um die zu verderben, welche die Erde zugrunderichten). Die Beschleunigung hin zur weltweiten Notzeit (mit Krieg im Nahen Osten, zwischen den Großmächten, Hunger und Naturkatastrophen usw.) und anschließend eine totale Veränderung der Erdoberfläche durch Erdachsverschiebung, Jes. 24, zeichnet sich mit erschreckender Deutlichkeit ab - wenngleich alle offiziellen Stellen Stillschweigen über die großen Gefahren vor uns bewahren. Nur wenige sind bereit, diesen Entwicklungen mutig ins Auge zu schauen und Konsequenzen daraus zu ziehen. Diese aber beziehen allmählich einen festen Stand in der Erkenntnis-Schau der geistig/göttlich/kosmischen Gesetzmäßigkeiten. Aktion-Reaktion: Der Mensch mit seiner negativen Ausstrahlung und vom Materialismus geprägten Lebenshaltung schafft sich sein grauenhaftes Schicksal selbst. *Gott straft nicht!*, Spr. 14.34: *Die Verderbtheit des Menschen ist sein Verderben!*

ELIA fährt im Feuerwagen gen Himmel
ELISÄUS als Zeuge
Gemälde von Giovanni B. Piazzetta
Italien 1682—1754
Vergl.: 2. Buch der Könige, Kap. 2; 1—11.

Das Raumschiff des Elia.
Seine "Entrückung" und sein Wiedererscheinen.

2. Kön. 2.11: "Während sie (Elia und Elisa) im Gespräch miteinander weitergingen, erschien plötzlich ein feuriger Wagen mit feurigen Rossen und trennte beide voneinander; und Elia fuhr im Wettersturm zum Himmel empor."

2. Chron. 21. 12: "Da gelangte ein Schreiben vom Propheten Elia an ihn (König Joram von Juda), das wie folgt lautete:..."

Dazu Anmerkung aus der Übersetzung von Joh. Friedrich von Meyer, Frankfurt/M., 1820/1855: "Wahrscheinlich ist, daß *Elia* von seinem Aufenthalt an einem himmlischen Ort/Stern, zu dem er mittels des "Feuerwagens" entrückt wurde, *nochmals zur Erde zurückgekommen* war, um den Brief an Joram, den König von Juda zu richten." Bedeutsam an dieser Feststellung ist, daß sie schon vor mehr als 100 Jahren getroffen wurde. In einer Zeit also, da von (außerirdischen) UFOs noch nicht die Rede war. Schriftforscher haben festgestellt, daß es sich um 10 Jahre Abwesenheit handelt (Zeitpunkt der Entrückung des Elia bis zu seiner Briefübergabe). Das muß freilich niemand glauben. Auch nicht, daß das Erlebnis des Elia eine prophetische Belehrung sein soll für diejenigen, welche die "Entrückung" (im Verlassen der Erde und der Rückkehr zu ihr) für unsere Zeit begreifen wollen, 1. Th. 4.17/ 2. Th. 1.7-10. Auch hier geht es um Menschen, die sich üben, im Gesetz des Geistes zu leben (Röm. 8.1-2, 10-11). Ihre Berufung und Erwählung zum *Überleben* ist verbunden mit dem Auftrag auf der zu regenerierenden Erde zu wirken. Ein Nachdenken über diese wichtigen biblischen Aussagen dürfte daher von großer und aktueller Bedeutung sein.

***

Polsprung/Erdachsenverschiebung.

Ein Chaos von noch nicht dagewesenem Ausmaß erwartet die Menschheit wohl. Aber eben auch eine Wiederherstellung des ökologischen Gleichgewichtes auf Erden, sowie die Rehabilitierung des Menschen göttlicher Ordnung während und nach den Geburtswehen im gesamten Verband unserer Schöpfung. Das sind und sollten unsere uns erhebenden und belebenden Perspektiven für die uns sehr nahe gerückte Zukunft sein.

Hans J. Andersen, Peter Kaiser, Immanuel Velikovsky etwa:

Man weiß, daß dem starken, in der Erde entstehenden Magnetfeld noch ein zweites, wesentlich kleineres überlagert ist, das in den elektrisch leitenden Schichten der hohen Atmosphäre, der Ionosphäre, entsteht. Für eine Erdachsenverlagerung muß es logischerweise zwei Ursachen geben: Erstens eine Umpolung des primären Feldes, also des Erdmagnetismus aus Gründen, die in Vorgängen des Erdinnern erblickt werden können. Zweitens aber auch durch eine Umpolung des sekundären Feldes, d.h. durch kosmische Vorgänge, die sich außerhalb unseres Planeten abspielen, im Zusammenhang mit anderen Himmelskörpern oder der Sonnenaktivität. - Die Bezeichnung "Süden" stimmt nach der Verlagerung mit der Himmelsgeographie nicht mehr überein. Darum müßte sie in "Norden" geändert werden. Ebenso die Himmelsrichtung auf der Erde, die früher Süden hieß, muß nachher Norden genannt werden. Infolge dieser Umbenennung würde dann allerdings die Sonne nicht mehr im Osten, sondern im Westen aufgehen. Der griechische Geschichtsschreiber *Herodot* (5. Jahrh. v. Chr.) schreibt, daß die Sonne in historischer Zeit, ca. 3.000 J. v. Chr., entgegengesetzt wie gewöhnlich aufgegangen sei; zweimal ging sie auf, wo sie jetzt untergeht, und zweimal ging sie unter, wo sie jetzt aufgeht. - Auch in wohlverbürgten alten ägyptischen Annalen steht solches zu lesen. Die einschlägigen Quellen sind nicht nur in Ägypten, nicht nur in der alten Welt zu finden, sondern auch in Altamerika. - Auch *Plato* hat darüber geschrieben. Sogenannte "*Kontaktberichte*" mit *außerirdischen Intelligenzen* geben folgendes zu erkennen: "Es mag Dich interessieren, zu erfahren, daß jetzt ein langsames Kentern eurer Erde im Gange ist. Wenn, was jeden Augenblick geschehen könnte, sie plötzlich ganz kippen würde, ...würde viel Land, das jetzt unter Wasser liegt, aufsteigen. Dieses Kippen ist ein Grund, weswegen wir sie ständig beobachten; denn ihre Beziehung zu den anderen Planeten in unserem Sonnensystem ist äußerst wichtig. Ein drastisches Kentern eines Planeten würde sich in einem bestimmten Ausmaße auf alle auswirken." Lk. 21.25-28: ...die Menschen werden in Erwartung aller Dinge, die auf Erden geschehen sollen, vor Furcht verschmachten, denn die Kräfte des Himmels werden erschüttert werden... - Mehrere antike Schriftsteller haben sich dieses Stoffes angenommen, z.B.*Euripides*, *Sophokles*. Sie haben geschildert, wie die Sonne an dem Morgen jenes Streites ihre Bahn verließ, sich rückwärts wendete und den Tag schon zur Mittagszeit verlöschen ließ (Jer. 15.9/Amos 8.9 - Prophezeiung für unsere Zeit!). Auch diese Aussagen stimmen mit Vorhersagen mancher Wissenschaftler von heute überein: Totale Veränderung der Erdoberfläche für unsere Zeit, Jes. 24; Off. 6.12 ff. - Der Nahe Osten - *das* Alarmsignal für Amerika und Sowjetrußland.

Naturwissenschaftliche Daten zum Polsprung

Die von dem genialen Franzosen Georges Cuvier (1769 - 1832) aufgestellte und von den Schulwissenschaften abgelehnte Kataklysmen-Theorie, nach welcher die zahlreichen Entwicklungssprünge von Tieren und Pflanzen auf frühere Erdumwälzungskatastrophen zurückzuführen sind, hat durch die entschlüsselte Apokalypse eine überraschende Bestätigung gefunden.

Es stellte sich heraus, daß es sich bei den apokalyptischen Endzeitkatastrophen um nichts anderes als um Begleit- und Folgeerscheinungen der *letzten Polsprungkatastrophe der Erdgeschichte* handelt. Hierzu liegen folgende wissenschaftliche Daten vor:

Unter einem *Polsprung* versteht man eine Erdumwälzung, die sich aus 180° Polwende plus 35° bis 40° Polverschiebung zusammensetzt.

Die *Polwende* um 180° ist die Folge einer Umpolung des Magneten Erde, durch welche die nördliche Halbkugel unter den südlichen, die südliche Erdhälfte unter den nördlichen Sternhimmel gebracht und die Pole, die Himmelsrichtungen sowie die Auf- und Untergangsrichtungen der Sonne und der übrigen Sterne vertauscht werden. Gleichzeitig wird auch der Schatten, den der astronomische Gnomon bzw. Sonnenzeiger wirft, um 180° gewendet werden.

Die zusätzliche *Polverschiebung* von 35 - 40° entspricht dem Trägheitsmoment der in Bewegung geratenen und auf feuerflüssigem Untergrund schwimmenden äußeren Schale unseres Planeten. Diese Polverschiebung hat auch eine Äquatorverschiebung zur Folge, welche letztere zum Beispiel in Europa ein wärmeres, wenn nicht sogar ein heißes Klima bescheren wird. Einschneidende Naturveränderungen mit all ihren Begleiterscheinungen werden für Menschen, Tiere und Pflanzen völlig neue Lebensbedingungen schaffen.

Als unmittelbare *Ursache* des Polsprungs werden ungewöhnlich starke Energieausbrüche der Sonne genannt. Ob diese Energiezunahme der Sonne auf die plötzliche Zuführung kosmischer Materie oder auf intersolare (= sonneneigene) atomare und sonstige Aktivitäten zurückzuführen sein wird, bleibt abzuwarten.

Nicht voraussehbar ist auch, ob der die Umpolung des Erdmagnetismus bewirkende elektrische Stromstoß durch einen "kosmischen Blitz" oder durch eine nukleare Großkatastrophe auf der Erde - oder durch beides - ausgelöst werden wird.

Da anzunehmen ist, daß das die Erde umgebende erdmagnetische Feld bereits vor dem Stromstoß unter dem Ansturm gesteigerter solarer Korpuskularstrahlung (= Strahlung feinster Sonnenmaterie) zusammenbrechen und dem Eindringen kosmischer Materie keinen Widerstand mehr entgegensetzen wird, ist sowohl vor als auch während und nach dem Polsprung mit dem Auftreten zahlreicher *Meteore* zu rechnen.

Die hier aufgeführten naturwissenschaftlichen Daten entstammen, soweit sie nicht aus der Prophetie erschlossen wurden, größtenteils der über den Polsprung vorliegenden wissenschaftlichen Literatur, die von Hans J. Andersen in seiner 130 Seiten umfassenden Schrift "POLSPRUNG UND SINTFLUT" - Unsere Erde vor dem Umbruch? (Verlag Wilh. Moestel, Fürth/Bay.) allgemeinverständlich interpretiert und ergänzt worden ist.

Hans Baum

Die Glaubens-Prüfungen - vor uns.

Der Übergang ins Zeitalter der Ordnungen. Danach werden die ewig gültigen Geistes- und Naturgesetze des Schöpfers wieder anerkannt und praktiziert.

Von den eingangs gemachten Betrachtungen des wahrscheinlichen Geschehens von jetzt bis etwa 1990 ausgehend, wäre damit zu rechnen, daß die Jahre 1990 bis 1999 die gefahrvollsten für die bis dahin (noch) lebenden gottfeindlichen Menschen sein werden. Es dürfte der Abschnitt der vielfach prophezeiten Naturkatastrophen mit der Diktatur des letzten politischen Welt-Systems sein (Off. 17 das Kollektiv-TIER). Der in dieser Zeit zu erwartende Abschluß mit der totalen Veränderung der Oberfläche dieser Erde dürfte nicht entscheidend durch globale, unseren ganzen Planeten erfassende Atomkriege ausgelöst werden. Es werden vielmehr mit großer Wahrscheinlichkeit gewaltige kosmische Einbrüche die Hauptursache sein.

Europa wird (zunächst) keine Zerstörung durch Atomschläge hinzunehmen haben. Ein zerstörtes Europa kann nicht Sitz der bald zu erwartenden anti-christlichen religiösen "10-Staaten-Gruppen"-Diktatur in den Jahren bis etwa 1990 sein. Die Wiederaufrichtung des "Hlg. Römischen Reiches" auf unserem europäischen Kontinent dürfte in ihre äußere Form rasch hineinwachsen durch eine schnell heraufziehende Krise, z.B. das über der Menschheit schwebende Damoklesschwert eines Krieges in Nah- und Mittel-Ost, d.h. in der arabischen Ölregion und dem Raum Israel. Dort ist großformatiger Krieg fällig und wohl in Bälde zu erwarten. Die Folgen aus dem daraus entstehenden Öl-Kollaps insbesondere für Europa: ein Dilemma ungeheuerlichen Ausmaßes in Richtung Massenarbeitslosigkeit und daraus resultierenden Gewalttaten von bisher nicht gekannten Erscheinungen. Den europäischen Regierungen wird dann nichts anderes übrigbleiben, als die vorbereiteten Notstandsgesetze aus der Schublade zu ziehen. Die Folge: Europa-West wird nun zur seit 1957 angestrebten *politischen* Staatengemeinschaft.

Die Erde erlebt ein allmähliches Einpendeln in ein neues ihr zugeordnetes Gravitationsfeld. Folge: Große klimatische Veränderungen mit paradiesischem Charakter für die Menschen der guten Verheißungen Gottes. Der eingesetzte Reinigungsprozeß zur Umwandlung/Regeneration/Gesundung der Erde und der Menschen guten Willens, entsprechend den Geistes-Gesetzen des Schöpfers, kann sich nun zu dem schon lange ersehnten Segen für die gesamte bisher unter Fluch gestandene Schöpfung auswirken. "Was kein Auge gesehen...", 1. Kor. 2.9; "...sein wie die Träumenden", Ps. 126.1; "...Löwe und Lamm miteinander...", Jes. 11.6 ff.

In die Schlußphase der globalen Zerstörung aller materiellen Werte, in Sonderheit in den Völkern der weißen Rasse (der "Christen"), etwa 1990 bis 1999, werden die Christus-bezogenen

Menschen nicht mehr hineingelangen, Mt. 24.22/verkürzt um der Auserwählten willen, sonst kein Fleisch gerettet; Phil. 1.28/Me./ Rettung - Verderben/Untergang.

Tatsächlich können wir zunächst einmal in Jes. 60.19 lesen: "Die Sonne wird dir *nicht mehr sein* zum Licht bei Tage, noch zum Glanze der Mond dir scheinen; sondern der Herr wird dein ewiges Licht und dein Gott wird dein Preis sein. (20) Deine Sonne wird dir *nicht mehr untergehen* noch dein Mond dir weggenommen werden; denn der Herr wird dein ewiges Licht sein und die Tage deines Leides sollen ein Ende haben." Die Rede ist davon, daß zur Zeit der Schlußphase des geweissagten Welten-Umbruchs unsere jetzige Sonne den Erlösten nicht mehr scheinen wird und sie für diese auch danach nicht mehr existieren wird. Von einer anderen Sonne spricht die Weissagung. Diese wird an die Stelle der jetzigen für Menschen der Christus-Schwingung in Funktion treten. Das heißt für solche, deren Fähigkeiten durch ein geistliches Wachstum in der Lage waren und sind, göttliche Offenbarungen für den einzelnen zu empfangen sowie in der Fortführung des Heilsratschlusses Gottes auf Erden und darüber hinaus - anhand der großen Ordnungen der Hl. Schrift. Der Grund dafür ist, daß unser Sonnensystem (mit ca. 18 km/sec.) in Kürze in eine andere kosmische Region unserer Galaxis/Milchstraßensystem einschweben wird; in einen Raum mit reiner, d.h. regenerierender, kosmisch-magnetischer Energie. Damit gelangt die Erde in einen himmlisch-Christus-gemäßen aufbauenden Bereich. Hierdurch dürfte die biblisch geweissagte Entrückung und Verwandlung neben weiteren Maßnahmen Gottes vor sich gehen (z.B. 1. Th. 4.17; Jes. 40.31; Ps. 18.8-20; Off. 12.5; siehe auch Rundbrief Sept./Nov. 1980 über Entrückung mit Hilfe von außerirdischen Wesenheiten und deren Raumfahrzeugen).

Die Rehabilitation (Wiedereinsetzung des Menschen in die ehemaligen Rechte als Geschöpfe Gottes vor dem Fall!) wird damit auch die Regeneration, d.h. die Gesundung von Erde und Menschen des Christus-Glaubens-Lebens göttlich gesetzmäßig vollziehen können (1. Kor. 15.50 ff.). Und zwar zur Erlangung der nächsthöheren Seins-Stufe des einzelnen entsprechend seinem Individualzustand.

Die besagte Vorzugsgruppe erreicht damit die ihr zugeordnete höhere Dimension bzw. göttliche Befähigung zur Aufnahme ihres Lehr- und auch weiteren Lernauftrages im dann beginnenden Neuen Zeitalter göttlicher Ordnungen ("Könige und Priester auf Erden", Off. 5.10). Hier ist nicht die Evolutionslehre eines Darwin angesprochen. Vielmehr eine Art von Mutation, eine plötzlich eintretende Veränderung im Gesamt-Haushalt des Menschenwesens in Geist, Seele und physischem Körper bzw. einer feinstofflicheren Hülle. Diese außerordentlichen Veränderungen ergeben sich übergeordnet neben aller allmählich zunehmenden Reife (im Laufe der Menschen-Leben von 20 oder 80 Jahren oder ähnlich). Sie treten zu bestimmten Zeiten, am Ende von Epochen auf als besondere und große Entwicklungsstufen oder Sprünge - wie jetzt zu erwarten sein wird beim Übergang in eine Epoche weiterer Menschheitsentwicklung. Vgl. dazu auch 1. Kor. 15.52 "verwandelt in einem Nu/plötzlich in einem Augenblick, ins Unzerstörbare/en atomo" (gilt zeitlich unterschiedlich für den einzelnen bzw. für die jeweilige Vorzugsgruppe von "Erlösten" in immer weiterer Folge der noch vor uns liegenden Welt-Epochen - bis alle eingegangen sein werden in den Geistbereich des Vaters, Mt. 5.48).

Mögen alle Menschen des guten Willens, zubereitet für Offenbarungen durch das innere Wort, den "Christus in uns", Kol. 1.27, noch größeren Fleiß anlegen, um ohne Verzug die geistige Vorbereitung zu festigen. Dadurch wird der Anschluß an die Christus-Körperschaft, der Erwählten Gottes aus allen Nationen, für die Neue Welt der praktizierten Geistes- und Naturgesetze erreicht werden. Es kann durchaus sein, daß die fraglichen *acht Jahre* dafür (1982 - 1990) noch *wesentlich kürzer* bemessen sind. Der Geist der Wahrheit und der Erkenntnis Gottes, wird jeden (und noch heute beginnenden) suchenden und immerwährend nach Gottgefälligkeit trachtenden Menschen, Mt. 6.33, den kommenden Welt-Umsturz im Sinne des erscheinenden Christus mit und in seiner Körperschaft mit Erfolg erleben lassen.

Heiligung und Erkenntnis Gottes bilden eine integrierende/verschmelzende Einheit nach dem Willen des Herrn, Hebr. 12.14; Hosea 4.6/Lk. 11.52 "Mein Volk muß zugrunde gehen aus Mangel an Erkenntnis". Dem Suchenden öffnet sich das Tor zum Leben, Joh. 5.39/Mk. 10.29-31.

Letzte Rettungs-Chancen

An Vernunftmenschen und solche, die als einzige Rettung vor der totalen Zerstörung unserer Erdoberfläche Christus noch rechtzeitig kennenlernen und sich bemühen, den geistigen und Schöpfungsgesetzen sich unterzuordnen willens sind.

Der perfekte Untergang unserer Menschheit wird kommen. Dennoch - Rettung für geistig-kreativ denkende und handelnde Menschen! Die Auslöschung der Bewohner unserer Erde basiert auf Selbstverschuldung.

Die ständig rasanter eskalierende Wahnsinnsrüstung läßt es seit Jahren als unausweichlich feststehen, daß der Untergang der Menschheit bevorsteht.

Daher seien Experten beiderseitiger Geheimdienste seit Jahren in geheimer Mission (auch vor den beiden Regierungen der Supermächte und deren Organen) damit beschäftigt, die Menschen in Angstpsychosen gerade mit Hilfe immer neuer und gewaltiger Rüstungsprogramme zu versetzen. Der damit parallel laufende und den Massen suggerierte Schrecken eines globalen Atomkrieges solle sie damit allmählich und systematisch auf ihren bevorstehenden und nicht mehr aufzuhaltenden Untergang psychisch vorbereiten.

Dieser tatsächlich zu erwartende Untergang der Menschen unserer Generation, in Sonderheit der weißen "christlichen" Völker Europas und Amerikas ist hingegen seit Jahrtausenden selbst vorbereitet. Wie die Hochkulturen von Atlantis vor 10.000 Jahren mit seinen Bewohnern durch gewaltige in mehreren Schüben erfolgte Naturkatastrophen untergingen, so auch wieder unsere Menschheit. Wie damals, so auch in der auf Atlantis folgenden Menschheit durch Egoismus, Materialismus, Mißgunst sowie ungezügeltem Machtstreben mit stetig steigender Tendenz.

Aufgrund eines geistig-destruktiven Verhaltens der Menschen im allgemeinen und zu allen Zeiten, gehen wir auch jetzt wieder mit ständig sich beschleunigendem Tempo dem Höhepunkt der Aggressionen in allen gesellschaftlichen Bereichen entgegen. Daß gedankliche (negative) Ausstrahlungen (sowie entsprechende daraus resultierende Handlungen) gewaltige Energien freisetzen, ist den Geisteswissenschaften von alters her bekannt. Leider nimmt die Aufklärung darüber auch heute kaum einen Platz ein in den Lehrplänen unserer "aufgeklärten", "zivilisierten" und "christlichen" Gesellschaft. So werden analog zum Untergang von Atlantis in allererster Linie nicht (die auch) zu erwartenden Nuklearkriege schuld sein an der Katastrophe. Vielmehr eben die seit Jahrtausenden angestauten Negativ-Ausstahlungen der Menschen, die in unserer Zeit zu einer noch nie zuvor bestandenen potentiellen Kraft anwachsen, wodurch die Auslösung von ungeahnten Materie-zerstörerischen kosmischen Energien innerhalb unseres Sonnensystems in Richtung Erde zu erwarten ist.

Hier liegen die eigentlichen Ursachen für die kommenden Kataklysmen (Kettenreaktion von Polsprung-Schüben/Erdachsenverlagerungen). Diese vor allem werden unsere Erdoberfläche, d.h. die geologische und geographische Struktur, zum Nicht-Wiedererkennen verändern: Erdbeben und Vulkanausbrüche nie gekannten Ausmaßes, Versinken und Auftauchen von Land an vielen Meeresküsten - inmitten von Meeresregionen sowie ebenfalls in machen Kontinentalbereichen. Die gewaltigen kosmischen Einbrüche werden unsere Generation in den 80er und 90er Jahren begleiten. Die Menschheit dürfte dadurch bis auf einen relativ kleinen Rest-Anteil ihres heutigen Bestandes reduziert werden. - *Dennoch*, Rettung für die oben genannte und begrenzte Gruppe von Erdenbewohnern! Nicht nur die Propheten der Bibel, auch viele geistig anders Ausgerichtete prophezeien von alters her bis heute weltweite Katastrophen zur Umwandlung/Erneuerung unserer Erde, beginnend noch lange vor dem Jahre 2000. Zum Teil gehen diese Aussagen dahin, daß sich eine globale Umstrukturie-

rung unserer Erdoberfläche in immer wiederkehrenden Zyklen von etwa 10.000 Jahren einstellt. Immer aus den gleichen besagten Ursachen einer pervers gewordenen und den geistigen Grundwahrheiten widerstrebenden Menschheit. (Geisteswissenschaftler, Astronomen und Astrophysiker etc. sprechen von etwa 24.000 Jahren Dauer für eine Umkreisung unseres Sonnensystems um seine Zentralsonne, wobei zwei Einschübe von je ca. 1.000 Jahren nach jeweils 10.000 Jahren als besondere Segenszeit für die genannten Vorzugsgruppen eingeschaltet seien.) Es geht dabei letztlich um die Evolutionierung der gesamten Menschheit aller Zeiten - der Re-Ligio, d.h. der Wieder-Einbindung der Menschenwesen in die ewig gültigen geistigen Schöpfungsgesetze.
Hier sei aus der Fülle der prophetischen Aussagen nicht in erster Linie z.B. Plato genannt oder Sokrates, Origines, auch nicht Nostradamus, George Washington, Rudolf Steiner, Papst Joh. XXIII. und Edgar Cayce, sondern *vor allem Jesus Christus* als der größte Wahrheitskünder für unsere Zeit. Er weissagte auch in Anknüpfung an das Alte Testament z.B. Jes. 24, im Neuen Testament z.B. Mt. 24, Off. 6 ab Vers 12 - immer Untergang und auch Rettung; in zahlreichen weiteren Aussagen sinngemäße Inhalte.
Voraussetzung zur Rettung ist die Praktizierung des Altruismus, der Liebe zum Menschen sowie die Respektierung der Geistes- und Naturgesetze des Schöpfers.
Eine Heraus-Rettung vor den abschließenden, unsere gesamte Erde erfassenden Katastrophen durch außerirdische Wesenheiten liegt ebenfalls im Programm des Schöpfers.
Wir Menschen von heute tun gut daran, uns mit den vielfachen in großer Übereinstimmung gegebenen Aussagen zu beschäftigen und unser Leben nach den ewig gültigen Geistes- und Naturgesetzen ohne Verzug einzurichten.

Hans-Dietrich Kortsch/Basel

*

Kürzlich hat Kurt Eggenstein in dem nicht hoch genug einzuschätzenden Buch "DER PROPHET JAKOB LORBER verkündet bevorstehende Katastrophen und das wahre Christentum" mit entsprechenden Kapiteln aus den Lorber-Werken eine Spitzenbestätigung durch JESUS CHRISTUS SELBST in übersichtlicher Weise herausgearbeitet. Seine Kurzcharakteristik lautet:

Bei Johannes 7; 17 lesen wir: "Wer die Ehre dessen sucht, der ihn gesandt hat, der ist wahrhaftig, und bei ihm findet sich keine verwerfliche Selbstsucht."

Das Gesagte trifft auf Lorber in vollem Umfange zu. Man vermag sich kaum einen demütigeren, anspruchsloseren und zurückgezogen lebenden, unauffälligeren Menschen vorzustellen als Jakob Lorber. *Obwohl er das wohl bedeutendste religiöse Werk aller Zeiten geschrieben hat*, trat er nach außen hin überhaupt nicht in Erscheinung. Er suchte keinerlei öffentliche Anerkennung und keine materiallen Vorteile.

Kurt Eggenstein

19. Kapitel

Friedrich Franz von Unruh

Ruf des Gewissens

(Brief an einen Minister)

Die Weltkatastrophe, die Deutschland am härtesten traf, hat Dichtung, Literatur und darstellende Künste stärker als bei anderen Völkern erschüttert...

Um die bildende Kunst steht es ähnlich. Auch hier dominiert die Antikunst. Was dem arglosen Laien als Kunstschöpfung vorgestellt wird, ist oft ununterbietbar. Wenn die Großen der Romantik und Klassik das Menschenbild überhöht zeichneten, zerrten sie es herunter. Selbst die besten, gekonntesten Werke - welche menschliche Dürftigkeit steckt darin und dahinter. Welch ein Sturz von Goethe zu Grass! Die berufenen Wächter aber der deutschen Dichtung, die Germanisten, taten es den Autoren nach. Wenn die bildende Kunst eines Volkes sein Selbstbildnis darstellt, zeigt die Gegenwartskunst es im Unmaß eines alle Grenzen überrasenden Modernismus.

Selbst die Musik, die ihre hohe Überlieferung wahrt, führt in der Moderne zu Kakophonie und zum Atonalen, zur Zerstörung also der Tonkunst.

Schnell wachsende Kriminalität, bedenkenlose Gewalttat, Diebstahl, Raub, Mord, Sexualverbrechen, Kidnapping, Sabotage, Erpressung, Attentate und Versagen der Ordnungsmächte sind nur Gradmesser einer in der Tiefe fortschreitenden Wandlung: von Anstand in Unanstand, Zucht in Zuchtlosigkeit, Rechtssinn in Rechtsfeindschaft, Humanität in Unmenschlichkeit, kurz von

Ethos in Unethos. Die Erscheinungen gleichen sich im gesamten Westen, erreichen aber in Deutschland ein Ausmaß, das die Pervertierung unserer spezifischen Eigenschaft erschütternd dartut. Kants Forderung, so zu handeln, daß die Maxime unseres Willens zugleich als Prinzip einer allgemeinen Gesetzgebung gelten könne, wirkt nur noch wie Hohn. Denn jeder richtet sich nach Belieben ein, und sollte das allgemeingültig werden, stürzte Deutschland in Anarchie.

So fanden Millionen sich damit ab, daß mitten im Frieden Deutsche auf Deutsche schossen, und feierlich für verboten erklärten Landraub, erkannte man ungezwungen de jure an. Ein deutscher Kanzler vertrat den Verzicht: Man kann nichts verschenken, was man nicht hat, und verschenkte, was wir besaßen, das Recht. Doch der Unterschied wurde kaum mehr verstanden. Man hatte "pragmatisch" zu denken und zu handeln gelernt.

Am schädlichsten aber wirkt sich der Niedergang im Sexualleben aus.

Nicht nur, daß dies ein- und uneingestanden zum Zentrum des Daseins wurde, alle sonstigen Lebenswerte ausstach, den Rest von Moral untergrub, schon die Kinder erfaßte und mit der "Pille" die letzte Fessel der Zügellosigkeit löste, auch der Staat leistete durch Nachgiebigkeit und Straffreistellung abscheulicher Irrungen wie Inzest, Sodomie, Masochismus dem Zug ins Verderben Vorschub. Gierig nahmen die Massenmedien, Illustrierte, Theater, Kino und Fernsehen die neu gewonnene Freiheit wahr und streuten das Gift eines tollgewordenen Sexualismus ungescheut aus. Ekelerregende Abbildungen, in Riesenauflagen gedruckt und versandt, müßten ausreichen, um das Thema vom Tisch zu fegen. Doch sie wirken im Gegenteil als Verlockung. Man vergißt, daß gewisse Entartungen indiskutabel sind, solange man nicht jeder Menschenwürde entsagt und unter das Tier absteigt.

In solchem Klima kann die Familie nicht mehr gedeihen. Die Familie als Urzelle der Gemeinschaft wird abgewertet, die Erziehung im Elternhause verdächtig gemacht.

In nur wenigen Jahren hat sich ein Übel, die Drogensucht der Jugend, zur Bedrohung verdichtet. Schon Schulkinder sind durch Rauschgift verseucht, ja man rechnet, daß sich sechzig Prozent vom dreizehnten Jahr an mit Drogen auskennen. Die "Haschwelle" scheint undämmbar, und viele steigen auf härtere Drogen um. Aus Neugier, Auflehnung oder Angst, für zaghaft zu gelten, lassen sich Kinder durch Kinder, Jugendliche durch Jugendliche, Ältere oder Händler verfügen. Unfähig, sich aus geistigen Quellen Schwung und Freude zu holen, greifen sie, um sich "high" zu fühlen, zum Gift, um schließlich, an Körper und Geist oft unheilbar geschädigt, zu spät zu erwachen. Schon jetzt liegt die Schätzung für Jungrentner, die durch Drogen zerrüttet wurden, erschreckend hoch.

Ich klage um Deutschland, nicht weil es besiegt, zerstückt und entmachtet ist - auch das böte Grund genug -, ich klage um Deutschland, weil es sein Wesen preisgibt. Weil es, verunsichert und verstört, seine Seele verrät. Weil es, durch maßloses Unglück verwirrt, die Sternstunde der Besinnung versäumt.

Ich klage um Deutschland, weil es seine Herkunft vergißt. Um jenes Deutschland, wo Überlieferung noch ein dankbar und sorgsam gehütetes Erbe war. Wo ein Wort noch ein Wort, Recht Recht, Treue Treue, Verrat Verrat und Schande Schande war. Wo man die dunklen Gewalten kannte, aber Kraft und Mut hatte, sie zu bestehen. Wo Korruption fremd und Opportunismus verächtlich war...

Kein Zweifel, die Fundamente des Menschenlebens brechen zusammen.

Die Menschenrechte, um derentwillen die Vereinten Nationen gegründet wurden, werden verhöhnt und mißachtet. Gott wird verlacht und geleugnet, die Technik vergöttert. Der Mensch beherrscht nicht, sondern bedient die Maschine.

Selbst bei friedlicher Nutzung der Atomkraft läßt man es, um schnelleren Gewinn zu haben, fast verbrecherisch an der nötigen Umsicht fehlen. Auf den einzelnen, der nicht Krieg, sondern Frieden will, der sich frei seines Daseins erfreuen und Gott höher als den Staat achten sollte, kommt es bald nicht mehr an. So verkötert das Menschenleben.

Sie werden fragen, Herr Minister, ob nicht kluge Männer und Frauen vorhanden sind, die das Unheil sehen. Die gibt es, sogar in beträchtlicher Zahl. Nicht etwa, wie man annehmen sollte, an der Spitze der Völker; denn die Politiker sehen höchstens den einen und anderen Übelstand, nicht ihren Zusammenhang; nicht die Verflechtung; nicht die Einheit von ethischer und politischer Spähre. Deshalb greifen sie auch nicht durch und sind stärker bemüht, ihr Amt zu behalten, als Unpopuläres zu wagen, das ihre Sellung gefährden könnte. Hingegen gibt es Männer der Wissenschaft, selbständige Forscher, Theologen, Dichter und Schriftsteller, die das Ausmaß der Katastrophe erkennen. Man kann nicht sagen, daß sie nicht beachtet würden. Ihre Vorträge sind überfüllt, ihre Bücher stehen auf "Bestseller"-Listen. Es hilft aber nichts, weil ihr Wort wenig fruchtet. Letzten Endes sind die Menschen mehr um Befriedigung ihrer Tagesbedürfnisse, um Lohnerhöhung, Erhaltung des Arbeitsplatzes, um Urlaub, Vermögensbildung besorgt und erfassen nicht, daß es längst um das Ganze, das heißt, um ihr Leben geht. Selbst wenn ihr Verstand die Gefahr begreift, reicht ihre Vorstellungskraft nicht aus, um sie aufzurütteln. So breitet sich bei den Wissenden Bitterkeit, Resignation und Verzweiflung aus. Manche bleiben unermüdliche Rufer im Sturm. Doch ihre "Kassandra"-Rufe werden als hektisch heruntergespielt und verspottet - wobei vergessen wird, daß Kassandra eine Seherin war, deren Weissagung fürchterlich in Erfüllung ging...

Mit anderen Augen gesehen...

...So möge auch das Wirken der großen Denker, Seher und Dichter und Künstler gewürdigt werden. Ich brauche nicht auszuführen, auf welch vielfache Art sie bei absterbender Religion die lebendige Offenbarung wahrten. Ich nenne nur ein, freilich zentrales, Beispiel. Die Kraft, die der Christengott in die Mitte stellt, ist die Liebe. Hat er mit der Liebe zu Gott deren Kern, mit der zum Mitmenschen deren weiteste Ausstrahlung aufgezeigt, die Geschlechterliebe jedoch nur kurz, wenn auch tief erhellend, gestreift, so haben die Dichter und Künstler diese, für die ja die Liebe zu Gott Voraussetzung ist, immer wieder zum Gegenstand der Gestaltung gemacht. Sie haben so ein stets neu zu vollziehendes metaphysisches Erlebnis gehütet, als die Liebe zu Gott und zum Nächsten und gar zum Feind am Erkalten war. Dadurch wurden sie Fackelträger in finsterster Nacht.

Selbst wenn kein Atomkrieg käme und kein Ersatz durch Bakterien- und Nervengaskriege, wenn der Mensch eine friedliche Nutzung der Atomkraft, ohne Schaden zu nehmen, verwirklichte, bliebe die eigentliche Gefahr, daß von Osten her Menschen vorrücken, die ihre Bindung an das höchste Wesen gelöst haben, so daß Seele und Gewissen absterben und es gleichgültig wird, ob der Mensch, der seine Bestimmung verloren hat, fortexistiert oder nicht. Eine Entwicklung, die - wie das Beispiel unseres Nachbarplaneten (= Asteroiden) lehrt - nicht geduldet, sondern mit der Ausrottung allen Lebens beendet wird...

...So liegt der Schluß nahe, daß keine Rettung mehr möglich ist; daß der Mensch, wie alle geistigen Wesen zwischen Freiheit und Bestimmung gestellt, eine Entwicklung verschuldet hat, die ihn gnadenlos überrollt; daß die Umwälzungen der letzten Zeit, Kriege und Revolutionen, nicht mehr Warnzeichen, sondern Phasen des Untergangs sind; daß zum Beispiel das Vordringen des Kommunismus nur der offene Ausdruck für eine latent längst vorhandene Gottferne ist; daß nirgends mehr Möglichkeiten, nur noch Fakten gegeben sind. Wenn ich angesichts dessen die Vernunft des Menschen abwäge, wiegt sie gering. Übereinstimmende Sagen der Völker prophezeien, daß das Leben auf diesem Planeten in Feuer aufgehen wird. Es mag sein, daß die alten Seher und Seherinnen den Ablauf der Entwicklung nicht etwa erträumt, sondern leibhaftig, kraft der Gabe des zweiten Gesichtes gesehen haben und, was jetzt auf der Erde geschieht, schon der Anfang des Endes ist.

Deutsche Hochschullehrer-Zeitung
Dr. Herbert Grabert

Das ist der erhabenste Dienst: Gottes Helfer zu sein und die Schöpfung heimzuführen zu ihrem Herrn.

Dionysius

Die Welt für Gott zu gewinnen,
Des Menschen höchster Gewinn.
Und all sein Trachten und Sinnen
Hat hier seinen tiefsten Sinn!

P. Lenz

20. Kapitel

Viktor Mohr (Kahir)

Die große kosmische Warnung

JESUS gibt Aufschlüsse über das Schicksal der Asteroiden, des füheren Planeten Mallona.

Geheimnis der Riesenfiguren des ägyptischen Tempels Jabusimbil

"Die Erde ist, streng genommen, nicht so wie alle anderen Planeten, mit Ausnahme des einen zwischen Mars und Jupiter, der aus gewissen bösen Gründen durch seine Bewohner zerstört wurde, aus dieser Sonne, sondern hat ihre Entstehung ursprünglich schon aus der Urzentralsonne. Ihr eigentlich Materiell-Körperliches aber hat sie dennoch hauptsächlich aus eurer Sonne an sich gezogen..." (Ev. Joh. IV/106).

"...Wohl gab es einst noch eine große Erde, die von dieser Sonne ihr Licht empfing und eine große Bestimmung hatte. Aber ihre Menschen hatten sich zu gewaltig übernommen, so daß ein großes Gericht über sie kam, wie es auch schon einmal eurer Erde um nicht vieles besser ging. Jener Planet wurde jedoch ganz zerstört und zertrümmert und mit ihm auch alle die maßlos stolz und lasterhaft gewordenen Menschen..." (Ev. V/275)

"...Zu Anfang der sechsten Erdperiode schwebte der später zerstörte Planet, umkreist von seinen vier Monden, zwischen Mars und Jupiter. An Größe kam er letzerem gleich, nur besaß er mehr Festland und hatte auch eine stärkere Polneigung (!) und damit eine schiefere Bahn um die Sonne. Die Zertrümmerung teilte den Planeten in viele größere Stücke, nur die vier Monde blieben ganz (!)."

"...Daß diese Katastrophe für jene Menschen etwas ganz Entsetzliches war, ist ganz sicher, allein sie trugen selbst die Schuld daran. Die Bewohner wurden zuvor durch lange Zeiträume belehrt und gewarnt, doch hielten sie all dies in ihrer großen Weltklugheit für Hirngespinste jener Seher, die angeblich solche Dinge dem leichtgläubigen Volke erzählten, um dadurch zu Ansehen und Versorgung zu gelangen. Die Großen und Mächtigen verfolgten sie daher mit Feuer und Schwert, ja sie stellten sich am Ende allem Geistigen so entgegen, daß ein jeder, der es wagte, vom Geiste zu sprechen oder zu schreiben, gnadenlos getötet wurde...

Auch die späteren Nachkommen eurer Erde werden wieder diese schrecklichen Sprengmittel erfinden (!) samt einer Menge anderer Zerstörungswerke. Sie werden damit viele Verheerungen auf Erden anrichten. Daß sie aber dabei nicht in zu große Tiefen der Erde gelangen, dafür wird von Mir aus schon gesorgt werden. Es wird darum auf eurer Erde eine solche *völlige* Zerstörung niemals geschehen können. Aber örtliche Verheerungen und Verwüstungen werden gewiß vor sich gehen und die Menschen werden dabei in große Angst, Trübsal und Schrecken geraten und viele werden verschmachten vor Furcht und banger Erwartung der Dinge, die über die Erde kommen..." (Ev. VIII/76).

Es sind genau jene vier Asteroiden größeren Formats, die wir heute unter den Namen Ceres, Pallas, Juno und Vesta kennengelernt haben. Als Lorber diese durch das Innere Wort empfangenen Kundgaben um die Mitte des vorigen Jahrhunderts niederschrieb, waren somit außer den 1801 - 1907 entdeckten vier "großen" Kleinplaneten (siehe oben) und dem fünften, 1845 aufgefundenen weitaus kleineren Planetoiden, noch keinerlei Spuren jener Überfülle von kleinsten Weltkörpern bekannt, die die astronomische Welt später so in Erstaunen setzte und auf welche Lorber dennoch in diesen klaren Darstellungen hinwies. Es ist das gleiche Bild wie bei dem Planeten Neptun, der in dem Lorberwerk "Die natürliche

Sonne" (entstanden 1842!) genau nach Größe, Beschaffenheit, Entfernung, Umlaufzeit usw. beschrieben erscheint, dabei jedoch erst vier Jahre später von dem Astronomen Galle entdeckt wurde.

Im Zusammenhang mit der Geschichte des geborstenen Planeten steht ferner eine Niederschrift Lorbers im Buche "Naturzeugnisse". Hier finden sich weitere ausführliche Hinweise auf den leuchtenden weißen Stein, um dessen Besitz die Bewohner jenes Planeten in den Tiefen wühlten und der zum wahren Stein des Anstoßes wurde, als um den Besitz der größten Mengen die furchtbarsten Vernichtungskriege entbrannten. (Auch Leopold Engel, der Schreiber des 11. Bandes des Gr. Evang. Johannes, schildert in dem durch ein Medium inspirierten Buch "Mallona" den erwähnten Endkampf um diese bei ihm "Oristeine" (Or = Licht!) genannten Minerale, für welche Hekatomben von grabenden und kämpfenden Sklaven geopfert wurden.)

Die vorgesehene hohe Bedeutung dieses Planeten im Schöpfungsplane geht aus weiteren Belehrungen im Gr. Ev. Joh. hervor:

"...Als Lebenskammer im *Herzen* des großen Schöpfungsmenschen war zur Zeit der Voradamiten ein anderer Weltkörper wirkend vorhanden, dessen Menschen aber zu sehr in größten Hochmut und vollste Gottvergessenheit übergingen... Als zu ihnen Boten kamen, um sie zu warnen, wurden sie allezeit erwürgt und die Menschen besserten sich nicht. Und siehe, da ließ Ich es zu, daß diese Welt von innen heraus in viele Stücke zerrissen wurde. Dies geschah zu Anfang der sechsten Periode eurer Erde, und diese wurde seitdem zur Lebenskammer des gesamten Weltenmenschen..." (Ev. VIII/74).

Und in die Urschöpfung reichen die Ursachen, die zu diesem Geschehen führten, dessen tiefsten und verborgensten Sinn nachfolgende Eröffnungen in sich bergen:

"...Jener Planet war einst vor der Erde dazu bestimmt, welche Bestimmung nun *euer* Weltkörper hat. Denn der erste gefallene

Geist wählte sich ihn aus mit dem Versprechen, sich dort zu demütigen und zu Mir zurückzukehren: darum sollte dieser Stern einst ein Stern allen Heils sein. Aber er (Luzifer-Satan) hielt sein Versprechen nicht, sondern wirkte dort in seiner ihm zugelassenen Freiheit derart böse, daß kein Leben mehr fortkommen konnte. Er wurde daher in das Feuerzentrum eurer Erde gebannt und die Bestimmung jenes Planeten ist nun eurer Erde verliehen..." (Bischof Martin, Kap. 46).

Zum Abschluß möge noch einer irdischen Auswirkung dieser kosmischen Katastrophe gedacht werden: Des Falles von sieben Riesenmenschen dieses Planeten auf unsere Erde. Auch damit befaßt sich eine ausführliche Darstellung im Gr. Evang. Joh. (Bd. IV/203) und verlegt dieses einmalige Geschehen - das nur dem unglaubhaft erscheinen mag, der den Maßstab unserer Erdmaterie an die Materie anderer Planeten legen wollte - in die Zeit um ca. 3000 v. Chr. " etwa 107 Jahre vor dem ersten der zwei namenlosen Vorfahren (Memnons) des urägyptischen Hirtenkönigs Shivinz, unter dessen Führung der Felsentempel von Jabusimbil erbaut wurde." Dazu schrieb der erste Herausgeber der Lorberschriften J. Busch:

"Sattlers Kosmorama 'Tempel zu Jabusimbil' (eine bildliche Darstellung dieses Evangeliumsberichts, jedoch gekennzeichnet nach den *heute noch* vorhandenen Skulpturfragmenten des Tempels von Abu Simbel im oberen Niltal) zeigt oben im Vordergrund die Geschichte der Zerstörung dieses Planeten und die Konstellation der Gestirne zu diesem Zeitpunkte. Der Tempel selbst wurde hergestellt zum Andenken, weil sieben riesenhafte Menschen dieses Planeten - welche auch in der ersten Tempelhalle in Lebensgröße aufgestellt wurden - in Oberägypten auf die Erde fielen. Die Mythologien der Alten erzählen von einem Kampfe der Giganten gegen die Götter, und diese Sage scheint mit jenen herabgefallenen Planetenmenschen in Verbindung zu stehen. Die gegenwärtig noch vorhandenen Überreste menschlicher Kolossalstatuen dürften davon ihren Ursprung genommen haben, da nur Ägypten allein uns solche Riesenmonumente überlieferte. Die damaligen Erbauer müssen sicher einen triftigen Grund gehabt haben zu einem Maßstab, den man bei keinem anderen Volke der Erde antrifft. Und wenn, so datieren sie jedenfalls aus späteren Zeiten und dürften ihren Grund in der Berührung mit den Ägyptern gehabt haben".

So liefert uns die Archäologie und manche andere Wissenschaft, hier vor allem die Astronomie, selbst den Beweis für die Wahrheit uralter Überlieferungen, von denen auch die Offenbarungsschriften eines Böhme, Swedenborg und vor allem eines Lorber ein so lebendiges Zeugnis ablegen. Mit jedem neuen Fund, jeder Entdeckung enthüllt sich immer mehr und stärker die Reinheit des Gotteswortes der Evangelien und der sie erweiternden Neuoffenbarungen. Und dies wird der Weg sein, der die einstige Einheit von Religion und Wissenschaft wiederherstellen wird...

Auch der Mensch unserer Erde steht heute im Atomzeitalter wieder an einem Wendepunkte, der nicht nur ihm, sondern auch seiner Wohnstätte, unserer Mutter Erde zum wandelnden und entscheidenden Schicksal werden kann. Blicken wir doch sehend auf die beiden großen Himmelszeichen in unserem Planetenbereich: der Ring des Saturn als letzter Rest dieses einst so großen Planeten, und der Schwarm der Asteroiden als ein Denkmal kosmischer Vergänglichkeit - beides ein Werk der Naturgewalten, die der Mensch in seinem Wahn mit Gewalt bändigen und beherrschen will. Sollte dies etwa keine Mahnung für das Tun der Menschheit sein, deren Vernichtungstechnik unverkennbar dämonische Züge angenommen hat?!

Kein Fortschritt seit 7 Jahren bezüglich Warnungen und "Sicherheit"

Über damalige Zukunftsforderungen konnte man in der "ZEIT" vom 15.08.1975 lesen:

"Rund 2.300 amerikanische Wissenschaftler, Ingenieure und Ärzte, darunter neun Nobelpreisträger, hatten am 30. Jahrestag des Atombombenabwurfs auf Hiroshima Präsident Ford aufgefordert, den Bau neuer Atomkraftwerke zu stoppen. Sie verlangten außerdem den Betrieb der auf diesem Gebiet arbeitenden Werke einzuschränken, bis alle Zweifel an deren Sicherheit ausgeräumt seien. Auch warnten sie vor dem ungelösten Problem, atomare Abfälle sicher lagern zu können..."

Medizinische Hilfe bei atomarer Katstrophe?

In "Lebensschutz-Info" 1/82 schreibt Dr. med. W. Baluff/ Stuttgart über ungenügende Vorsorge u.a.:

"Die unmenschliche Evakuierungssituation und natürlich auch die Unbewohnbarkeit, der vernichtete Tierbestand und die landwirtschaftliche Unbrauchbarkeit weiter Landstriche nach einer solchen, jederzeit möglichen Katastrophe sind durchaus keine bloße Vision, sondern eine reale Möglichkeit.

Nach der im Ernstfall über alle verfügbaren Medien gemeldeten Entwicklung einer radioaktiven Wolke käme für die großen Menschenansammlungen der betroffenen Städte und Landstriche in Mitteleuropa nur die sogenannte, in der Schweiz realisierte, "Vertikale Evakuierung" in Frage, d.h. jedermann versucht, einen Schutz vor der radioaktiven Emission im strahlenschutz-technisch eingerichteten Keller zu finden. Fluchtversuche im Auto oder anderen Verkehrsmitteln sind wegen schneller Staubildungen auf den Straßen nicht mehr möglich; lediglich ein Privatpilot mit dem Flugplatz vor der Haustür hätte noch eine Chance davonzukommen."

*

Rettungshilfe nur durch Gott

Wenn man in den Lebensschutz-Informationen/Vlotho das Vorstehende liest, als letzte Erkenntnis der Wissenschaft des "Luftschutzes" der "Vorsorge"-Möglichkeit - besser Unmöglichkeit - wird man keinen Augenblick mehr zweifeln können, von wo allein noch *Rettung* kommen *kann*, für die Menschen, Tiere, Pflanzen, den Erdkörper selbst und für alle lebenswichtigen Luftschichten, auch für Kranke.

A. V.

Am 21.04.1980 beteten wir um Heilung für fünf kranke Menschen und erhielten vom HERRN dieses Trostwort:

So sei es denn, warum du vor Mir erschienen.
Das Gebet des Gerechten vermag viel, ist Tausende Male erprobt und erfahren im Geiste der Liebe und Barmherzigkeit.

Empfanget die Schale der Gnade, über euch ausgegossen in Demut, im Aufblick zu DEM, Der euch schuf, euch sandte auf die dunkle Erde als Mitopferträger für die letzte, härteste Erprobung. Ich bin und werde sein jetzt und künftig der VATER, der Heiler, der Allerbarmer in Ewigkeit. Amen!

Heimsuchung der Erde zur Endzeit
Geborgensein der Gotteskinder

Der Herr:

6) "Daß aber Menschen zumeist aus zeitlichen Interessen gar oft alles erkannte Gute und Wahre dennoch mit den Füßen treten und im Handeln gerade umgekehrt sich erweisen, können wir nun schon Tag für Tag an Hunderten nur zu handgreiflich erfahren, und es geht aus dem wieder hervor, daß die Freiheit des menschlichen Willens durch gar nichts gefährdet und beschränkt werden kann. Und so ist es schon möglich, daß mit den Zeiten die Menschen große Dinge erfinden können und also auch auf die Natur der Erde so einzuwirken anfangen können, daß diese am Ende ordentlich leck werden muß. Die Folgen davon werden freilich keine angenehmen sein und werden als eine sichere Strafe des schlecht verwendeten Willens erscheinen, aber nicht von Mir aus irgend gewollt, sondern durch den Willen der Menschen hervorgebracht."

7) "Wollen die Menschen eine abermalige Sündflut, so dürfen sie nur fleißig die Berge ab- und durchgraben, und sie werden dadurch den unterirdischen Wässern die Schleusen öffnen! Wollen sie die ganze Erde in Flammen sehen, so dürfen sie nur fleißig alle Wälder vernichten, und die Naturgeister (Elektrizität) werden sich derart vermehren, daß die Erde auf einmal in ein Blitzfeuermeer eingehüllt sein wird! Werde dann etwa auch Ich die Erde durchs Feuer heimsuchen wollen?! Darum lehret die Menschen weise sein, ansonst sie selbst die Gerichte über sich heraufbeschwören werden! Ich weiß es aber, daß es also kommen wird, und dennoch kann und darf Ich nicht hindernd dagegen auftreten durch Meine Allmacht, sondern nur durch die Lehre. - Verstehet ihr das?"...

Wo die Menschen frei wollen und auch frei handeln müssen, um Menschen zu werden auch im Geiste, da will Ich für Mich - und stellen es die Menschen noch so toll an - ganz und gar nichts, sondern Ich lasse es nur zu, daß die Menschen ganz unbeirrt das erreichen, um was sie sich so eifrig bestrebt haben, als hinge alle ihre Lebensglückseligkeit daran. Mögen dann die Folgen gut oder schlecht sein, das gilt bei Mir ein ganz Gleiches! Selbst schaffen, - selbst haben! Weiß Ich auch, was in der Folge geschehen wird, so kann und darf Ich dennoch nicht hindernd dazwischenwirken mit Meiner Allmacht; denn tue Ich das, so hört der Mensch auf ein Mensch zu sein. Er ist dann bloß eine belebte Maschine und sonst nichts und kann für sich und für Mich ewighin keinen Wert haben.

Denke du nur auch daran, daß Ich es an von Meinem Geiste erfüllten Männern nie habe mangeln lassen, auch unter den finstersten Heiden nicht! Es durften nie 50 Jahre vergehen, - und es standen schon wieder Männer da, die den Menschen den rechten Weg zeigten! Jetzt kam Ich Selbst als Mensch auf diese großbestimmungsvolle Erde; nach Mir werden gleichfort Männer bis ans Ende der Welt zu den Kindern der Welt gesandt werden und werden stets auch viele bekehren zum wahren Lichte."

4) "Es wird von dieser euch nun gegebenen Lehre kein Häkchen verlorengehen, und dennoch wird das für die große Weltallgemeinheit von keinem großen Belange sein; denn diese wird, solange es eine Materie gibt und geben muß, mit dem rein geistigen Elemente in stetem Kampfe stehen. Aber es sei darum niemand bange; denn allzeit werden viele Berufene sein, aber darunter auch stets wenige Erwählte!"

5) "Die sich nach den Erwählten richten werden, für die wird die Erde noch immer ein sicheres Plätzchen haben; aber die zu sehr Tauben und Blinden im Herzen werden von Zeit zu Zeit stets wie das Unkraut vom reinen Weizen gesondert werden."

6) "Die Erde wird darum also fortbestehen, wie sie nach Noah fortbestanden ist, und wird tragen Meine helleren Kinder; nur der zu sehr überhandgenommen habende Unflat wird von ihr entfernt werden und in eine andere Reinigungsanstalt kommen, an denen es in Meinem ewig großen Reiche wahrlich keinen Mangel hat und auch ewig nie einen Mangel haben wird. Aber Meine Kinder werden solche Wesen nimmer; denn dazu gehört, daß man Mich wohl erkennt und über alles liebt."

7) "Denn nun rede Ich nicht als der Wunderarzt Jesus aus Nazareth, sondern als Der, der in Mir wohnt von Ewigkeit, - als der Vater voll Liebe und Erbarmung rede Ich nun zu euch und als der einige Gott, der da spricht: "Ich bin das Alpha und das Omega, der ewige Anfang und das endlose, ewige Endziel der ganzen Unendlichkeit; außer Mir gibt es keinen Gott nirgendmehr!"

1) (Der Herr:) "Darum sage Ich zu euch: Wer Mich suchen, finden, erkennen und dann über alles lieben wird und seinen Nächsten mit aller Geduld wie sich selbst, schon hier oder zum mindesten doch jenseits, aus allen Kräften, der wird Mein Kind, also Mein Sohn und Meine Tochter sein! Wer aber Mich nicht suchen, nicht finden, nicht erkennen und somit auch nicht lieben wird und wird auch voll Lieblosigkeit sein gegen seine Nebenmenschen, der wird ewig auch nie zu Meiner Kindschaft gelangen! Denn Meine Kinder müssen also vollkommen sein, wie Ich als ihr wahrer Vater Selbst vollkommen bin!"

Gr. Johannes-Evangelium, Bd. 5; 109/110

21. Kapitel

J e t z t ist die Zeit der Aufklärung

Auf Wunsch der DUIST sollten auf dem 12. Interkontinentalen Kongreß der DEUTSCHEN UFO-STUDIEN-GESELLSCHAFT in Mainz 1979 aktuelle Themen im Rahmen der Referate behandelt werden.

Hermann Ilg trug "In kosmischen Bahnen denken" vor (siehe UN 261) mit Anklängen an die Enthüllungen von Leona. Sie hatte über Telepathie zum Thema EVAKUIERUNG präzise Angaben erhalten und Einzelheiten "erschauen" dürfen. Prof. Pedro Romanuik erhärtete aus argentinischer Sicht diese Perspektiven.

Für eine unaufgeklärte Öffentlichkeit war der damalige Zeitpunkt für solche Angaben noch zu früh.

Inzwischen ist jedoch in der ganzen Welt ein offensichtlicher Erkenntnisfortschritt, selbst in der UdSSR, in China und Afrika erfolgt, so daß die Publikationen von Leona für die Allgemeinheit eine dringende Notwendigkeit geworden sind.

A. + K. V.

Hermann Ilg

In kosmischen Bahnen denken

Wenn wir heute von Evakuierung sprechen, so meinen wir entweder das gänzliche Entleeren eines Gefäßes bis zum Vakuum - das wäre ein technischer Vorgang - oder aber eine zwangsweise herbeigeführte Entvölkerung, z. B. eines Landstriches oder einer ganzen Stadt, meistens aus Gründen einer äußeren Katastrophe. Bei der bevorstehenden Evakuierung handelt es sich aber um ein

Noch-nie-Dagewesenes, und deshalb ist es notwenig, die Bevölkerung vor Durchführung dieser Maßnahme entsprechend aufzuklären.

Das größte Problem wird jedoch sein, die Menschen überhaupt so weit zu bringen, daß sie die helfende Hand ergreifen. Denn bis heute ist es doch üblich, sich von der Version einer außerirdischen Gefahr schocken zu lassen, etwa in der gängigen Form von Science-fiction-Machwerken über eine Invasion der Erde durch eroberungssüchtige Weltraumungeheuer und was sich die menschliche Negativ-Phantasie alles auszumalen vermag.

Und deshalb scheint es mir wichtig, durch "Zeichen am Himmel", wie bereits in der Bibel festgehalten, die Gemüter der Menschen zu beruhigen und sie davon zu überzeugen, daß das Gegenteil von dem geschehen wird, was ihnen als perverse Phantasieprodukte via Leinwand gezeigt wurde. Wie könnte dieser Eindruck der Hilfsbereitschaft besser dokumentiert werden, als durch das christliche Symbol des Kreuzes. In Matthäus 24, Verse 29 - 51 sind diese Vorgänge ziemlich eindeutig beschrieben für denjenigen, der dies zu lesen versteht. Ich zitiere: "Bald nach der Trübsal derselben Zeit (d.h. des Fischezeitalters) werden Sonne und Mond den Schein verlieren, und die Sterne werden vom Himmel fallen, und die Kräfte der Himmel werden sich bewegen (also die Magnetfelder des Sonnensystems). Und alsdann wird erscheinen das *Zeichen des Menschensohnes* am Himmel. Und alsdann werden heulen alle Geschlechter auf Erden und werden sehen kommen des Menschen Sohn in den Wolken des Himmels mit großer Kraft und Herrlichkeit. Und er wird senden seine Engel mit hellen Posaunen (darunter sind zu verstehen Aufrufe und Aufklärungsaktionen durch Lautsprecher), und sie werden sammeln seine Auserwählten von den vier Winden (also von der ganzen Erde), von einem Ende des Himmels zu dem andern", d.h. die Rettungsaktion wird sich über den ganzen irdischen Firmamentbereich erstrecken.

Auch Lukas (Kap. 21, 25 - 28) weist in ähnlichen Worten auf diese Dinge hin.

Und so wird die Menschheit zu Beginn dieses grandiosen planetaren Geschehens die riesigen Mutterschiffe, formiert als weiß leuchtende Kreuze, in langsamem Flug über die Erde ziehen sehen. Dies ist dann der Augenblick, da auch die verstocktesten Leugner einer außerirdischen Lebenswirklichkeit kapitulieren müssen, es sei denn, sie wollen auch diese Demonstration eines liebevollen Willens noch als Massenhysterie erklären.

Nun mag mancher sagen, daß bei einer Erdbevölkerung von über fünf Milliarden Menschen eine solche Hilfsaktion, und wenn sie noch so großzügig bemessen ist, einfach nicht durchführbar ist in der gebotenen kurzen Zeit und bei den unterschiedlichsten Zivilisationsstufen auf dieser Erde. Das ist im Prinzip richtig, läßt aber eines außer acht, daß nämlich trotz globaler Aufklärung und der Demonstration am Himmel viele Menschen nicht gewillt sein werden, ihren Besitzstand zu verlassen und sich einem ungewissen Schicksal auszuliefern. Nur diejenigen also, die bereit sind, alles hinter sich zu lassen, was der Vergänglichkeit angehört und sich vertrauensvoll dem demonstrierten Christusgeist übergeben, die werden gerettet. Und deshalb heißt es auch an anderer Stelle des 24. Kapitels im Matthäus-Evangelium: "Dann werden zwei auf dem Felde stehen, einer wird angenommen und der andere wird verlassen werden" (Vers 40 und 41).

Richtige Einstellung zur Evakuierungsaktion

Hermann Ilg

Durch Mental-Telepathie

16. August 1980

Wir sind gekommen, um der Menschheit der Terra in ihrer größten Not, in die sie bald hineingeraten wird, mit unseren technischen Mitteln zu Hilfe zu kommen. Wie sich das abspielen wird, wurde bereits über mehrere Kontaktstellen bekanntgegeben.

Es liegt jetzt an den Menschen selber, diese Hilfe anzunehmen und dadurch einer neuen Welt der Lebensfreude entgegenzugehen, oder sie abzulehnen.

Niemand kann zum einen oder anderen gezwungen werden. Wir sind vorbereitet und warten auf euch. Eure Entscheidung kann euch niemand abnehmen.

Wer seine Angst vor dem Ungewöhnlichen dieser Rettungsaktion überwindet und sich voller Vertrauen uns zuwendet, den wird ein Lebensstandard erwarten, den ihr euch in euren kühnsten Träumen nicht vorstellen könnt.

Wir werden euch verwöhnen aus Freude über euren Entschluß; wir werden euch in unsere Liebe einschließen, wie ihr sie während eures ganzen irdischen Daseins niemals erfahren habt, und wir werden euch unsere Lebenswelt zeigen, so wie ihr einem lieben Besuch euer Heim zeigt und ihm alle Bequemlichkeiten anbietet.

Oh, freuet euch auf den Tag eurer Befreiung, der auch für uns ein Tag der Freude ist, denn er bildet für uns den Abschluß einer Mission, die wir als ein Versprechen Jesu Christi gegenüber übernommen haben und die uns nicht leichtgefallen ist. Aber das soll jetzt vergessen sein, nachdem der Tag der Neuwerdung dieses Planeten vor der Tür steht und das Alte dem Neuen Platz machen muß.

Haltet euch an Jesus Christus, dem auch wir dienen und dessen Liebe uns beflügelte, die Betreuung dieses Planeten trotz vieler Rückschläge bis heute durchzustehen.

19.08.1981

"...wie du weißt, ist Ashtar Sheran zur Zeit unabkömmlich, da er mit der minuziösen Vorbereitung der großen Evakuierungsaktion beschäftigt ist. Ihr könnt euch überhaupt nicht vorstellen, welcher exakten Planungsarbeit es bedarf, um die absolute Garantie für das Gelingen dieser letzten Großtat eurer Sternenbrüder zu erfüllen. Denn nur ein 100 %iges Zusammenspiel aller Einzelaktionen gewährleistet den erforderlichen Sicherheitsgrad, um alle rettungswilligen Erdenbrüder und -schwestern in die gigantischen Mutterschiffe zu verbringen. Jeder Handgriff, um mit euren Worten zu sprechen, wurde immer und immer wieder geübt, so daß euch, was die äußeren Voraussetzungen betrifft, eine perfekte Versorgung erwartet.

Macht euch also keine Gedanken über das Gelingen der Rettungsaktion, so sehr euch auch das Ungewöhnliche beschäftigen mag. Du weißt, daß es der Wunsch des VATERS ist, daß der Planet Erde gereinigt wird und zu einer neuen Pflanzstätte entwicklungswilliger Geistseelen werden soll. Dies ist nur möglich, wenn auch die feinstofflichen Teile der Weltverschmutzung, die unsichtbar an allen Gegenständen haften, mit denen die Menschen Umgang hatten, in die Reinigung einbezogen werden. Es würde also keinesfalls genügen, nur bestimmte Teile dieser Erde der Wandlung und Neuwerdung zu unterziehen, und andere Teile, die nach Meinung ihrer Bewohner noch verhältnismäßig intakt seien, zu verschonen. Denn die Verschmutzung hat einen solchen Grad erreicht, daß praktisch kein unberührter Landstrich existiert, der in der Lage wäre, in seiner jetzigen Konsistenz die höhere Schwingung des neuen Äons aufzunehmen und zu behalten.

Jahrtausende lasten auf der Erde, die angefüllt sind von Scheußlichkeiten und Verbrechen, deren Ausstrahlung die Aura der Erde verfärbt hat. Und da diese Aura das Lebensbild jedes einzelnen Atoms und jeder einzelnen Zelle eines Organismus beeinflußt und prägt, wird verständlich, daß sich die General reinigung auch auf den fluidalen Bereich des Planeten erstrecken muß. Nichts, was irdisch ist, kann ausgenommen werden.

Könntet ihr jetzt schon erleben, welche neue Lebensebene euch erwartet, ihr würdet mit keinem Gedanken mehr an eurer jetzt noch gewohnten Lebensstufe hängen. Macht euch frei von allen irdischen Bindungen, und ihr tut bereits jetzt den ersten Schritt in eine neue Welt des Lichts, das eure Herzen erleuchten will..."

Antworten auf drei bemerkenswerte Fragen

Hier soll auf die nachstehenden Fragen, die häufig gestellt werden, Antwort gegeben werden.

1. Ist die Polwende gleichbedeutend mit einer Erdachsenverlagerung?
2. Was geschieht bei der Evakuierungsaktion mit den Tieren?
3. Was geschieht mit den Kranken und Gebrechlichen, die sich nicht selbst helfen können, z.B. Insassen von Krankenhäusern und Altenheimen?

Zur ersten Frage:

Eine Polverlagerung ist gleichzusetzen mit einer Erdachsenverlagerung, denn dic Rotationsachse des Geoids geht eben nun mal durch die Pole. Und wenn Geophysiker ihre Bedenken hierzu anmelden, indem sie eine Änderung der Erdachse aus Gründen der ihnen bekannten Kreiselgesetze für unwahrscheinlich oder gar für unmöglich halten, dann sei ihnen gesagt, *daß bei GOTT nichts unmöglich ist!*

Da es sich bei diesen Wandlungsvorgängen um die Auslösung von göttlichen Entwicklungsgesetzen handelt, ist eine Beurteilung dieser Ereignisse aus irdisch-wissenschaftlicher Sicht wohl nicht angebracht.

Die aus irdischer Sicht und Erkenntnisfähigkeit erforderlichen unvorstellbaren Kräfte zur Veränderung der Rotationsachse werden bereits durch einen Willensimpuls des ERLÖSERS so dirigiert, daß weder eine Störung im harmonischen Gesamtgefüge des Sonnensystems eintritt, noch dem Planeten Erde ein Schaden in bezug auf seine Eigenbewegung entstehen kann. Erinnern wir uns, daß Christus sagte: "Mir ist gegeben alle Gewalt im Himmel und auf Erden", d.h. *der ganze Kosmos gehorcht Seinem Willen.* Und dies bedeutet wiederum, daß es für Ihn keine unabänderlichen Naturgesetze gibt!

Nur die Menschen vermögen aufgrund ihrer selbst eingeengten Erkenntnisbreite die kosmischen Entwicklungsgesetze nicht in ihr wissenschaftliches Weltbild einzupassen, und daher kommen die Zweifel an der Neuwerdung und Neuordnung aller Dinge, wie sie seit langen Zeiten vorausgesagt wurden. Erst bei deren Eintritt wird ihnen die Erleuchtung kommen. -

Zur zweiten Frage:

Dazu möchte ich bemerken, daß selbstverständlich auch an die Tiere gedacht wurde. Bekanntlich besitzen unsere jüngeren Geschwister ein besonders feines Vorahnungsvermögen, das sich in ihrem unruhigen Verhalten bei bevorstehenden Katastrophen, wie z..B. Erdbeben, deutlich bemerkbar macht. Diese intuitive Eigenschaft wird zu ihrer Rettung ausgenützt, indem die freilebenden Tiere durch eine instinktgesteuerte Beeinflussung auf bestimmte Sammlungsplätze hingeleitet werden, z.B. auf größere Lichtungen oder sonstige Freiflächen, von wo sie ebenfalls in Spezial-Kleinraumschiffen abgeholt werden. Da sie die ihnen gebotene Hilfeleistung medial, d.h. durch ihren Instinkt fühlen können, wird es keines besonderen Anstoßes bedürfen, um die Tiere zum Betreten ihrer Rettungsarche zu bewegen. Der Vergleich mit der Arche Noahs ist in diesem Falle durchaus angebracht.

Ich muß aber hinzufügen, daß nur solche Tiere den Rettungstrieb verspüren werden, die bereits einen gewissen Grad an Intelligenzvermögen erreicht haben und sich daher in den höheren Schwingungszustand ihrer nachherigen Lebenswelt einpassen können.

Oder mit anderen Worten: Alle Tiere, deren Instinkt ausschließlich auf das Töten anderer, schwächerer Tiere ausgerichtet ist, also die Gattung der Raubtiere und giftigen Reptilien, werden nicht mehr unter der weiterlebenden Kreatur zu finden sein. Und was das Kleingetier betrifft, das in enger Symbiose mit dem lebenspendenden Humusboden existiert, so wird dafür Sorge getragen werden, daß diese Lebewesen, einschließlich der wichtigen Mikroben, so lange in einem Schwebezustand über der Erde gehalten werden, bis sie wieder in den ihnen arteigenen Existenzbereich nach der Umwandlung eingesetzt werden können.

Diese ganze Aktion geschieht mit Hilfe der Antigravitationskräfte von den Raumschiffen aus. Diese Energiestrahlen sind so gepolt, daß sie ausschließlich Kleinorganismen entsprechen und auf alles Anorganische keine Wirkung ausüben.

Machen wir uns also in dieser Hinsicht keine Gedanken; es ist für alles vorgesorgt, was für einen Neubeginn auf der gereinigten Erde vonnöten ist.

Zur dritten Frage:

Es ist verständlich, daß sich die nachdenklich werdenden Menschen besonders um die Kranken und Gebrechlichen Sorgen machen. Was soll mit ihnen geschehen, die sich nicht selbst helfen können? Auch in dieser Hinsicht können wir beruhigt sein; ja es wird sogar so sein, daß die besonders Hilfsbedürftigen in den Krankenhäusern und Altenheimen durch eine Art "Vorkommando", wie wir es nennen würden, evakuiert werden, indem diese Anstalten durch eine separate Aufklärungsaktion über die Rettungsmöglichkeiten unterrichtet werden. Diese Aufklärung, die ebenfalls über alle Kommunikationsmittel, über die diese Anstalten verfügen, ausgestrahlt wird, wird auch spezielle Anweisungen enthalten, wie im Falle der einzelnen Krankenkategorien zu verfahren ist.

Zur Evakuierung der Krankenhäuser und Altenheime werden ebenfalls Spezialrettungsschiffe zur Verfügung stehen, die sogar mit Bioenergiegeräten ausgestattet sind, so daß die Patienten und Gebrechlichen eigentlich direkt von einem Krankenhaus in ein Gesundungshaus umsteigen können. Auch dieser Hinweis wird gegeben werden.

Aber auch in diesen Fällen gilt die Devise, daß nur nach dem freien Willensentschluß des einzelnen gehandelt werden darf, es sei denn, daß sich ein Kranker in einer Lage befindet, in der er selbst nicht entscheiden kann; dann wird ein stellvertretendes Handeln zugelassen. -

Wir sehen, daß jede irdische Sorge unbegründet ist und daß an alles gedacht worden ist, was zu einem vollständigen Gelingen der Neuwerdung dieses Planeten notwendig ist. Es liegt jetzt nur noch an unserem Vertrauen unseren Sternenbrüdern gegenüber, die im göttlichen Auftrag handeln. Und daß dieser Auftrag zur Zufriedenheit des Auftraggebers ausgeführt wird, dafür liegen bereits tausendjährige Garantien vor...

22. Kapitel

George Trevelyan/England

Das NEUE ZEITALTER ist bereits GEGENWÄRTIG

In seinem Buch "Eine Vision des Wassermann-Zeitalters" schreibt der englische bekannte Historiker Sir George Trevelyan in konzentrierter Form alles, was sich derzeit über Wesen und Gesetze dieser neu anbrechenden Zeit sagen läßt. Kurze Auszüge mögen dies veranschaulichen:

Die meisten von uns werden sicher damit übereinstimmen, daß diese Vorstellung uns Anlaß zu echtem Optimismus gibt. Es ist kein theoretisches Gerede über das, was irgendwann in ferner Zukunft geschehen könnte. Im Gegenteil, alle großen Lehrer und Sensitive versuchen uns klarzumachen, daß gerade jetzt wirklich etwas geschieht, und zwar unausweichlich, indem die Barrieren zwischen den ewigen und den zeitlichen Ebenen sich auflösen. Wir werden Zeugen der Einwirkung aus der Welt der Ewigkeit in unsere Ebene der Zeit. Die Ereignisse, von denen wir hier reden, stellen den Berührungspunkt des Zeitlosen mit der Zeit dar.

Die Schleier, welche die Bewußtseinsebenen trennen, werden immer dünner. In Wirklichkeit ist das Neue Zeitalter in einem sehr tiefen Sinn schon gegenwärtig und wartet nur darauf, von uns manifestiert zu werden, indem wir unser Bewußtsein entfalten und öffnen und es dem Zeitlosen ermöglichen, auf die Erde zu kommen.

Es ist zur Zeit so, als ob unsere Welt von einem lebensfeindlichen Impuls erfüllt sei, einem bösen Einfluß, der sich des Menschen bedient, um die harmonische Einheit der Existenz auf der Erde zu untergraben. Die Hauptmanifestation dieses infernalischen Elements ist, wie wir gesehen haben, Habgier und das unersättliche Verlangen nach Profit. Es wird seine Herrschaft so lange aufrechterhalten, wie das Hauptmotiv des Handelns der wirtschaftliche Vorteil bleibt. Eine solche Motivation bedeutet eine Verunreinigung von Geist und Charakter, entsprechend der Verschmutzung der Erde selbst. Auf jeder Ebene haben die satanischen Mächte also den Kampf mit dem Geiste aufgenommen.

Das Fließen der New-Age-Energien zieht unvermeidlich verwandte Seelen in neue Gruppierungen, die Brennpunkte einer neuen Gesellschaft. Wo der lebendig Geist das Bewußtsein durchströmt, müssen sich die Werte ändern, und wir werden uns plötzlich der Bedeutsamkeit von Dingen bewußt, die wir bis dahin für selbstverständlich gehalten haben. Daher werden bestimmte, in unserer heutigen Gesellschaft noch gängige Gewohnheiten in der New-Age-Kultur einfach wegfallen.

David Spangler sagt: *Eine neue Welt wird gerade geboren. Diese Welt existiert schon, und in gewissem Sinne schlagen sich ihre Energien in Gestalt nieder. Überall auf der Welt beginnen Menschen, sich auf diese Energien einzustimmen, weil sie in ihrem Bewußtsein bereits ein Teil dieser Welt sind. Sie sind deren Bürger, selbst wenn sie sich dessen vielleicht nicht bewußt sind.*

Dieser Übergang zwischen zwei Welten kann glatt oder chaotisch verlaufen, je nach dem Willen der betroffenen Individuen. Was die Energien der neuen Welt betrifft, so hat die Ablösung bereits ohne Zerstörung stattgefunden. Es bot sich lediglich die Gelegenheit, sich mit einer göttlichen Energie zu verbinden und Mitschöpfer eines neuen Planeten zu werden...

Die von Sensitiven empfangenen Botschaften und Mitteilungen künden unvermeidbare Veränderungen an, sobald die neuen Energien anfangen zu fließen. Diese Änderungen werden offensichtlich eine grundlegende Bewußtseinsveränderung mit einbeziehen.

Die Lehrer der geistigen Welt fordern uns allesamt auf, keine Angst zu haben. In der Tat schärfen Wesen aus der spirituellen Welt das "Fürchte Dich nicht" immer als erstes ein. Unheil und Katastrophen dürften einen Sinn haben für die höheren Welten - nämlich daß sich der Mensch seiner üblen Taten bewußt wird.

Wir können darauf vertrauen: Je schwieriger die äußeren Umstände werden, desto näher und gewisser werden Schutz und Beistand der unsichtbaren Führer jedes einzelnen sein. Neue Dimensionen des Wissens eröffnen sich, und die Vision des neuen Zeitalters wird sich immer klarer herauskristallisieren, indem lebendige Ideen beim Zerfall der überlebten Formen zu wirken beginnen...

> Als Gesandte des Göttlichen ist es unser Auftrag und unsere Aufgabe, mit positivem Denken erneut ins Leben zu wirken, um aktiv an der Umgestaltung unserer Umwelt mitzuarbeiten. So kann jeder zur Geburt des Neuen Zeitalters beitragen.

Anthony Brooke

Kontakte zu höheren Intelligenzen

Der britische Schriftsteller Anthony Brooke, mit dem wir bereits Mitte der 50er Jahre korrespondierten, hielt über "Das Erwachen des Menschen" einen Vortrag, der in den "Findhorn News" 1973 publiziert wurde. Wir zitieren:

"...Für alle, die nicht gänzlich blind sind für die Zeichen unserer Zeit, steht es außer Frage und außer Zweifel, daß unser Planet sich heute in einer akuten Entwicklungskrise befindet. Die Völker unserer geteilten Welt dürften vor einer klaren Wahl stehen - entweder ändern wir unsere Vorgehen und vereinen uns, oder wir gehen zugrunde wie die Kulturen der Vergangenheit."

Tatsächlich verhält es sich jedoch nicht ganz so. Denn während die alte, überlebte Kultur dem Untergang geweiht ist und im Sterben liegt, gibt es schon Anzeichen für etwas Neues und Herrliches: die Geburt eines neuen Menschen, einer neuen Schöpfung. Wir sollen dies als vollständige Heilung des geteilten und gequälten Körpers der Menschheit begreifen, als ein Zusammenschweißen zur Einheit...

Zusammenfassend sagt Brooke in fünf Punkten:

1. Wir werden aufgerufen etwas zu akzeptieren, was für viele von uns eine neue Tatsache, eine neue Wahrheit darstellt, nämlich, daß es überlegene Formen intelligenten Lebens im Universum gibt, die mit verschiedenen Mitteln und auf verschiedene Art und Weise mit uns Kontakt aufnehmen.
2. Diese hohen Kräfte sind bemüht, einen Plan zur Verwirklichung von Frieden und Brüderschaft im ganzen

Universum durchzuführen, wobei natürlich auch unser Planet einbezogen ist.

3. Die Völker der Welt und deren Regierungen haben individuell und kollektiv die Wahl, entweder weiterhin eine Lösung der Weltprobleme so anzusehen, als wäre unser Planet eine isolierte Einheit, oder aber wir können unsere Chancen, all unsere Probleme zu lösen, dadurch vergrößern, daß wir diese höhere Weisheit und Intelligenz, welche uns zugänglich gemacht worden ist, anerkennen und mit ihr zusammenarbeiten.
4. Höhere Intelligenzen teilen uns in telepathischen Botschaften mit, daß wir tatsächlich nicht imstande sein werden, die vielen Schwierigkeiten zu überwinden, die wir uns ständig selbst schaffen, wenn wir nicht in gänzlich neuer Weise denken und leben und - direkt oder indirekt - mit der das ganze Universum regierenden höheren Intelligenz (GOTT) eine wirksame Verbindung herstellen. Dann wird uns in jeder Beziehung geholfen, sämtliche Probleme zu lösen sowie ein zutiefst schöpferisches Leben in Frieden und Brüderlichkeit auf Erden zu erleben, das zugleich in Einklang mit dem Leben im gesamten Universum steht.
5. In Zusammenarbeit mit ihren Regierungen haben die Völker der Welt eine wesentliche Aufgabe bei der Verwirklichung einer universellen Zivilisation, einer wahren Brüderschaft des Menschen auf Erden.

"esotera" und "Psychika"

23. Kapitel

Stimmen christlicher Evangelisationsgesellschaften

Hermann Zeiss und "Mehr Licht"/BRD - Johannes XXIII. Adamskis Papstbesuch - Fatima Garabandal/Portugal & "Magnificat - Die Wahrheit"/ Frankreich

Der über Europas Grenzen bekannt gewesene große Evangelist, Fabrikant Hermann Zeiß aus Solingen, hielt in den Nachkriegsjahren bis 1965 laufend Evangelisationsversammlungen mit frappierenden Geistheilungen in Westdeutschland, Holland und Indien.

Als Gründer der ECCLESIA war eines seiner Hauptthemen die WIEDERKUNFT CHRISTI. So zeigte er u.a. in Stuttgart bei seinen gutbesuchten Versammlungen das VENTLA-Buch "IM INNERN DER RAUMSCHIFFE" von George Adamski und betonte dazu: "Bei der von uns sehnlich erwarteten ENTRÜCKUNG spielen diese außerirdischen Weltraumschiffe und ihre Piloten im Auftrag unseres Himmlichen Gottvaters eine wesentliche Rolle, als Akt der Nächstenliebe zur Errettung eines Teiles der Menschheit vor den zukünftigen Kaptastrophen, wie sie in der Bibel und speziell in der Apokalypse des Johannes geschildert und prophezeit sind..."

Ähnliche Gedanken wurden 1958 in "*Mehr Licht*" der überkonfessionellen Zeitschrift "Die Botschaft der Glaubensheilung" mit ihren Erweckungsberichten der christlichen Auslandspresse von Albert Goetz zitiert, im Zusammenhang mit den Hamburger Vorträgen von Karl Veit im großen Saal des Museums für Völkerkunde am 5. Dezember 1957. "Mehr Licht" von Februar 1958: Schon die alten Römer sahen 100 Jahre vor Christus "fliegende Scheiben von Ost nach West fliegen", berichtet Dio Cassius.

Im Jahre 1600 mußte Giordano Bruno sein Leben lassen, weil er seine Behauptung nicht widerrufen wollte, daß auf anderen Planten Lebewesen existieren, die wahrscheinlich unsere Erdenbewohner an Intelligenz und Technik weit überragten.

Alle Flugobjekte, die vor 1903 gesichtet wurden, müssen außerirdischer Herkunft sein, da damals noch keine menschliche Flugmöglichkeit bestand.

Eine Sensation bildeten vor einiger Zeit die Ausführungen des Dr. Heinrich Faust aus Frankfurt in der Zeitung "Die Tat". Er schrieb: "Die meisten Spiralnebelsysteme sind kleiner als unsere Milchstraße. Wir kennen etwa 10 Millionen Milchstraßensysteme mit etwa 100 Millionen Sonnen. Wenn jede Sonne nur einen erdenähnlichen Planeten hat, ergibt sich schon eine astronomische Zahl mit 15 Nullen. Sollte auf keinem von diesen Planeten Leben sein? Warum nur auf unserer kleinen Erde?

Ohne Frage verkehren Weltraumschiffe zwischen den außerirdischen Planeten. *Jedenfalls können Erdenmenschen nicht das Gegenteil beweisen.* Wer bemüht ist, festzustellen, daß keine außerirdischen Lebewesen vorhanden sind mit einer Technik, die bestimmt der unsrigen überlegen ist, leidet an Größenwahn." So Dr. Faust.

Die Weltraumbewohner sind in ihrer technischen Entwicklung uns Erdenmenschen weit überlegen und sogar imstande, mittels besonderer Geräte sich über alles auf der Erde zu orientieren. Sie kennen die göttlichen Ordnungen des Schöpfers und wollen uns vor Unheil und Untergang bewahren und unser seitheriges Weltbild in kosmischer Weise erweitern helfen.

Albert Götz

Die Wahrheit bricht sich Bahn

Das Thema über das Vorhandensein außerirdischer Lebewesen, die Bewohnbarkeit anderer Planeten, die Einflüge außerweltlicher Flugzeuge in die Erdatmosphäre und die Kontaktaufnahmen mit Insassen dieser Flugobjekte ist von allergrößter Bedeutung für unsere Tage, und tausendmal wichtiger als das Aufsteigen eines Sputnik mit allem Drum und Dran.

Die Aufgeschlossenheit vieler Menschen in allen Ländern der Welt für die UFO-Geheimnisse wächst zusehends und ist weder durch Regierungsverbote noch durch Presseverleumdungen einzudämmen.

Der bedeutendste Sachverständige auf dem Gebiet der UFO-Forschung ist neben dem Oberleutnant *Desmond Leslie*, einem erfahrenen Kampfflieger, der Privatastronom, Philosoph, Gelehrte, Lehrer und UFO-Forscher *George Adamski* aus Palomar Gardens in Californien, USA.

In dem in Neuauflage herausgegebenen, leicht verständlichen Werk "Im Innern der Raumschiffe", 280 Seiten, 20 Fotos, VENTLA-Verlag, 39,00 DM, erfährt man Näheres nicht nur über die Person Adamskis und seine Forschungsarbeiten, sondern auch über die Boten aus anderen Welten, warum sie unsere Erde besuchen, wo sie schon gelandet sind, in welcher Weise Kontakt mit ihnen aufgenommen wurde, wie man sich mit ihnen verständigen konnte usw. Ein Buch, das jeder Interessierte gelesen haben sollte.

Wie ist nun die biblische Stellungnahme zu der UFO-Angelegenheit?

Ein Wort des Propheten Jesaja (45;18) besagt ganz klar und unzweideutig, daß die Erde erschaffen wurde, nicht um leer zu bleiben, sondern um bewohnt zu werden. Es wäre also unzweckmäßig und völlig sinnlos von dem ewigen Gott der Liebe gewesen, einen Weltkörper ohne jeden Zweck zu erschaffen und dazu noch mit Stoffen und Kräften aller Art reichlich auszustatten, um ihn dann plötzlich wieder grund- und zwecklos zu vernichten. Wenn aber der Zweck der Bewohnbarkeit schon für den kleinen Weltkörper Erde gilt, wieviel mehr dann erst für all die vielen und mannigfachen Gestirne im Universum! Sie sind sicherlich nicht ins Dasein gerufen worden, um nur einen schönen, weiten Baldachin über die Wohnungen der Menschen zu breiten, sondern, um den unendlichen Mengen lebender Wesen Aufenthaltsorte zu bieten.

Gerade der Dunstkreis, der einige Planeten wie Venus und Mars umgibt, zeigt eine vorhandene Atmosphäre an, die für Lebewesen unerläßlich ist.

In Hebräer 1;1 und 2 heißt es nach der Elberfelder und Zürcher Übersetzung, daß Gott durch Christus viele Welten erschaffen habe. Als er dann zuletzt auch die Erde ins Dasein rief, "da jauchzten die Morgensterne und alle Söhne Gottes jubelten!" (Hiob 38;7). Es sind sicher nicht die Weltkörper an sich gemeint, sondern die Bewohner derselben, die da jubelten. Dasselbe gilt von Psalm 148;2 und 3: "Lobt den Herrn, alle seine Engel. Lobt Ihn, all sein Heer! Lobt Ihn, Sonne und Mond, lobt Ihn, alle leuchtenden Sterne!"

So wie die vielen Vorgänge in der Bibel als Geheimnisse für spätere Zeiten "bis an das Ende der Tage" versiegelt bleiben sollten (Dan. 12;4), so auch diese, daß die Himmelskörper von menschlichen Wesen, wenn auch anderer Art als wir, bewohnt sind.

*

Auf seiner Weltreise hielt Adamski Vorträge in Neuseeland, Australien und Europa. Alle Stationen und bedeutsamen Einzelheiten sind in "DAS BUCH ÜBER ADAMSKI" von G. Barker und K. Veit wahrheitsgemäß geschildert. Zwei Auszüge: Holland und Italien folgen daraus anschließend. D. H.

G. Adamski bei Königin Juliana/Holland
Dank an das holländische Volk

Den Haag, 23. Mai 1959

Besonders möchte ich dem holländischen Volk für die freundliche Unterredung, die mir ihre gnädige Königin gewährte und die ich nie vergessen werde, danken, sowie für die gütige Aufnahme, die es mir bei meinen Vorträgen zuteil werden ließ, und ich wünschte, daß ein Teil der Presse ebenso gütig gewesen wäre, besonders zugunsten ihrer eigenen Königin.

Ich bin nur ein einfacher Mann, aber die Königin ist mehr als ein Symbol, da sie das freundliche Volk in Holland vor der Welt vertritt, und ihr tiefes Verstehen und liebliches Wesen werden von der ganzen Welt gerne akzeptiert.

Wenn daher irgendwelche Angaben über das, was in ihrer Gegenwart gesagt worden ist, gemacht werden müssen, hat s i e die Ehre, es zu tun, n i c h t ich.

George Adamski

*

Wir sind der Ansicht, daß es der Königin, als freier Frau in einem freien Land (wir sagen das mit Stolz), freisteht, an ihrem Hof zu empfangen, wen sie will, ohne zu riskieren, in eine Kampagne der Verleumdung hineingezogen zu werden. Wir stellen dies fest als Verteidigung ihrer menschlichen Würde, in der Hoffnung, daß alle ehrenhaften Nachrichtenagenturen in der Welt auf ihrer Seite stehen.

Für die
"UFO Kontaktgroep Nederland"
Sekretärin: Rey d'Aquila

"UN" 30. Juli 1959

Die ganze Nummer 35 der "UFO-Nachrichten" publiziert auf sechs Seiten den genauen Hergang der Ereignisse bei Adamskis Europa-Besuch in Holland und in der Schweiz, u.a. auch das große Interview mit dem "SPIEGEL", der zwei Reporter nach Basel entsandt hatte.

Die Prophezeiungen von Papst Johannes XXIII.

Dieses Buch (zu beziehen über VENTLA-Verlag) sollte ein Geheimnis bleiben.

Die Freigabe wurde immer wieder verzögert - denn die Voraussagen sind so verblüffend, daß sie nicht mehr länger verschwiegen **werden dürfen**. Die Prophezeiungen unterscheiden sich vor allem durch ihre klare Aussage und ihre Eindeutigkeit. Sogar Namen und Ereignisse sind mit genauer Zeitfolge schwarz auf weiß aufgezeichnet.

Das Interessante an diesem umfassenden Werk ist nicht zuletzt, daß Sie die Offenbarungen über die letzen 50 Jahre zeitlich genau kontrollieren können und dadurch die Genauigkeit des Werkes bestätigt wird.

Kommt der dritte Weltkrieg?

Für die Zukunft, ab heute bis zum Jahre 2033, sind die Prophezeiungen sehr umfassend und genau - und das ist das Erschreckende - wir haben keinen Grund daran zu zweifeln, daß auch alles so eintrifft, wie Papst Johannes es voraussagt. Jede Zeitspanne wird in ihrer Entwicklung genau vorausgesagt. Sogar die Stellung der einzelnen Mächte, wie Amerika - Rußland - die neue große Macht Afrika, alles bis ins Detail. Z.B. wann die Berliner Mauer fallen oder wann Amerika von einer Frau regiert wird.

Dieses Buch ist ein **Zeitdokument** und durch seine Klarheit hochbrisant. Aus diesem Grunde wurde die öffentliche Auflage immer wieder verschoben und sabotiert. Nur auf Umwegen, unter Überwindung großer Schwierigkeiten, ist es dem Verfasser gelungen, eine erste öffentliche Auflage herauszugeben.

Im Vorwort berichtet der Schriftsteller ausführlich, wie er in den Besitz des Werkes gekommen ist und über seine sorgfältigen Nachforschungen und Überprüfungen.

Allein dieses Vorwort packt Sie als Leser und läßt Sie unmittelbar erleben, was es heißt, wenn Minister, Freimaurer, verfeindete Politiker sich gemeinsam an einem Tisch zusammenfinden.

George Adamski

VON EINEM PLANETARIER IN DEN VATIKAN GESCHLEUST

Die Papst-Medaille,
die Johannes XXIII. George Adamski am 31. Mai 1965 noch von seinem Sterbebett aus bei seinem Besuch in Rom übergeben hatte. Vgl. UN 116, April 1966, Seite 3.

Erst nach seinem Tode im Frühjahr 1965 wurde bekannt, daß

der Pionier der UFO-Forschung, George Adamski, der mehrfach Flüge mit außerirdischen Raumschiffen in den Weltraum gemacht hat, bei Papst Johannes XXIII. noch kurz vor seinem Tode am 3. Juni 1963 eine Privataudienz erhalten hatte. Adamski war eigens zu diesem Zwecke nach Rom gekommen, um dem Papst eine persönliche Botschaft seitens seiner Freunde von anderen Planeten zu bringen, ohne vorher den Instanzenweg durchlaufen zu haben, ja, er war nicht einmal angemeldet. Lediglich einer seiner außerirdischen Freunde hatte ihm gesagt, daß er am 31. Mai 1963 um 11.00 Uhr auf dem Platz vor der Peterskirche sein solle. Lou Zintsstag, die Adamski bei seiner Europatour in diesem Jahr betreute, schreibt dazu:

Wir (sie und Miß May Morlet aus Antwerpen) fuhren Adamski zur Peterskirche. Er sah sich um und sagte nach wenigen Sekunden: "Ich kann den Mann sehen; wartet auf mich in etwa einer Stunde!" Und schnell ging er davon, zum linken Eingang, den ich bis dahin gar nicht bemerkt hatte, nicht zum großen Tor, das von der Schweizer Garde bewacht wird. Diese Tür war halb offen, und ich bemerkte einen Mann in der Nähe, der dunkle Kleider mit etwas Helleuchtendem auf der Brust, entweder eine seidene Weste oder aber ein Metallschild, trug.

May und ich gingen in den Dom und anschließend in ein Café. Wir warteten erregt auf Adamskis Rückkehr, denn es war ja nicht sicher, ob er den Papst sprechen könnte, da die Zeitungen von seinem schlechten Gesundheitszustand berichtet hatten. Ich machte mir jedoch klar, daß Adamski dadurch, daß er einen Seiteneingang und nicht den offiziellen benutzte, nicht auf der Liste der täglichen Besucher erscheinen würde.

Eine Stunde später war Adamski zurück. Er strahlte vor Glück, und seine dunklen Augen leuchteten wie Topase. "Ich habe den Papst gesprochen", sagte er langsam, fast triumphierend. "Ich gab ihm die Botschaft der Planeten-Brüder, und er segnete mich. So war die Fahrt nicht vergeblich." Das Interview hatte nur wenige Minuten gedauert, doch hatte Adamski danach noch lange mit dem Mann geplaudert, der ihn vorher eingeführt hatte. Er soll ein Planetarier gewesen sein. Adamski habe jedenfalls den Eindruck, daß er ein enger Mitarbeiter des Papstes sei, eine Art "Graue Eminenz", und er wußte eine Menge. Adamski sagte auch, daß der Papst nicht in den Räumen zum Petersplatz wohne, sondern zum mindesten sein Schlafzimmer nach den Vatikangärten hinausginge.

Später zeigte uns Adamski eine Plastikhülle mit einer ungewöhnlichen Inschrift unter einer transparenten Einlage. Sie hatte weder römische, gotische, russische, chinesische, japanische oder arabische Schriftzeichen. Darunter befand sich das Datum des Interviews mit lateinischen Buchstaben in englischer Sprache.

Als Adamski die Hülle öffnete, waren wir sprachlos. Eine wunderschöne goldene Medaille mit dem Papstkopf erschien. Es sah aus wie eine Goldmünze. Ich nahm sie in die Hand und war erstaunt über das Gewicht. Es mußte etwa 200 bis 300 Schweizer Franken wert sein. Gekauft konnte sie Adamski nicht haben. Erstens hatte er kein Geld, und zweitens ging er nur mit uns auf die Straße; zudem erhielten diese Auszeichnung "verdiente" Größen.

So hatte Adamski eine Mission erfüllen können, als er dem Papst die Botschaft seiner planetarischen Freunde überbrachte. Denn er wurde erwartet und von Papst Johannes XXIII. noch drei Tage vor seinem Tode, am 3. Juni 1963, empfangen. Und ich bin sicher, daß dies nicht die einzige hochwichtige Begegnung war, die George Adamski mit Größen unserer Zeit hatte...

Vergl.: "UN" 116, April 1966

Päpstliche Stimmen

über das Geheimnis der 3. Botschaft von Fatima

Der Erzbischof von Coimbra ließ die 3. Botschaft von Fatima durch einen Sonderbeauftragten nach Rom bringen, wo sie Papst Pius XII. vorgelegt wurde. Als Papst Pius XII. die dritte Botschaft gelesen hatte, war er von ihrem Inhalt derart erschüttert, daß er das Dokument wieder versiegelte mit der Weisung, es seinem Nachfolger zu dessen Verfügung zu übergeben.

Kurze Zeit danach verstarb Papst Pius XII.

Im Oktober 1958 wurde Papst Johannes XXIII. zu seinem Nachfolger gewählt. Zu Beginn des Jahres 1963 wurde diesem die Frage vorgelegt, was mit der 3. Botschaft von Fatima geschehen solle, worauf er antwortete:

"Sie blcibt bis auf weiteres Geheimnis des Vatikans. Sie kann der Weltöffentlichkeit nicht mitgeteilt werden. Denn die Bekanntgabe ihres Wortlautes würde eine weltweite Panik hervorrufen."

Am Pfingstmontag, 3. Juni 1963, starb Papst Johannes XXIII. Zu seinem Nachfolger wurde Papst Paul VI. gewählt. Wenige Monate nach seiner Wahl zum Pontifex wurde ihm die 3. Botschaft von Fatima vorgelegt. Auch an ihn wurde die Frage gerichtet, was mit ihr geschehen solle, ob sie weiterhin strenggehütetes Geheimnis des Vatikans bleiben oder wenigstens teilweise der Weltöffentlichkeit zugänglich gemacht werden solle.

Eine Textauswahl

Wie Papst Pius XII. und Papst Johannes XXIII. war auch Papst Paul VI. über den Inhalt der 3. Botschaft von Fatima tief erschüttert, so daß auch er zu der Überzeugung kam, daß das sensationelle Dokument bis auf weiteres Staatsgeheimnis des Vatikans bleiben müsse. Doch suchte er nach einer Lösung, die es ermöglichte, wenigstens bestimmte Teile der 3. Botschaft von Fatima der Öffentlichkeit mitteilen zu können.

Die vatikanische Diplomatie sah als gangbaren Ausweg, die sogenannte diplomatische Fassung der 3. Botschaft von Fatima bestimmten Persönlichkeiten der hohen Weltpolitik zugänglich zu machen. Das geschah in den Jahren 1963/64.

Ein Auszug der 3. Botschaft von Fatima ist auch Präsident Kennedy, Premierminister Macmillan und Ministerpräsident Chruschtschow zum persönlichen Studium übermittelt worden. Er spielte bei der Unterzeichnung des anglo-amerikanisch-sowjetischen Verständigungsabkommens von Moskau eine große Rolle. Die führenden Männer der beiden weltpolitischen Machtblökke waren durch den Inhalt der Botschaft im gleichen Maße tief bestürzt wie Papst Pius XII., Papst Johannes XXIII. und Papst Paul VI. Hier der Textauszug:

Wenn die große Züchtigung kommt

"Über die ganze Menschheit wird eine große Züchtigung in der zweiten Hälfte des 20. Jahrhunderts kommen.

Die Menschheit ist nicht den Weg gegangen, wie es Gott, mein Vater, erwartete. Die Menschheit hat gefrevelt und das Geschenk, das ihr gegeben wurde, mit Füßen getreten.

Nirgendmehr herrscht Ordnung. Selbst in den höchsten Stellen regiert Satan und bestimmt den Gang der Dinge.

Es wird ihm gelingen, die Köpfe großer Wissenschaftler zu verwirren, die Waffen zu erfinden, mit denen man die Hälfte der ganzen Menschheit in wenigen Minuten vernichten kann!

Er wird die Mächtigen der Völker in seinen Bann schlagen und sie veranlassen, daß diese Waffen in Massen erzeugt werden.

Wenn die hohen Spitzen der Welt und der Kirche diesem

Geschehen nicht in den Arm fallen, werde ich es tun und Gott, meinen Vater, bitten, das Strafgericht über die Menschen kommen zu lassen.

Und siehe, Gott wird dann die Menschen strafen, noch härter und noch schwerer, als er sie durch die Sintflut gestraft hat.

Und die Großen und Mächtigen werden ebenso zugrunde gehen wie die Kleinen und Schwachen. Aber auch für die Kirche kommt eine Zeit schwerster Prüfungen. Kardinäle werden gegen Kardinäle und Bischöfe gegen Bischöfe sein! Auch in Rom wird es große Veränderungen geben. Was faul ist, fällt, und was fällt, soll nicht gehalten werden.

Die Welt gerät in Bestürzung. Der große, große Krieg fällt in die zweite Hälfte des 20. Jahrhunderts.

Feuer und Rauch werden dann vom Himmel fallen und die Wasser der Ozeane werden verdampfen und die Gischt wird gen Himmel zischen, und alles wird umstürzen, was aufrecht steht.

Und Millionen und Abermillionen von Menschen werden von einer zur anderen Stunde ums Leben kommen, und die, welche dann noch leben, werden diejenigen beneiden, die tot sind.

Drangsal wird sein, wohin man schaut, und Elend auf der ganzen Erde und Untergang in allen Ländern.

Siehe, die Zeit kommt immer näher, und der Abgrund wird immer größer, und es gibt keine Rettung, und die Guten werden mit den Schlechten sterben und die Großen mit den Kleinen, und die Kirchenfürsten mit ihren Gläubigen und die Herrscher der Welt mit ihren Völkern, und überall wird der Tod regieren, von irrenden Menschen zu seinem Triumph erhoben und von Knechten Satans, der dann der einzige Herrscher auf Erden ist.

Es wird eine Zeit sein, die kein König und Kaiser und kein Kardinal und Bischof erwartet. Und sie wird dennoch kommen nach dem Sinne meines Vaters, um zu strafen jene, die bestraft werden müssen.

Aus: Franz Speckbacher "GARABANDAL... Donnerstag 20.30 Uhr"

Die Warnung ist eine Prophezeiung.

Sie wurde am 1. Januar 1965 gegeben. Ihre Verwirklichung muß also für jedermann ein neuer Grund - und was für einer! - für die Glaubwürdigkeit sein. Sie zu verkünden und immer wieder das zu wiederholen, was wir seit dem 18. Juni 1965 behaupten, ist zweifellos eine der brüderlichsten Haltungen, die wir gegenüber der ganzen Welt einnehmen können.

Ergänzende Informationen zu dieser Warnung:

Conchita wendet sich an einen ihrer Vertrauten:

"Wir werden eines Tages ein schreckliches Unglück erleben müssen. Überall auf der Erde. Niemand wird ihm entkommen. Die Guten, um Gott näher zu kommen, die anderen, um sich zu bessern.

Es ist besser zu sterben, als fünf Minuten das zu erleben, was uns erwartet."

Fr.: Du sagtest einmal zu Pater Marcelino Andreu: "Wenn Sie die WARNUNG sehen, werden Sie wissen, daß wir am Anfang des Endes der Zeit stehen". Kannst Du uns erklären was Du damit meintest?

A.: Die Jungfrau sagte uns, daß die WARNUNG und das WUNDER die letzen Warnungen oder letzten großen Weltkundgaben sein werden, die Gott uns geben wird. Darum glaube ich, daß wir nach ihnen dem Ende der Zeit nahe sein werden.

Fr.: Hast Du jemals mit Conchita über die Daten der WARNUNG (von der Du das Jahr weißt) und des WUNDERS, das sie kennt, gesprochen? Kannst Du uns eine ungefähre Zeitangabe machen für die Spanne zwischen diesen beiden Ereignissen, so daß sich die Leute vorbereiten können, zum WUNDER zu gehen?

A.: Ich habe nie mit Conchita über diese Daten gesprochen. Die Zeitspanne von der WARNUNG bis zum WUNDER wird kürzer sein als ein Jahr.

Fr.: Kennst Du das genaue Datum der WARNUNG?

A.: Nein. Das einzige, was ich weiß, ist das Jahr.

Fr.: Was ist mit den inmitten der Luft anhaltenden Flugzeugen? "Sahst" Du es oder wurde Dir davon etwas gesagt?

A.: Die Heiligste Jungfrau sagte mir, daß alle Maschinen und Motoren zu einem Stillstand kommen werden.

JACINTA

Fr.: Kannst Du uns sagen, wie die WARNUNG sein wird?

A.: Die WARNUNG ist etwas, das zuerst in der Luft überall in der Welt gesehen und unmittelbar in das Innere unserer Seelen übertragen wird. Sie wird nur eine ganz kurze Zeit dauern, aber es wird sehr lange scheinen wegen ihrer Wirkung in uns. Sie wird für das Wohl unserer Seelen sein - damit wir in uns selbst unser Gewissen sehen... das Gute und das Böse, das wir getan haben. Dann werden wir eine große Liebe fühlen zu unseren himmlischen Eltern und für alle unsere Beleidigungen um Vergebung bitten.

Fr.: Wird die WARNUNG von allen Leuten empfunden werden, ungeachtet ihres Glaubens?

A.: Die WARNUNG ist für jedermann, weil Gott unser Heil (unsere Rettung) will. Die WARNUNG geschieht, um uns Ihm näherzubringen und unseren Glauben zu vermehren. Deshalb sollte man sich auf diesen Tag vorbereiten, aber nicht, indem man ihn mit Furcht erwartet; denn Gott schickt uns nichts um der Furcht willen, sondern vielmehr aus Gerechtigkeit und Liebe, und Er tut es für das Wohl aller Seiner Kinder, damit sie ewige Glückseligkeit genießen können und nicht verlorengehen.

Die folgenden Fragen handeln besonders von dem GROSSEN WUNDER. Die Antworten auf diese Fragen wurden von Conchita und Mari Loli gegeben. Jacinta wurde nie etwas über das

Wunder mitgeteilt von der Seligsten Jungfrau. Jacinta gab uns bekannt, daß, wann immer sie Unsere Liebe Frau über das Wunder befragt habe, die Seligste Jungfrau ihr einfach gesagt habe: "Jedermann wird glauben".

MARI LOLI

Fr.: Was weißt Du über das Wunder? Wie wird es sein?

A.: Das einzige, was ich weiß, ist, daß es in weniger Zeitdistanz als ein Jahr nach der Warnung sein wird.

Mediatrix Verlag Wien

Aus Niederschriften von Clemens XV.

...Dem "Triumph" werden drei Tage Katastrophen vorangehen... Gleichzeitig sehe ich eine *Fliegende Scheibe*, und ich sehe Hunderte und Aberhunderte von weißen Wesen, die weder Flügel noch Fallschirme haben. Sie gehen durch das Feuer und diese Wolken und kommen den Menschen zu Hilfe, die ihr Vertrauen auf Gott gesetzt haben. Die Bösen verschwinden in Schrecken, geschlagen durch den Ordnungsgeist Gottes.

So ist die Wissenschaft der Menschheit zuschanden gemacht. Und dort, wo es die meisten Bomben gibt, ist auch das Feld der Toten am ausgedehntesten. Es ist ein wahres letztes Gericht. Glücklich sind jene, die ihr Vertrauen auf Gott gesetzt haben (11.04.1962).

Die Stunde naht, wo eure Brüder der anderen Planeten mit euch in geschwisterlicher Verbindung stehen werden, um zu eurer Hilfe zu eilen...

In den kommenden Zeiten werdet ihr euch gleichsam im Paradies befinden, brüderlich verkehrend mit euren Brüdern und Schwestern der anderen Planeten, die frei sind von Steuern, von irdischen Leiden und von Versuchungen. Ihr werdet die Schätze wieder entdecken, die der Heilige Geist der Welt mitteilen wird zur Stunde Gottes...

Es wird ein Tausendjähriges Reich ohnegleichen geben, aber nicht wie ihr es versteht. Es wird das Ende der Enden kommen und eine neue Welt. - Ihr werdet in der Luft reisen, was im Augenblick als ein Wunder erscheint, wie die Gaben der Bilokation* spielend leicht und natürlich sein werden. Die Welt wird von GOTT gesegnet. Glücklich die Überlebenden, welche diese Zeiten erleben werden... (04.02.1962).

"Die Wahrheit", Clemery/Fr.

Die Prüfungszeit ist gekommen

Seit der ersten Marienerscheinung am 18. Juni 1970 in Bayside bei New York wurden durch die Seherin Mrs. Veronica Lueken Botschaften empfangen. Für die Echtheit der Erscheinungen bürgen Tausende von Fotos, die von vielen Hunderten von Personen aufgenommen wurden und Phänomene religiöser Art sowie "geschriebene" Botschaften auf Polaroid-Aufnahmen zeigen.

Ein derartiger Bericht vom Juni 1980 gibt folgende, von Veronica Lueken medial empfangene Botschaften wieder:

"Ihr tretet jetzt in eine äußerst kritische Zeit der Prüfung ein. Eure Welt, Euer Land, Eure Nation, die Vereinigten Staaten von Amerika, werden viel Tod und Leid erfahren. Meine Kinder, wie oft bin ich bei Euch gewesen, um Euch himmlische Warnungen zu bringen, - und wieviele von Euch haben sie beherzigt?

Schon hat der Vater die Seinigen gezeichnet, und die Mächte des Bösen haben die Ihrigen markiert. Der Kampf der Geister nimmt zu. Denkt daran: Werdet nicht stolz und arrogant, denn Stolz ist Sünde.

---

*) Die Fähigkeit sich geistig an einen anderen Ort zu begeben

Die Prüfungszeit für diese Welt ist gekommen. Die Hand meines Sohnes ist zurückgezogen und die Zeit der Prüfung ist da. Viele werden hinweggenommen werden, um den bevorstehenden Leiden zu entgehen."

Wer die Familie zerstört, zerstört das Land

"Betet und bleibt innerhalb Eures Familienkreises vereinigt. Die Institution Eures Landes - das große Fundament -, liegt im Familienleben begründet. Wer die Familie zerstört, zerstört das Land. Eure Feinde - der große Feind ist bereits in Eurem Land. Wachet und betet, meine Kinder.

Eine Christus-Warnung

Die Welt hat unzählige Warnungen von oben erhalten und diese Warnungen sind an alle Nationen der Erde ergangen. Die Menschheit, Eure Generation, ist pervers, eigensüchtig, stolz und arrogant geworden; die Wissenschaft, Männer der Wissenschaft wollen nun selbst die Erschaffung des Lebens unternehmen und sich damit über den Schöpfer erheben.

Ihr habt aus der Vergangenheit nichts gelernt, sondern wiederholt die gleichen Fehler wieder und wieder. Ich sage Euch, daß jetzt schwere Prüfungen für die gesamte Menschheit bevorstehen. Euer Land, die Vereinigten Staaten, sowie die meisten anderen Länder der Erde haben es Negativen erlaubt, in die höchsten Regierungspositionen zu gelangen, in die Nachrichtenmedien und sogar in mein eigenes Haus, die Kirche auf Erden. Dem Himmel bleibt daher nichts anderes übrig, als Euch von diesen Irrtümern zu befreien und zu reinigen. Meine Leibesmutter hat es auf sich genommen, die Züchtigung der Menschheit für viele

Jahre zurückzuhalten, aber die Gnadenfrist ist jetzt zu Ende. Ihre Warnungen blieben unbeachtet, wurden nicht akzeptiert, ja sogar von kirchlichen Würdenträgern zurückgewiesen. Ihre Tränen fallen auf Eure Generation. Eure Zeit ist abgelaufen! Versucht nicht, über das Datum der bevorstehenden Ereignisse zu spekulieren, sondern seid vorbereitet. Wenn Ihr es jetzt nicht seid, dann werdet ihr es niemals sein. Die Leiden werden zu einer Zeit über Euch hereinbrechen, wenn ihr sie am wenigsten erwartet. Entweder Ihr befolgt den Rat Mariens, oder Ihr werdet untergehen."

R. S./USA

Fünf Weissagungen von Rom

gegeben Pfingsten 1975 im Petersdom

Den Geist dämpft nicht, Weissagungen verachtet nicht, prüft aber alles, und das Gute behaltet.

1. Thessalonicher 5, 19-22

1. "Weil Ich euch liebe, möchte Ich euch zeigen, was Ich heute in der Welt tue. Ich möchte euch vorbereiten auf das, was kommt. Tage der Dunkelheit kommen über die Welt, Tage der Trübsal... Gebäude, die jetzt stehen, werden nicht mehr stehen. Hilfen, die jetzt da sind für Mein Volk, werden nicht mehr da sein. Ich möchte, daß ihr darauf vorbereitet seid, Mein Volk, nur Mich zu kennen und zu Mir zu halten und Mich auf eine Weise zu haben, die tiefer ist als je zuvor. Ich werde euch in die Wüste führen... Ich werde euch alles nehmen, von dem ihr jetzt abhängig seid, so daß ihr ganz von Mir abhängig seid. Eine Zeit der Dunkelheit kommt in die Welt, aber eine Zeit der Herrlichkeit kommt für Meine Gemeinde, eine Zeit der Herrlichkeit kommt für Mein Volk. Ich werde auf euch alle Gaben Meines

Geistes ausgießen. Ich werde euch vorbereiten auf den Geisteskampf, Ich werde euch vorbereiten auf eine Zeit der Evangelisation, wie die Welt sie nie gesehen hat... Und wenn ihr nichts als Mich habt, werdet ihr alles haben: Land, Felder, Häuser und Brüder und Schwestern und Liebe und Freude und Frieden, mehr als je zuvor. Seid bereit, mein Volk, Ich möchte euch vorbereiten..."

2. "Ich spreche zu euch von der Morgendämmerung eines neuen Zeitalters Meiner Gemeinde. Ich spreche zu euch von einem Tag, wie er noch nicht gesehen worden ist... Bereitet euch vor auf die Schlacht, die Ich jetzt beginne, denn die Dinge, die ihr um euch seht, werden sich verändern, der Kampf, in den ihr jetzt eintreten müßt, ist anders, er ist neu. Ihr braucht Weisheit von Mir, die ihr noch nicht habt.
Ihr braucht die Kraft Meines Heiligen Geistes in einer Weise, wie ihr sie noch nicht besessen habt; ihr braucht ein Verständnis Meines Willens und Meiner Arbeitsweisen, wie ihr es noch nicht habt. Öffnet eure Augen, öffnet eure Herzen, um euch vorzubereiten für Mich und für den Tag, den Ich nun begonnen habe. Meine Gemeinde wird anders sein, Mein Volk wird anders sein, Schwierigkeiten und Versuchungen werden über euch kommen. Die Behaglichkeit, die ihr jetzt habt, wird fern von euch sein, aber der Beistand, den ihr haben werdet, ist der Beistand Meines Heiligen Geistes. Sie werden euch kommen lassen, um das Leben zu nehmen, aber Ich werde euch beistehen. Kommt zu Mir! Schart euch zusammen um Mich! Bereitet euch vor, denn Ich verkünde einen neuen Tag des Sieges und des Triumphes für euren Gott. Siehe, es hat begonnen."

3. "Ich will Meine Gemeinde erneuern. Ich will mein Volk erneuern. Ich will Mein Volk eins machen. Ich rufe euch auf, euch abzuwenden von den Vergnügungen der Welt. Ich rufe

euch auf, euch abzuwenden von den Begierden der Welt. Ich rufe euch auf, euch abzuwenden von dem Trachten nach der Zustimmung der Welt in eurem Leben. Ich möchte euer Leben verändern... Ich habe ein Wort für Meine Gemeinde. Ich lasse Meinen Ruf erschallen. Ich bilde ein mächtiges Heer... Meine Kraft ist auf ihnen. Sie werden Meinen erwählten Hirten folgen... Seid die Hirten, als die Ich euch berufen habe... Ich erneuere Mein Volk. Ich will Meine Kirche erneuern. Ich will die Welt befreien."

4. "Wißt, daß Ich, euer Gott, Paulus nach Rom brachte, damit er von Meiner Herrlichkeit zeugte. Ich habe auch euch erwählt und nach Rom gebracht, damit ihr Zeugnis gebt von Meiner Herrlichkeit, die jetzt bestätigt wurde durch euren Hirten. Geht voran zum Heil der Völker! Wißt, daß Ich bei euch bin, und wenn ihr auch durch Trübsal und Versuchung gehen mögt, Ich will bei euch sein bis zum Ende. Ich bereite für euch einen Platz in der Herrlichkeit. Seht auf Mich, und Ich will euch von der Macht des Bösen erlösen. Siehe, Ich bin bei euch alle Tage bis ans Ende der Zeit."

5. "Ihr habt in diesen Tagen die Wahrheit erfahren. Es ist euch in diesem Augenblick klar, was die Warheit ist. Es ist die Wahrheit Meines Königreichs, das die Oberhand haben wird... Ich möchte, daß ihr diese Wahrheit annehmt, daß ihr in dieser Wahrheit bleibt, daß ihr an diese Wahrheit glaubt, daß ihr euch nicht von ihr abhandeln laßt, daß ihr sie nicht verliert in der Verwirrung, daß ihr ihretwegen nicht furchtsam seid, sondern daß ihr einfältig steht in der Liebe, einfältig steht, fest verwurzelt in der Wahrheit, als Fundamentsteine, auf denen Meine Gemeinde neues Leben und neue Macht haben kann."

NEW COVENANT
London SW 19 8RB   Schriftenmissione "Jesus kommt", Hamburg

Historische Stunde

Nach unserem Besuch der Vatikanischen Museen, Sixtina und Raffael Stanzen machte ich am Donnerstag, 25. März 1982, während der Papstmesse im Petersdom*) vor Raffaels letztem Meisterwerk "Verklärung JESU auf Tabor" in kleinem Kreis aus diesen Botschaften eine Verlesung.

Die gleiche Verkündigung nebst weiterem geschah auf der DUIST-Monatstagung im Hotel Fürstenhof/Wiesbaden am 25. April 1982 vor Teilnehmern aus 29 Städten. K.V.

Indianer warnen UNO

1959 ging eine Hopidelegation zu den Vereinten Nationen, um die Welt vor der kommenden "großen Reinigung" zu warnen. Die Vereinten Nationen wurden schon in einer alten Prophezeiung beschrieben als "ein Haus aus Glas, in dem sich viele Führer aller Länder treffen" würden, um jenen zu helfen, die in Not sind. Andere Gruppen reisten nach Washington, und Kopien ihrer Warnungen sind an viele hervorragende Personen und Regierende gesandt worden.

Brad Steiger erwähnt in seinem Buch 2, daß die Hopi ihre Botschaft auf einem "Kongreß der Menschheit" in der Universität von Chikago vorgetragen haben. Auf diesem Kongreß, der unter Ausschluß der Öffentlichkeit und Presse stattfand, sollen sich die spirituellen Führer vieler Länder getroffen haben, um über die Zukunftsprognosen der Menschheit zu beraten.

Einige Hopi glauben, daß die Kachinas *Ufonauten* waren; in Mishongnovi findet man Petroglyphen, wo auf einem Pfeil ein domartiges Objekt steht und darüber ein Hopimädchen eingraviert ist. Der Pfeil wird als Reise durch den Raum interpretiert, das

---

*) Ein Heiligsprechungs-Gottesdienst mit starkem Besuch, D. H.

Objekt als UFO und das Mädchen soll Reinheit symbolisieren. Die Spekulation geht dahin, daß jene Hopi, die der "großen Reinigung" entkommen, von Außerirdischen auf andere Planeten geführt werden. Wie viele Indianer heute, bereiten sich die Hopi-Traditionalisten auf die "große Reinigung" vor.

Literatur:

1 Fran Waters: The Book of the Hopi; 1963
2 Brad Steiger: Medicine Power; 1974
2 derselbe: Medicine Talk; 1975
4 Vincent H. Gaddis: American Indian Myths & Mysteries; 1977
"esotera" 4/1979

Aus der "CHRONIK VON AKAKOR"

Der brasilianische Indiostamm der Ugha Mongulala besitzt eine historische Zeittafel, die über 12.000 Jahre zurückreicht und u.a. von einem gewaltigen Krieg mit mächtigen Waffen spricht, der zur Vernichtung der weißen Rassen führen soll.

Die Priester von Akakor wußten sicher nichts von moderner Waffentechnik, und doch sind es gerade die "modernen" Waffen des 20. Jahrhunderts, die sie in ihrer Zukunftsvision über die dritte große Katstrophe beschreiben: die Atombombe.

Die Atombombe strahlt bei ihrer Detonation tatsächlich tausendmal heller als die Sonne. Sie bringt auch die tosenden, alles überrollenden Feuerstürme mit, die das Land zerstören. Alle Anzeichen deuten also tatsächlich daraufhin, daß es die Atombombe sein wird, die die Erde zerstört, und nicht etwa technische Superwaffen künftiger Generationen. Die Superwaffe, die die Priester von Akakor beschreiben, ist bereits Realität und kann ebenso heute zum Einsatz kommen wie morgen oder übermorgen.

Über das furchtbare Schicksal des Grauens, das den Menschen bevorsteht, berichtet die "Chronik von Akakor".

"Wenn sich der Sturm erhebt, werden die Berge und Täler erzittern. Vom Himmel wird es Blut regnen, und das Fleisch der Menschen erweicht und schwindet langsam unter grausigen Schmerzen. Keine Kraft steckt mehr im Menschen, und er ist unfähig sich zu bewegen. Sie können nicht mehr rückwärts blicken und verlieren jede Vernunft. Ihre Körper werden zerfallen, und der Wald wird voll sein von ihren Schatten, die sich ununterbrochen im Schmerz krümmen und völlig hilflos sind. So ernten die weißen Barbaren die Früchte ihres Tuns."

Prognose von Dozent und Privatwissenschaftler

W. Losenski

Evakuierungen erwarte ich in der Hauptsache erst in einigen Jahren zur Errettung vor dem dann einsetzenden Weltbrand.

Die Planetarier werden uns dann mit großen Raumschiffen zum Sirius bringen, auf einen Planeten, der etwa die gleiche Entfernung von *Sirius (Sirrih)* hat wie unsere Erde von der Sonne. Dieser Planet gilt bereits (nach unserem Durchgang durch die Schwelle) als "heiliger Planet". Wir wechseln dann von der 15. kosmischen Stufe zur 16., vom "Vorhof" des Tempels zum "Tempel" und zwar als gesamte "Familienrasse", die wiederum von einem Stammesältesten oder "Archonten" abstammen wird.

Bei den Atlantiern hat sich das alles ebenso abgespielt wie bei uns. Auch der furchtbare Glaubenskampf hat nicht gefehlt. Die Totenschiffe der Atlantier, bzw. der Ägypter nannte man die "Barken" Ra's. Es waren Raumschiffe von Planetariern, vorwiegend Venusiern. Der Hundsstern (Sirius) wurde von den Ägyptern völlig zutreffend als Aufenthaltsort der "Toten" von Atlantis bezeichnet.

Eugenio Siragusa

An alle politischen und militärischen Chefs des Planeten Erde

DU CIEL À LA TERRE = VOM HIMMEL ZUR ERDE

Wenige Minuten eurer Zeit genügen uns, um jede Art von Aktivität auf eurem Planeten vollständig stillzulegen. Dieser Eingriff würde sofort ausgeführt werden, falls sich ein atomarer Konflikt zwischen zwei oder mehreren Mächten verwirklichen solle.

Wir haben euch mehrere Male demonstriert, daß wir auf aktive und konstante Weise alle Einrichtungen kontrollieren, die besondere Charakteristiken von kriegerischem Atompotential aufweisen... Diese unsere Verwarnung soll weder eine Herausforderung sein, noch darf sie als eine Einmischung im Sinne der Beherrschung oder Eroberung eures Planeten aufgefaßt werden, - sondern sie soll als ein Akt der Liebe verstanden werden, um die Wiederholung einer ungeheuren Katastrophe zu verhindern, die in einer Welt weit zurückliegender Vergangenheit Milliarden von Lebewesen auf anderen Planeten, die dadurch zu unwirtlichen und toten Wohnstätten geworden sind, das Leben gekostet hat. (Vergl. "MALLONA - der geborstene Asteroiden-Planet" beziehbar durch VENTLA-Verlag)

Wir wissen sehr gut, wie schwer es euch fällt, unseren Mitteilungen Glauben zu schenken. Uns ist auch eure ausgeklügelte Gewalttätigkeit gegen uns und die uns anvertraute Rettungsmission nicht entgangen. - Wir haben ebenfalls Kenntnis von den Verfolgungen, die ihr gegen alle diejenigen ausheckt, die Botschafter unseres Willens sind und gemäß dem allerhöchsen Wunsch

JESU CHRISTI, der sich der Erde zur Wiederherstellung der Urordnung naht, auserwählt und erleuchtet worden sind...

Seid vorsichtig, damit ihr euch nicht an dem Blut der Gerechten vergeht und die Fehler der Vergangenheit wiederholt. Betet lieber, daß das Licht der Gerechtigkeit, der Liebe und des Friedens in eurem Herzen und in eurer Seele zum Ruhm des Gottesreiches auf Erden keimen möge...

(8. Dez. 1979)

Auszug eines Schreibens an
US-Präsident Jimmy Carter/Washington
Führer der Sowjetunion Leonid Breschnew/Moskau
Mrs. Margreth Thatcher/London
Präs. Valery Giscard D'Estaing/Paris und
Bundeskanzler Helmut Schmidt/Bonn, BRD

In nicht mehr ferner Zukunft werdet ihr bedrängende und große Probleme zu lösen haben, um überleben zu können, weil eine ernsthafte planetarische Krise euren Planeten betreffen wird...

Es existiert zwischen dem Mikrokosmos und dem Makrokosmos mit seinen dynamischen Kräften ein sehr viel innigeres Verhältnis als ihr es euch vorstellen könnt.

Die Unkenntnis dieser Realität bedeutet, daß der irdische Mensch sich weder erkannt hat noch sich der Wahrheit, die ihn und die ganze Schöpfung umgibt, bewußt geworden ist.

Wir sind hier, um euch zu helfen, weil wir Bescheid wußten, noch bevor sich die Ereignisse verwirklichen würden und von den Evolutionsprozessen eurer Psyche und der negativen geistigen Dynamik, die euch antreibt, Kenntnis hatten.

All das, was wir euch mitgeteilt haben und öfters bekräftigen, sollte dazu dienen, euer Bewußtsein zu einer verantwortlichen Betrachtung anzuregen. Vorausgesetzt, daß es euer Wille und euer Wunsch ist. Wir können euch nichts aufzwingen.

Vom Raumschiff Crystal-Bell
Woodok und seine Brüder 1980

Befragung:

- Glauben Sie an die Möglichkeit, daß sich ein Dritter Weltkrieg vorbereitet?

- Die Regierungen glauben, daß sie die Probleme lösen können, aber die aktuelle Situation ist ernst und das atomare Depot furchtbar, nicht nur in den Ländern, welche die Atombombe herstellen, sondern auch in vielen anderen, die in ein nukleares Arsenal verwandelt worden sind. In jedem Augenblick könnte die Bestie erwachen und das atomare Depot zur Explosion bringen, was den Dritten Weltkrieg auslösen würde.

- Würden in diesem Fall die Außerirdischen eingreifen?

- Sie würden es zulassen, daß der Krieg beginnt; danach würden sie eingreifen. Sie würden mit Millionen von Raumschiffen landen und die Kriegswaffen durch die totale Absorption der Energie des Planeten neutralisieren. Sie werden sich fragen, warum sie nicht eingreifen, bevor er beginnt. Die Antwort ist sehr einfach: Wenn sie vorher eingreifen würden, könnte ihre Aktion als Invasion und Eroberung interpretiert werden. Andererseits muß der Weizen von der Spreu getrennt werden...

"El Anunciador"

Hilfsaktionen aus höheren Welten

Tonbandauszug aus einem öffentlichen, inspirierten Vortrag vom April 1980; übermittelt durch E. B./Ch

...Aus verschiedenen Bereichen der höher entwickelten Ebenen ist eine große Heimführungsaktion im Gange.

...Es werden intelligente Wesen bei der Bergungsaktion mit dabei sein, und diese menschengleichen Wesen, die ihr auch

Raumfahrer oder Astronauten anderer Sterne nennt, sind eure Brüder und Schwestern, die nicht so tief wie die Erdenmenschen gefallen sind. Sie können sich dank ihrer Erkenntnisse und ihres entsprechenden Lebens mit der ihnen innewohnenden Urkraft weiter entwickeln.

Sie haben es sich zur Aufgabe gemacht, ihren Brüdern und Schwester, die an diese Erde gebunden sind, zu helfen. *Diese Bergungsaktion ist die sogenannte Entrückung*. Jedoch nur jene Menschen werden von ihnen aufgenommen werden, die auf telepathische Kräfte ansprechbar sind. Wer sich also nicht auf den inneren CHRISTUS, auf den freien lebendigen GEIST ausrichtet, wird bei dieser Bergungsaktion nicht dabei sein.

...Der jetzige Zustand dieser Erde kann nicht mehr verfeinert werden; sie fällt einer "Umgestaltung" anheim. Die gelösten Sedimentschichten werden sich mit anderen Planeten verbinden, und die Urkraft des heiligen Geistes wird das Urgesetz als Urordnung in Aktion bringen, wodurch sich eine "neue Erde", ein neues System, ein Ursystem herauskristallisiert...

Die menschenähnlichen Wesen, eure Brüder und Schwestern auf anderen Sternen, entwickeln durch ihre Liebestaten ihre feinstofflichen Körper und nehmen ihr ganzes, zum Teil verdichtetes System mit in die allewige Einheit Gottes. Was sie vollbringen, hätte auch der Mensch vollbringen können, denn Gottes Erlöserlicht gab jeder Seele die geistige Stütze...

Diese außerirdischen Wesen aus fernen Welten lieben euch und werden jene erretten, die den CHRISTUSFUNKEN in Aktion gebracht haben. In ihren *Raumschiffen* werden die ansprechbaren Erdgeschöpfe Gottes aufgenommen und neuen Aufgaben zugeführt...

*

Vielerlei Aussagen wurden auch im "Heimholungswerk Jesu Christi" (jezt: Universelles Leben) getan mit Warnungen für die kommende Zeit und Aspekten für die Zukunft. - G. W., Würzburg:

Wir haben uns mit vielen Gleichgesinnten, die wiederum in anderen Milchstraßen leben, zur Aufgabe gemacht, für unsere Geschwister auf der Erde zu sorgen, weil die große Umwandlungszeit nahe bevorsteht. Bevor diese jedoch in Aktion tritt, werden über die Menschheit große Kriege und Katastrophen hereinbrechen und die Erde erschüttern. Durch diese Reaktionen, die auf die Aktionen der Menschheit erfolgen, werden noch viele Menschen den Weg über ihren Erlöser in die höheren Welten finden, weil es zuletzt für die Menschen und vielen Seelen keinen anderen Ausweg mehr gibt.

Um unsere Aufgabe ausführen zu können, wandten wir uns an die göttliche Hierarchie. Im Gebet baten wir darum, unseren Menschenbrüdern helfen zu dürfen.

Die Menschheit soll erfahren, daß es außerhalb ihres Lebensbereiches Existenzen gibt, die weit größeres Wissen haben als der verunsicherte, nach materiellen Gütern strebende Mensch.

Wir Brüder, die mit unseren Raumgleitern dieses Sonnensystem aufsuchen, leben in unterschiedlichen Schwingungsbereichen der verschiedenen Galaxien. Auch die Schwingungsgrade unserer Körper sind sehr unterschiedlich, je nach Entwicklungsstand, daß heißt je nach geistiger Reife.

So unterschiedlich wie unsere Raumgleiter konstruiert sind, so verschieden sind auch die Verdichtungsgrade unserer Körper. Die Raumgleiter wurden nach den jeweiligen Kenntnissen der Brüder erbaut. Je nach Entwicklungsstand der einzelnen Sternenbrüder sind auch die Raumgleiter. Jeder Sternenbruder ist jedoch bemüht, entsprechend seinem Bewußtseinsstand, dem Geist Gottes zu dienen, indem er der in Not geratenen Menschheit, den

Seelen und den weiteren Lebensformen, wie zum Beispiel dem Tierreich, beistehen möchte...

Die Erleuchtungsgrade sind Bewußtseinsbereiche. Je mehr ihr durch ein entsprechend gesetzmäßiges Leben in die herrlichen Gesetze Gottes vordringt, um so mehr verändert ihr euch und eure Erdenstruktur, da nicht nur in der Erde, sondern auch in euch Menschen das Gesetz des Herrn waltet. Durch eine positive Denk- und Handlungsweise würde die Menschheit zuerst ihre eigene Struktur verändern und dann die der Erde, so daß auch das gesamte Sonnensystem eine positive Veränderung durchleben könnte. Das heißt also, entsprechend eurem Verfeinerungsgrad würde sich auch euer System verfeinern und schwingungsmäßig angehoben werden. Das hätte sodann die Umwandlung und nicht die Auflösung zur Folge...

Parallelen aus Frankreich, Schweiz und USA

Wie bei allen Kontaktlern steht in erster Linie das auf der Erde auszuführende Rettungsprogramm im Vordergrund, ein Projekt, das sich auf geistiger, seelischer und physischer Ebene vollziehen soll - wobei die Kontaktler als eine Art Bindeglied zwischen der Menschheit und der geheimen Armee der Außerirdischen angesehen werden müssen.

"Durch Kontaktnahme wird der mentale Stand der Menschheit studiert, werden die Erdbewohner unter Schutz gebracht, und ein öffentlicher Kontakt ist vorgesehen, wobei die Rettung sowohl der Erde als auch die des Sonnensystems in Betracht gezogen wird. In ihrem Mangel an Weisheit würden Erdenmenschen auf anderen Planeten als Kolonisten auftreten wollen, Gewalt verbreitend... Deshalb sind ihnen die Mittel, andere Planeten zu erreichen, verwehrt. - Überleben der Erde bedeutet Überleben der

Menschheit. Die Selbstzerstörung der Erde muß so schnell wie möglich aufgehalten werden. Öffentliche Kontaktnahme mit der Erde ist für 1983 vorgesehen, wurde aber schon lange vorher bestimmt. Die Aufrechterhaltung dieses Datums hängt von dem Verständnis der Erdenmenschen ab. - Voraussetzung für einen Kontakt ist es, *wahr* zu sein. Ein jeder "Kontaktmensch" wird schon seit der Geburt unter Beobachtung gehalten... Telepathisch gemeint; es bleibt ein Kontakt beibehalten, in dem Maße wie er sich als nützlich erweist..."

Wir haben Stützpunkte auf Erden, verlassen sie aber automatisch, wenn sie entdeckt werden.

Der große Beschleunigungsvorgang, den dieses außerirdische Kommando mit der Cergy-Gruppe vorhat, betrifft nicht ausschließlich diese allein, sondern weite Kreise der Menschheit zum Zwecke der geistigen und mentalen Formung für die bevorstehenden Jahre.

Diese großartige kollektive Entwicklung im geistigen Sinne ist zweifellos ein mächtiges Zeichen des Neuen Zeitalters, in dem sich die Wassermann-Strahlung entwickelt. Es wird eine sehr kurze Kontaktperiode mit der Öffentlichkeit geben.

Der engste Führer des Menschen ist sein eigenes Herz. "Das Hirn mag kontrolliert werden, das Herz aber ist Leben", sagt Haurrio. Darin liegt die Zukunft der Menschheit, ihrer Regierungen und die eines jeden einzelnen Menschen beschlossen.

Jimmy Guieu
Übers. v. R. Moissiu (1980)

Aus einem Brief von Paris 1982:

Eine junge Frau, sie soll unter dreifacher Obhut von tibetanischen Meistern stehen und in Tibet erzogen sein. Sie sieht vieles voraus bezüglich der Zukunft: U.a. "Planetarier als Rettungsmöglichkeit..." R. M., P.

Zeiterfüllung und Wende

Wir bereiten euch vor auf einen Augenblick, wie ihn die Geschichte niemals zuvor sah! Die Ereignisse überstürzen sich... Das Gold, der Spielball des Ostens und Westens ist Anfang des großen Geschehens der Zeit. Wenn Chaos des Marktes der Welt ist am ärgsten, ist gekommen die Zeit, daß sich offenbart der Geist...

Die ganze Macht der "Herzkräfte", abgelenkt seit zweitausend Jahren, ist nun verstärkt gerichtet auf die Welt, der Weg für die "Götter" ist **frei!**

"Segel zur Sonne", Kreis um Michael/Asel

*

Auf der Weltenuhr ist es sehr spät; nur noch ein Bruchteil trennt euch von dem großen Sturm. Noch immer wähnt sich die Menschheit sicher in ihrem Treiben; aber glaubt uns: Es ist nur die Ruhe **vor** dem Sturm.

Ihr werdet beobachtet Tag und Nacht von euren Sternenbrüdern, und alles ist bereit. Es ist Mobilmachung rund um die Erde. Die Menschen glauben es nicht, aber bald werden sie eines Besseren belehrt... Die Menschen werden furchtbar wachgerüttelt werden. Die auf uns hören, dürfen glücklich sein, denn sie alle werden weggeholt aus diesem Hexenkessel. Sie alle finden Aufnahme in unseren Raumschiffen, die eigens gebaut sind für diese größte Evakuierung,die je im Kosmos stattgefunden hat...

Nov. 1981, Telepath. Durchgabe für H. J. über Lr/CH

Gott greift ein

Alle, die in diesen schweren Zeiten auf Gottes Barmherzigkeit und Gerechtigkeit vertrauen, können in froher Hoffnung aufatmen:

ER gibt allen, einem jeden ausnahmslos, den Beweis Seiner Existenz, Seiner Moralität und Seiner Treue. Sein Geist wirkt in der Stille und im Verborgenen. Er wird Sich auf dieser Erde die erforderliche Stille und die notwendige Zeit verschaffen, so daß jeder Gutgewillte Ihn in der Stille des eigenen Herzens hören und anhören kann. Seine Diener werden dafür sorgen, daß für diese Stunden der Besinnung Zeit gegeben ist. Es ist eine Stunde der Entscheidung. Wer Ihn hört, Ihn aufnimmt, gewinnt für sich den Frieden und das Leben. Wer die tote Materie vorzieht, erntet den Lohn der Materie: Den geistigen Tod, den Unfrieden im Herzen und die Lebensangst. GOTT GREIFT EIN: ER befreit die Erde von der Selbstvernichtung.

Begreift sowohl den materiellen wie den geistigen Sinn. Der Mensch dieses Planeten Erde wähle: Geistige Freiheit in Gott - oder materiellen Untergang.

Haurio
Kommandant der Orbitalstation

VAL THORs Grußbotschaft an den 12. DUIST-Kongreß in Mainz

Nachstehende Grußbotschaft (2. Oktober 1979) von VAL THOR wurde am Vorabend des 12. Kongresses (04.10.1979) von Rev. Frank Stranges an Karl Veit übergeben, von Walter Weisser übersetzt und im internen Kreis bekanntgegeben.

Lieber Karl!

Ich grüße Euch im Namen unseres Schöpfers. Frank hat uns alle über Euren DUIST-Kongreß in Mainz informiert. Er hat uns auch um eine Kongreß-Botschaft gebeten.

Wenn ich sage "uns", dann spreche ich für meine Brüder Donn, Thom, Teel, Marine, Uniah und die vielen anderen, welche derzeit im westlichen Teil der USA stationiert sind. Wir sind alle an der guten Zusammenarbeit mit Euch interessiert, die Ihr Spezialaufgaben auf diesem Planeten Erde bewältigen sollt.

Es ist traurig, den Mangel an geistiger Reife feststellen zu müssen, besonders jener Gruppe, die vorgibt, ernstlich die "Wahrheit" zu suchen, vor allem im Verhältnis zwischen den UFO-Phänomenen, der Intelligenz der Raumbesucher und den sogenannten Wissenschaftlern und Regierenden dieser Erde.

Ein näheres Studium meines Buches: "Outwitting Tomorrow" ("Die Überlistung von Morgen") wird die Notwendigkeit aufzeigen, ein Gleichgewicht in jeder Eurer Bestrebungen herzustellen.

Seit vielen Jahren habe ich persönlich die Ursachen dieses geistigen Mangels der Menschen dieses Planeten studiert. Ich habe festgestellt, wenn man danach trachtet, könnte eine gerechte Ausgeglichenheit erreicht werden, vorausgesetzt - sie kommt aus dem Inneren.

Wenn man die Zukunft betrachtet, eröffnet sich für Ende der 1980er Jahre, daß jene Menschen, die dieses innere Gleichgewicht gefunden haben und danach leben, mit uns in Verbindung treten werden, wie auch mit meinen anderen Brüdern, die dieselbe Mission wie ich für diesen Planten erfüllen.

Ihr werdet wahrscheinlich schon gehört haben, daß wir alle Sprachen, sowohl auf wie im Inneren dieses Planeten sprechen. Deshalb wird weder eine kulturelle noch sprachliche Barriere bestehen. Solche Verbindungen werden jene, die Außerirdische offiziell als Erfindungen oder Wahngebilde hinzustellen versuchen, von ihrer Vorstellung befreien.

Harte Beweise werden erbracht werden, um besonders diese sogenannte orthodoxe Wissenschaft von unserer Existenz zu überzeugen.

In Eurer jetzigen Runde in diesem Raum des Kurfürstlichen Schlosses befinden sich Menschen, die sich danach sehen, mit uns in Verbindung zu treten. Glaubt mir, solche Zusammentreffen werden stattfinden, wenn es triftigen Anlaß dafür gibt.

Karl, während ich dies schreibe, bedauere ich, nicht persönlich anwesend sein zu können. Sei aber überzeugt, daß wir jedes hier gesprochene Wort aufzeichnen - und später darüber sprechen werden.

Falls sich meine derzeitigen Pläne ändern sollten, werde ich mich trotzdem unter den vielen hier Versammelten und mit ganzem Herzen interessierten Zuhörern befinden.

In der Zwischenzeit wollen wir Gott bitten, uns allen SEINE EWIGEN WEGE zu zeigen.

Seriöse Studierende, die wirklich nichts als die Wahrheit suchen, werden später merken, daß ihnen dadurch ein Ewigkeitslicht auf ihrem ferneren Lebensweg leuchten wird.

Während Franks Besuch bei den Vereinten Nationen (mein Bruder Donn begleitete ihn) vor einigen Monaten war es eine große Freude für uns, feststellen zu können, daß es jetzt eine immer stärker werdende Anerkennung für evolutionäre Erkenntnisse gibt als einzigen erstrebenswerten Schlüssel - und das nicht nur bei den U.N., sondern bei allen Nationen dieser Erde, um zu verhindern, daß durch das Verlangen nach alleiniger Weltherrschaft mittels nuklearer Waffen nur die Zerstörung alles Lebenden auf diesem Planeten erreicht wird.

Wir senden Euch unsere ganze Liebe und unsere besten Wünsche für einen erfolgreichen Kongreß.

Gott segne Euch, Eure Familien und die Delegationen dieses Kongresses!

gez. Val Thor

Weiterleben nach dem medizinischen Exodus

Kurz vor seinem Tode sagte der Dichter und Metaphysiker Goethe: "Gott hat den Plan gehabt, sich auf dieser materiellen Unterlage eine Pflanzschule für eine Welt von Geistern zu gründen. Darum ist er nun fortwährend in höheren Naturen wirksam, um die niederen heranzuziehen."

Damit hat der Olympier das Wesen des Erdendaseins besser begriffen als die Aufklärer, die kurz nach seinem Tode die Materie zur Ursache allen Lebens erklärten und Gottes Plan leugneten.

Die Zehn Gebote gelten auch für den Staat

Bischof Dibelius auf dem Ev. Pfarrertag, Neustadt/Hardt, 8. Sept. 1949 (dpa) "Vordringliche Aufgaben der Kirche im neuen Deutschland ist es, dem Staat die Zehn Gebote täglich als Spiegel vorzuhalten und ihn bei jeder Übertretung zur Rechenschaft zu ziehen", erklärte der Präsident des Rates der Evangelischen Kirche in der BRD, Bischof Dr. Dibelius. "Wenn man seinen Kindern predigt, die Zehn Gebote Gottes täglich einmal zu lesen, so kann man einem Staatspräsidenten nur raten, er solle sie mindest siebenmal am Tag durchlesen..."

"Wiesbadener Kurier", 09.09.1949

25. Kapitel

Dr. F. W. Sumner/USA

Auszug aus: Das kommende Goldene Zeitalter

Das Neue Zeitalter ist im Kommen. Die umwandelnde Kraft der Neuen Ordnung hat bereits eingesetzt, und wir Weiterlebenden nehmen an einer gewaltigen Veränderung im Kosmos teil. Unser gesamtes Sonnensystem rückt in eine neue kosmische Region himmlischen Lichtes vor, das unseren ganzen Planeten und alles Leben auf ihm umwandeln wird.

Wir treten jetzt ein in das "Goldene Zeitalter" unseres Planetensystems in seiner Beziehung zu der Großen Zentralsonne, die wir in annähernd 26.000 Jahren einmal umkreisen,und zu gleicher Zeit gelangen wir in die belebenden Strahlen des Wassermann-Sternbildes, dessen gesteigerte Schwingungen alles Lebendige und alle Lebensvorgänge auf unserer Erde aktivieren werden.

Alle planetarischen Ereignisse von besonderer Bedeutung werden hervorgerufen und beherrscht durch das unwandelbare Kosmische Gesetz, und dieses Gesetz ist bekannt als das "Gesetz des Kreislaufs".

Diesem Gesetz gemäß, das die Bewegung aller Planeten im Universum beherrscht, treten wir jetzt im Verlauf des kosmischen Geschehens in eine Periode ein, in der die bestehende Ordnung aufgelöst und eine neue, uns förderliche Ordnung errichtet werden muß.

Diese periodische Veränderung in bestimmten zyklischen Zeitabständen geschieht gemäß einem kosmischen Plan und dessen Ablauf, von dem sämtliche Planeten des Universums beeinflußt werden, der sich dann auf alles empfindungsfähige Leben auf diesen Planeten auswirkt. Dies ist ein Entwicklungsvorgang im Kosmos, dazu bestimmt, nicht allein die Weiterentwicklung nur der Planeten selbst zu fördern, sondern insbesondere weit bessere Bedingungen für das darauf befindliche Leben zu schaffen.

In der Fortbewegung der Planeten auf ihren Bahnen liegt der stufenweise und geregelte Fortschritt, der auf einen kosmischen Endzweck ausgerichtet ist.

Es findet periodisch, nach gewissen genau bestimmten Zeiträumen, ein Beschleunigungsvorgang sowohl von geringerer als auch von größter Bedeutung statt. Dann wird das gesamte Universum auf einen neuen und höheren Grad und Entfaltungsstand - zu einem neuen und größeren Aufschwung emporgehoben.

Wir sind eben jetzt in eine der wichtigsten Perioden dieses kosmischen Zyklus eingetreten, große Veränderungen stehen bevor. Unsere Erde wird belebt durch ungeheuer gesteigerte geistige Strahlungen aus den Sternenregionen. Als Folge dessen wird sie allmählich eine große Umwandlung erfahren.

Es muß eine große Erneuerung auf Erden stattfinden. Alles, was geistig nicht hoch genug entwickelt ist, um empfänglich für diese höheren Schwingungen zu sein, um mit ihnen zu harmonisieren, wird unterliegen und von der Bildfläche verschwinden, damit die aufbauenden Kräfte auf ihr wohltätiges Ziel losgehen können, ohne durch Einmischung von zerstörenden Kräften noch weiter behindert zu werden.

Unsere Welt wird jetzt von allen negativen und luziferischen Mächten gesäubert und zu neuem geistigen Höhenflug erweckt durch das Einfließen dieser transzendenten Schwingungen und geistigen Kräfte, die unter dem Gebot CHRISTI stehen. Und ER nützt diese kosmische Gelegenheit, Erleuchtung und Wohlergehen der Menschen zu fördern.

Sowohl das sichtbare wie geistige Universum bewegt sich fortgesetzt erhabenen, geistigen Zielen entgegen, und alles was nicht in Harmonie mit diesen Lebensgrundlagen und Tendenzen ist, muß ausgemerzt werden, damit der Fortschritt des Ganzen gesichert wird.

Im Laufe der Zeit haben die Menschen unserer Welt durch ihren Haß, ihre kriegerischen Streitigkeiten und ihre bösen Gedanken eine dunkle Wolke geschaffen, die in der umgehenden Atmosphäre hängt. Diese hat seit Jahrhunderten verhindert, daß uns die höheren Schwingungen aus der Geisterwelt erreichten und hat unsere Schau verschleiert, so daß wir unfähig wurden, die Wirklichkeit der oberen Himmel zu sehen*). Diese Wolke wird jetzt jedoch aufgelöst durch die eindringenden Licht-Strahlen aus dem "Wassermann" und aus der Großen Zentral-Sonne. Der Schleier wird "mitten durchgerissen" und unser Sehvermögen so gesteigert, daß wir bald unsere entkörperten Lieben und die Schönheit und Wunder auch der uns umgebenden geistigen Welt schauen können.

Die gesamten grob-materialistischen und Anti-Christ-Kräfte werden im selben Maß geschwächt, wie das Neue Christus-Zeitalter fortschreitet. Der nachfolgende Fortschritt der Menschen wird ganz unfaßlich sein.**)

Wir sind ans "Ende des Zeitalters" gekommen. Jene Zeit, von der CHRISTUS zu seinen Jüngern sprach, wie es in Matth. 24 und Lukas 21 verzeichnet steht. Man lese diese Endzeitkapitel sehr genau nach. Es ist die Zeit, auf die alle Prophetie, sowohl die geistliche wie die weltliche, hinweist. Wir leben heute tatsächlich inmitten dieser großen Veränderungen.

Diese von der Wissenschaft anerkannte Tatsache sollte bei den einsichtsvollen Lesern die Erkenntnis wecken, daß jetzt eine noch nie dagewesene unerhörte Gelegenheit gegeben ist, am eigenen geistigen Fortschritt ebensowie an dem der anderen zu arbeiten.

Es heißt, unsere Welt sei der einzige Planet unseres Sonnensystems, der von den zerstörerischen Luzifer-Mächten gequält

---

*) Vergleiche "Sieben Himmelsstufen", 52 Seiten, Urgemeinde-Verlag, zu beziehen über VENTLA-Verlag Nachfolger, Gütersloh

**) Die hier gegebenen Darlegungen stehen mit den Kapiteln 16 - 22 der Geheimen Offenbarung des Johannes in Entsprechung. D. H.

wird, die so stark geworden sind und sich so festgesetzt haben, daß sie sogar die Existenz der gesamten Menschheit auf unserem Planeten gefährden. Die Bedrohung (Atomgefahr) ist so groß, daß die Bewohner unserer Schwesterplaneten höchst beunruhigt sind über die gefährliche Situation, der wir gegenüberstehen. So bemühen sie sich, uns jeden möglichen Beistand zu leisten, um diese schurkische Willkürherrschaft zu überwinden. Die Raumschiffe, die an unserem Himmel erscheinen, sind u.a. Beweise für ihre Besorgnis und dafür, wie dringend wir sie brauchen.

Synthese von Geist und Wissenschaft

Der Universitäts-Professor James Hurtak verließ seinen Lehrstuhl für Orientalistik an der Universität Kalifornien, Los Angeles, nachdem ihm Henoch, der Siebte nach Adam (vgl. Altes und Neues Testament) 1973 als Antwort auf sein Gebet eine umfassende Lehre zum Verständnis des nun zu Ende gehenden Zeitzyklus und eine Eröffnung für den Übergang in ein neues Programm der Erd- und Menschheitsgeschichte gegeben hatte. Nach dem Offenbarungsereignis legte Dr. Hurtak das erhaltene Wissen in seinem "Buch des Wissens: Die Schlüssel des Henoch" (1977, The Acadamy for Future Science, Los Gatos, California) nieder. In einer neuen Sprache werden darin detailliert die bevorstehenden Umwälzungen bis zur Jahrtausendwende dargelegt und in 54 von insgesamt 64 offenbarten Schlüsseln Grundlagen für die Wissenschaften der Zukunft gegeben.

Prof. Hurtak referierte aufgrund persönlicher Fühlung auf dem Symposion der Deutschen UFO-Studiengesellschaft am 22. November 1981 in Wiesbaden. Er sprach als einer der Hauptreferenten am 1. Internationalen Kongreß über UFOs und Höhere Intelligenzen (1977) in Acapulco/Mexiko und am 1. Weltkongreß für Außerirdische Wissenschaften (Südamerika 1979). Er ist amtierender Direktor der Akademie für Zukunftswissenschaft, Los Gatos, Kalifornien, deren Erziehungsprogramm sich über 16 Staaten erstreckt und deren medizinisches Programm 20 Zentren für ganzheitliches Heilen mit einschließt.

In seiner Studie "Der Mensch und die Natur" sagt Hurtak:

"Ich zeige in symbolischer Form die Folgen, die ein Dritter Weltkrieg über die Erde bringen würde.

Ein Weltkrieg, der unvermeidlich ein atomarer, geophysischer und chemischer sein würde. Dieser Streit würde alles Leben - menschlich, tierisch, pflanzlich - vernichten, große gyroskopische Störungen auf dem Planeten verursachen. Dahin führen uns in direkter Form die gigantischen Nuklearkräfte, welche die großen Mächte zu ihrer Verfügung haben, um in jedem Moment eingesetzt werden zu können.

Aber die Zerstörung des Lebens auf der Erde ist nichts anders als die Zerstörung von Gottes Meisterwerk: DER MENSCH und die NATUR. Das ist etwas - wie wir alle wissen - das nie geschehen wird. Deshalb sagen wir, daß wenn der weltkriegerische Streit nun begänne, die höheren Planetenwesen seine Fortdauer verhüten würden.

Wir behaupten, daß zahlreiche gigantische und außerirdische Schwebe-Schiffe, die unsere Erde umkreisen, von wissenschaftlichen Observatorien als Pseudo-Monde oder Mini-Satelliten bezeichnet -, sofort in die menschliche Rasse eingreifen werden. "Tausende Fliegende Scheiben werden aus Wolken herabkommen in alle Länder und Regionen des Globus..."

Notwendigkeit bewußter Verbindung mit höheren Welten

"Wir haben vor, den Menschen zu helfen, dadurch Nächstenliebe zu praktizieren, und wir haben es uns zur Aufgabe gemacht, im Erlöserplan mitzuwirken. In der Atmosphäre spiegelt sich das Schicksal dieser Erde, in einer großen Anzahl freiwerdender

Kräfte ist die Auflösung der Welt, das heißt, deren Zerstörung zu erkennen. (Orthon/Dänemark)

Wir bitten euch, richtet euch auf Gott aus und verwirklicht seine Gesetze, damit, wenn die großen Katastrophen beginnen, ihr schon durch ein entsprechendes Leben eine höhere Schwingungszahl besitzt und das Kommende nicht als göttliche Vergeltung betrachtet, sondern als Wirkungen früherer Ursachen, denn diese Geschehnisse werden die aufgehende Saat der Menschheit sein. Sofern die übriggebliebene Menschheit nach der Erscheinungszeit des HERRN noch nicht seelisch reifer geworden ist, wird es auch uns nicht möglich sein, viele Menschen und Seelen zu bergen, da auch für die Telepathie eine Seele eine gewisse geistige Reife haben muß, das heißt, auf den entsprechenden Empfang ausgerichtet sein muß. Auch wir können die Menschheit und die Seelen nur warnen und sie zur Umkehr, zur Selbsterkenntnis und Einkehr aufrufen. Sofern die Menschheit diese mahnenden Worte nicht annimmt und sich nicht zur Umkehr anschickt, können sie weder vom Christusgeist noch von uns über Telepathie angezogen und geborgen werden.

Prof. Dr. James J. Hurtak/USA

Daniel Fry

Alans Botschaft an die Menschen der Erde

Am 28. April 1954 nahm Alan zum dritten Mal mit mir Kontakt auf. Seine Stimme hatte etwas Drängendes an sich und seine Worte beeindruckten mich in einer Weise, wie ich sie in unseren vorangegangenen Gesprächen noch nie erlebt hatte.

Er bestand darauf, daß die Botschaft, die er mir geben würde, so verständlich gemacht werden müsse, damit jedermann auf unserem Planeten sie verstehen könne und erklärte weiter, daß ich aufgrund meines Wissens in der Forschung, der Wissenschaft, im Vortrags- und Unterrichtswesen qualifiziert sei, seinen Vorschlägen zu folgen. "Du hast eine persönliche Aufgabe und Verantwortung", sagte Alan, "bei den Bemühungen mitzuarbeiten, die unsere Leute unternehmen, um euch auf Erden zu helfen, den gegenwärtigen Gang der Ereignisse zu ändern und die sonst unvermeidliche Vernichtung abzuwenden."

Ich werde nun so wörtlich und genau, wie es meine Erinnerung erlaubt, das zwischen uns stattgefundene Gespräch in der Hoffnung wiederholen, daß die mir von dieser Gruppe außerirdischer Besucher genannten Gründe und ihre Botschaft allen Menschen so klar und verständlich werden mögen, wie sie mir geworden sind.

In jener Nacht im April war ich von Südkalifornien aus zu meinem Häuschen in den Wälern Oregons gefahren, weil ich hoffte, daß ein Kontakt stattfinden würde. Ich brauchte dringend Rat und fühlte, daß Alan die beste und vielleicht einzige Quelle ist, von der ich die Antwort, die ich brauchte, erhalten würde.

Während der vorangegangenen Monate hatte ich unter ständig stärker werdendem Druck gestanden, einen vollständigen Bericht über die erste Raumschifflandung auf dem Versuchsgelände White Sands zu veröffentlichen.

Ich zögerte jedoch es zu tun, weil ich das Gefühl hatte, daß es unmöglich sein würde, eine bedeutende Anzahl von Personen davon zu überzeugen, daß dieses Ereignis tatsächlich stattgefunden hatte.

*

Daniel Fry hatte seine aufregenden Erfahrungen in seinem Buch "Erlebnis von White Sands" mit "Alans Botschaft" veröffentlicht und verlor deswegen seine Stellung als Raketeningenieur bei der Aerojet General Corporation/USA. Das Buch ist im VENTLA-Verlag erhältlich. - Dr. Fry war Referent auf dem 9. DUIST-Kongreß, sprach an der Mainzer Universität und gab am 12. Oktober 1970 im SWF und NDR eine TV-Sendung. D. H.

VIERTER TEIL

26. Kapitel

Zum Goethe-Jahr 1982

Der Mensch ist das erste Gespräch, das die Natur mit Gott hält. Ich zweifle gar nicht, daß dies Gespräch auf anderen Planeten viel höher, tiefer und verständiger gehalten werden kann.

Der Mensch, wie sehr ihn auch die Erde anzieht mit ihren tausend und abertausend Erscheinungen, hebt doch den Blick sehnend zum Himmel auf, weil er tief und klar in sich fühlt, daß er ein Bürger jenes geistigen Reiches sei, woran wir den Glauben nicht abzulehnen noch aufzugeben vermögen.

Johann Wolfgang von Goethe

Aus "Gespräche Goethes mit Eckermann"

"Das Licht ungetrübter göttlicher Offenbarung ist viel zu rein und glänzend, als daß es den armen, gar schwachen Menschen gemäß und erträglich wäre. Die Kirche aber tritt als wohltätige Vermittlerin ein, um zu dämpfen und zu ermäßigen, damit allen geholfen und damit vielen wohl werde. Dadurch, daß der christlichen Kirche der Glaube beiwohnt, daß sie, als Nachfolgerin Christi, von der Last menschlicher Sünde befreien könne, ist sie eine sehr große Macht. Und sich in dieser Macht und diesem Ansehen zu erhalten und so das kirchliche Gebäude zu sichern, ist der christlichen Priesterschaft vorzügliches Augenmerk.

Dennoch halte ich die Evangelien, alle vier, für durchaus echt, denn es ist in ihnen der Abglanz einer Hoheit wirksam, die von der Person Christi ausging und die so göttlicher Art, wie nur je auf Erden das Göttliche erschienen ist. Fragt man mich, ob es in meiner Natur sei, ihm anbetende Ehrfurcht zu erweisen, so sage ich: Durchaus! Ich beuge mich vor ihm als der göttlichen Offenbarung des höchsten Prinzips der Sittlichkeit...

Die hohe, reichdotierte Geistlichkeit fürchtet nichts mehr als die Aufklärung der unteren Massen. Sie hat ihnen auch die Bibel lange genug vorenthalten, so lange als irgend möglich! Wir haben wieder den Mut, mit festen Füßen auf Gottes Erde zu stehen und uns in unserer gottbegabten Menschennatur zu fühlen. Mag die geistige Kultur nun immer fortschreiten, mögen die Naturwissenschaften in immer breiterer Ausdehnung und Tiefe wachsen und der menschliche Geist sich erweitern wie er will, über die Hoheit und sittliche Kultur des Christentums, wie es in den Evangelien schimmert und leuchtet, wird es nicht hinauskommen! Wir alle werden nach und nach aus einem Christentum des Wortes und des Glaubens immer mehr zu einem Christentum der Gesinnung und der Tat kommen.

Aber ich sehe die Zeit kommen, wo Gott keine Freude mehr

hat an der Menschheit und abermals alles zusammenschlagen muß zu einer verjüngten Schöpfung. Ich bin gewiß, es ist alles danach angelegt, und es steht in der fernen Zukunft schon Zeit und Stunde fest, **wann** diese Verjüngungsepoche eintritt."

Zeugnisse weltbekannter Wissenschaftler

Die von diesen Naturwissenschaftlern zum Ausdruck gebrachte Haltung und kategorische Forderung sollte zur Lehrgrundlage an allen Universitäten erhoben werden, damit die Wahrheitsfindung mit faktisch aufbauenden Richtlinien auch in den Kirchen wie in der Politik den so notwendigen Eingang finden würde.

Prof. Dr. h. c., mult. HERMANN OBERTH
Ehrenvorsitz der DUIST

Ich nenne sie Uraniden

So unwahrscheinlich es auch anmuten mag, letztlich bleibt nur die Annahme, daß es sich um außerirdische Wesen handelt. Ich nenne sie Uraniden, weil sie von uns aus gesehen vom Himmel (griechisch: Uranos) herzukommen scheinen...

Doch diese Entfernungen wären kein unüberwindliches Hindernis. Schon wir selbst wären theoretisch imstande, den Alpha Centauri mit den heute bekannten technischen Mitteln zu erreichen. Für die Uraniden gibt es aber wahrscheinlich bessere Möglichkeiten, solche Entfernungen zu überbrücken...

Allem Anschein nach sind die IFOs eine Art Wachtposten, die bloß beobachten und berichten sollen, denn eine Menschheit, die geistig über unsere Erfinder- und Forschergabe verfügt, aber politisch und moralisch auf unserer Stufe stehengeblieben ist, stellt eine Gefahr für den ganzen Kosmos dar...

*

Prof. Dr. M. Planck

Was sagte der größte deutsche Physiker und Atomforscher Geheimrat Prof. Planck schon vor Jahrzehnten auf dem Gelehrtenkongreß in Florenz:

"Meine Herren, als Physiker, also als Mann, der sein ganzes Leben der nüchternsten Wissenschaft, der Erforschung der Materie widmete, bin ich sicher von dem Verdacht frei, für einen Schwarmgeist gehalten zu werden. Und so sage ich Ihnen nach meinen Erforschungen des Atoms dieses: Es gibt keine Materie*an sich*! Alle Materie entsteht und besteht nur durch eine Kraft, welche die Atomteilchen in Schwingung bringt und sie zum winzigsten Sonnensystem des Atoms zusammenhält.

Da es im ganzen Weltenall aber weder eine intelligente noch eine ewige Kraft gibt - es ist der Menschheit nie gelungen, das heiß ersehnte Perpetuum mobile zu erfinden - so müssen wir hinter dieser Kraft einen bewußten intelligenten *Geist* annehmen.

Dieser Geist ist der Urgrund aller Materie.

Nicht die sichtbare aber vergängliche Materie ist das Reale, Wahre, Wirkliche (denn die Materie bestünde, wie wir gesehen haben, ohne diesen Geist überhaupt nicht!), sondern der unsichtbare unsterbliche Geist ist das Wahre!

Da es aber Geist *an sich* allein ebenfalls nicht geben kann, sondern jeder Geist einem *Wesen* zugehört, so müssen wir zwingend *Geistwesen* annehmen.

Da aber auch Geistwesen nicht aus sich selber sein können, sondern geschaffen worden sein müssen, so scheue ich mich nicht, diesen geheimnisvollen Schöpfer ebenso zu benennen, wie ihn alle alten Kulturvölker der Erde früherer Jahrtausende genannt haben: - GOTT!"

*

Nachstehendes Zitat ist einem Vortrag "Religion und Naturwissenschaft" entnommen, den Prof. Max Planck im Mai 1937 gehalten hat. Max Planck gilt als einer der bedeutendsten deutschen Physiker des 19./20. Jahrhunderts, "der insbesondere auch durch seine Gesinnung und sein gradliniges, unbeirrbares Handeln eine hervorragende Stellung unter den deutschen Physikern einnahm; als Begründer der Quantentheorie zählt er zu den Mitbegründern der modernen Physik" (Meyers Enzykl.-Lex.).

"Wohin und wie weit wir blicken mögen, zwischen Religion und Naturwissenschaft finden wir nirgends einen Widerspruch, wohl aber gerade in den entscheidenden Punkten volle Übereinstimmung. Religion und Naturwissenschaft - sie schließen sich nicht aus, wie manche heutzutage glauben oder fürchten, sondern sie ergänzen und bedingen einander. Wohl den unmittelbarsten Beweis für die Verträglichkeit von Religion und Naturwissenschaft auch bei gründlich-kritischer Betrachtung bildet die historische Tatsache, daß gerade die größten Naturforscher aller Zeiten, Männer wie Kepler, Newton, Leibniz, von tiefer Religiosität durchdrungen waren. Zu Anfang unserer Kulturepoche waren die Pfleger der Naturwissenschaft und die Hüter der Religion sogar durch Personalunion verbunden. Die älteste angewandte Naturwissenschaft, die Medizin, lag in den Händen der Priester, und die wissenschaftliche Forschungsarbeit wurde noch im Mittelalter hauptsächlich in den Mönchszellen betrieben. Später, bei der fortschreitenden Verfeinerung und Verästelung der Kultur, schieden sich die Wege allmählich immer schärfer voneinander, entsprechend der Verschiedenheit der Aufgaben, denen Religion und Naturwissenschaft dienen.

Denn so wenig sich Wissen und Können durch weltanschauliche Gesinnung ersetzen lassen, ebensowenig kann die rechte Einstellung zu den sittlichen Fragen aus rein verstandesmäßiger Erkenntnis gewonnen werden. Aber die beiden Wege divergieren nicht, sondern sie gehen einander parallel, und sie treffen sich in der fernen Unendlichkeit an dem nämlichen Ziel.

Um dies recht einzusehen, gibt es kein besseres Mittel als das fortgesetzte Bemühen, das Wesen und die Aufgaben einerseits der naturwissenschaftlichen Erkenntnis, andererseits des religiösen Glaubens immer tiefer zu erfassen. Dann wird sich in immer wachsender Klarheit herausstellen, daß, wenn auch die Methoden verschieden sind - denn die Wissenschaft arbeitet vorwiegend mit dem Verstand, die Religion vorwiegend mit der Gesinnung - der Sinn der Arbeit und die Richtung des Fortschrittes doch vollkommen miteinander übereinstimmen.

Es ist der stetig fortgesetzte, nie erlahmende Kampf gegen Skeptizismus und gegen Dogmatismus, gegen Unglaube und gegen Aberglaube, den Religion und Naturwissenschaft gemeinsam führen, und das richtungsweisende Losungswort in diesem Kampf lautet von jeher und in alle Zukunft: Hin zu Gott!"

"Das Wort", Jan. 1981

C. Fr. von Weizsäcker

Als dritte Persönlichkeit die Stimme eines ebenfalls allgemein geschätzten Universitätsprofessors: Carl Friedrich von Weizsäcker kennzeichnet die modernen Probleme, die wir hier angesprochen haben, folgendermaßen:

"Der tiefste Riß, der heute durch den Bau der Wissenschaften geht, ist die Spaltung zwischen Natur- und Geisteswissenschaften. Die Naturwissenschaft erforscht mit den Mitteln des instrumentalen Denkens die materielle Welt um uns. Die Geisteswissenschaft erforscht den Menschen und nimmt ihn dabei als das, als was er sich selbst kennt: als Seele, Bewußtsein, Geist. Die Trennung ist weniger eine Trennung der Gebiete - diese überschneiden sich zum Teil - als eine Trennung der Denkweisen und Methoden. Die Naturwissenschaft beruht auf der scharfen Scheidung des erkennenden Subjekts vom erkannten Objekt. Der Geisteswissenschaft ist die schwierigere Aufgabe gestellt, auch das Subjekt in seiner Subjektivität (Eigenart), zum Objekt ihrer Erkenntnis zu machen. Viele Versuche des Gesprächs zeigen, daß die beiden Denkweisen einander nur sehr selten verstehen. Es scheint mir aber, daß hinter dem gegenseitigen Mißverständnis ein objektiver Zusammenhang beider Wissenschaftsgruppen als Möglichkeit bereitliegt, der darauf wartet, gesehen und verwirklicht zu werden. Natur- und Geisteswissenschaften erscheinen mir als zwei Halbkreise: man müßte sie so aneinanderfügen, daß sie einen Vollkreis ergeben."

*

Wissenschaft, Raumfahrt und Religion

Prof. Dr. Wernher von Braun, Raumfahrtexperte bei der NASA/USA, bekannte zum Thema "Raumfahrt und Religion":

Gefährden unsere Weltraumfahrer die Grundfesten der Religion, die seit je der Menschheit Leuchtfeuer und Hort allen Trostes war? Meine Antwort lautet: *Nein!* Aber ich glaube, daß es im Zeitalter der Raumfahrt nötig geworden ist, Gott als einen weit größeren Schöpfer zu erkennen, als ihn viele bisher gesehen haben...

Ich möchte Schöpfer und Schöpfung als Einheit betrachten. Für mich sind Wissenschaft und Religion gleichsam zwei Fenster eines Hauses, durch die wir auf die Wirklichkeit des Schöpfers und die in seiner Schöpfung offenbarten Gesetze hinausblicken. Solange wir durch die zwei Fenster verschiedene Bilder sehen, deren Bedeutung wir nicht miteinander in Übereinstimmung bringen können, müssen wir bemüht sein, durch Verbindung der wissenschaftlichen und religiösen Erkenntnisse ein vollkommeneres, harmonischeres Gesamtbild der "letzten Realität" zu erhalten. Wenn wir dies noch nicht können, so ist menschliche Unzulänglichkeit, sicherlich aber nicht Gott dafür verantwortlich. Wahrscheinlich kann die immer noch bestehende Kluft zwischen Wissenschaft und Religion erst überbrückt werden, wenn die Naturwissenschaft beweiskräftig zeigen kann, daß es außer den Dimensionen von Raum, Zeit und Materie noch weitere Dimensionen gibt, ohne die ein Verstehen der letzten Realität nicht möglich ist.

Vielleicht wird die Geschichte einmal verzeichnen, daß es die Weltraumfahrt war, die uns den Schlüssel zu diesen letzten Erkenntnissen gereicht hat.

UN Nr. 171, November 1970

ALBERT EINSTEIN

Das Schönste und Tiefste, was der Mensch erleben kann, ist das Gefühl des Geheimnisvollen. Es liegt der Religion sowie allem tieferen Streben in Kunst und Wissenschaft zugrunde. Wer dies nicht erlebt hat, erscheint mir, wenn nicht wie ein Toter, so doch wie ein Blinder. Zu empfangen, daß hinter dem Erlebbaren ein für unseren Geist Unerreichbares verborgen sei, dessen Schönheit und Erhabenheit uns nur mittelbar und in schwachem Widerschein erreicht, das ist Religiosität. Es ist mir genug, diese Geheimnisse staunend zu ahnen und zu versuchen, von der erhabenen Struktur des Seienden in Demut ein knappes Abbild geistig zu erfassen.

OTTO VON HABSBURG

Otto von Habsburg, früherer Thronprätendent Österreichs, gilt als einer der klügsten Männer West-Europas. In seinem Buch "Gottes Hand in der Geschichte" sagt er u.a.:

"...Immer wieder kommt es darauf an, der Welt und dem "Fürsten dieser Welt" das Ebenbild des Allmächtigen auf Erden, das Seiner Gotteskindschaft bewußt ist, gegenüberzustellen. Das *allein* kann auch unserer Zeit helfen."

*

Das Erforschungsgebiet der EXTRATERRESTRISCHEN FLUGOBJEKTE mit den außerirdischen uns überlegenen Piloten und deren Maximen durch Kontaktler wie Adamski, Fry, Angelucci, Klarer, Dr. Stranges, Renaud, Leopold und viele andere übermittelt, ist zur derzeitigen erschreckenden Weltsituation zur wichtigsten Disziplin ethisch fundierter Naturwissenschaften geworden, weil das fernere Schicksal der gesamten Menschheit damit engst verknüpft ist. D. H.

27. Kapitel

GOTT offenbart Sich...

Bei unseren österreichischen Freunden fanden wir diese aufschlußreichen Passagen aus ihrer Zeitschrift "Wille und Wahrheit": Eine der fundamentalen Wahrheiten, eine Tatsache, die den Sinn all dessen klärt, was Christus geplant hat, ist eng verknüpft mit geistiger Offenbarung und mit dem wechselseitigen Bedürfnis des Menschen nach Gott und Gottes für den Menschen. Noch nie, zu keiner Zeit, ist die Gottheit ohne Zeugnis geblieben. Noch nie hat der Mensch nach Licht verlangt, ohne daß das Licht erschienen wäre. Niemals gab es eine Zeitspanne, einen Zyklus oder eine Weltperiode, in der nicht eine Lehre oder geistige Hilfe gegeben worden wäre, die nicht dem menschlichen Bedürfnis entsprochen hätte. Noch nie haben die Herzen und das Denken der Menschen nach Gott verlangt, ohne daß Gott selbst sich dem Menschen genähert hätte. Die Geschichte der Menschheit ist in Wirklichkeit die Geschichte des Verlangens des Menschen nach Licht und danach, daß Gott ihm erreichbarer würde. Stets brachte ein Retter ein Avatar oder Weltlehrer, der von der verborgenen Stätte des Höchsten ausgeschickt war, dem Menschen neue Offenbarung, neue Hoffnung und neuen Ansporn zu einem erfüllteren geistigen Leben.

Manche dieser göttlichen Annäherungen waren von weitreichender Bedeutung und beeinflußten die Menschheit als Ganzes, andere wieder waren weniger bedeutsam, da sie nur einen relativ kleinen Teil der Menschheit betrafen - etwa eine Nation oder eine Menschengruppe. Jene, die als Verkünder der Liebe Gottes erscheinen, kommen aus dem geitigen Zentrum, dem Christus den Namen "Reich Gottes" gegeben hat. Hier wohnen die "Geister der vollendeten Gerechten"; hier sind die geistigen Führer der Menschenrasse zu finden, und hier leben und wirken die Vollstrecker des göttlichen Planes und überwachen die menschlichen und planetarischen Angelegenheiten.

Auf der Tatsache Gottes und der Tatsache, daß es zwischen dem Menschen und diesem göttlichen Ursprung eine Beziehung gibt, auf der Tatsache der Unsterblichkeit und der Kontinuität göttlicher Offenbarung, sowie auf der Tatsache, daß immer wieder Boten aus dem Göttlichen Zentrum auf die Welt kamen - auf diesen Tatsachen wird die neue Weltreligion beruhren. Hierzu muß man noch das unbeirrbare, instinktive Wissen des Menschen rechnen, daß es einen Weg zu Gott wirklich gibt und daß er imstande ist, diesen Weg zu gehen, sobald er durch die evolutionäre Entwicklung einen Punkt erreicht hat, an dem er sich in seiner Beziehung zu Gott neu orientiert und die Tatsache des transzendenten (übersinnlichen) und immanenten (innewohnenden) Gottes in jeder Lebensform akzeptiert.

Richard Raupach, "Wille und Wahrheit"

Karl L. Veit

Mein LICHTERLEBNIS

Von Jugend auf der Malerei mächtig zugeneigt, galt bereits als Schüler mein Interesse den großen Meistern Raffael, Michelangelo, Tizian, Dürer, Rubens wie auch den späteren Epochen der Romantiker und Impressionisten. Durch Praxis und Kunstgeschichte, insonderheit durch Rembrandts Bildwerke und Grafiken, kam ich zu den mich stark faszinierenden biblischen Begebnissen sowohl des Alten und besonders des Neuen Testaments und wurde von den Berichten der Verklärung Jesu auf dem Berg Tabor, der Auferstehung Christi, dem Gang der Jünger nach Emmaus, der Himmelfahrt, Pfingstgeschichte und der urchristlichen Entwicklung ergriffen.

Die mir zuteilgewordene Vision war für mich ein atemberaubendes Geschehen. Während meines Kunststudiums - ich stand damals im 21. Lebensjahr - legte ich mich wie üblich zum Schlafen nieder und erlebte den nun zu schildernden Ablauf. Da mir durch meine zehnsemestrige Ausbildung und akademische Praxis ein präzises Erfassen der Naturformen in Zeichnung und Farben der Malerei (wie Musikern das "aboslute Gehör") sozusagen ein "absolutes Sehen" zu eigen war, nahm ich auch die Gegenstände, Personen und Verlauf in äußerster Konzentration und Genauigkeit im Bereich des Übersinnlichen wahr:

Ich befand mich in einem saalartigen Raum, saß am Kopfende einer langen weiß gedeckten Tafel mit rechts und links je sieben Personen. Mir gegenüber am anderen Ende saß ein älterer Mann mit Bart.

Plötzlich kam von einem breiten und hohen Fenster, das auf der gegenüberliegenden Stirnwand hinter dem Mann mit dem Bart offenstand, die erhabene Gestalt JESU, wie am verklärten Kreuz, mit ausgebreiteten segnenden Armen hereingeschwebt und verblieb über dem Tisch und den Anwesenden in Lebensgröße in diesem wundersamen Schwebezustand. Meine Ergriffenheit ist schwerlich gebührend auszudrücken; ich sah zu meinem verehrten Herrn empor, und ER schaute liebevoll zu mir herab.

Da erschien in erstaunlicher Manifestation ein mächtiger Foliant - ähnlich einem aufgeschlagenen Meßbuch - auf einem Lesepult vor mir am Tischplatz. Aus dem Antlitz des Herrn kam die Weisung: "Nimm dieses Buch in dich auf!"
Als Erlebender wagte ich einen Rundblick auf die um den Tisch sitzenden fünfzehn Personen, ob sie diese außergewöhnlichen Vorgänge bemerkten, - stellte aber fest, daß sie alle ohne Regung nur still da saßen.

Der Aufforderung Jesu nachkommend, begann ich jedoch nicht in diesem großen Buch zu lesen, sondern ergriff das Lesepult, hob es mit dem Folianten mit beiden Händen etwas empor, zog es an mich und küßte dieses Wunderbuch.

Hierauf geschah etwas Unvorstellbares: Ich setzte das Buch wieder sanft ab, erhob mich, nahm eine stehende Stellung ein, und in diesem Moment verschwanden sowohl die leuchtende Gestalt Jesu, die anderen Anwesenden und der gesamte Raum in einem geheimnisvollen Szenenwechsel. Meine eigene Person wurde im Augenblick zu einer strahlenden Gestalt mit der Lichtfülle einer Sonne, jedoch nicht als Kugel, sondern in (gebliebener) Menschenform. Es war das Erleben des "Schattenlosen Lichts" auf einer essentiellen Ebene mit einem neu gesteigerten, schwer schilderbaren Bewußtsein.

Dieser Zustand dauerte vielleicht eine Minute, - dann verschwand derselbe, und ich sah, mich niedersetzend, wieder die beschriebenen Personen in vorheriger Sitzordnung bei lautloser Stille. - Ohne jemand zu fragen hatte ich den Eindruck, daß sie von den sich inzwischen ereigneten Vorgängen *nichts* wahrgenommen hatten, weil sie alle in gleichmäßiger Ruhe verharrten.

Noch total erfüllt von dem Erleben erhob ich mich von meinem Stuhl im Bedürfnis allein sein zu wollen, ging in einen Nebenraum, kniete, von den anderen ungesehen, in einer Ecke nieder und dankte für dieses *unerhörte* Erlebnis.

Während dieses stillen Gebets hörte ich hinter mir Schritte, drehte mich aber nicht herum. Ein Fußtritt von hinten wurde mir von jenem Mann mit dem Bart, als den ich ihn dann identifizierte, versetzt.

Im gleichen Augenblick, während ich mich vom Boden erhob, stand eine weiß gekleidete Gestalt (vermutlich mein Schutzgeist) neben mir, und der andere mußte weichen.

In meinen im Bett liegenden Körper zurückgekehrt, hatte ich die gesamten Vorgänge in mein irdisches Wachbewußtsein aufgenommen mit exakter gegenwärtiger Erinnerung. Sogleich schrieb ich alle Einzelheiten für mein Tagebuch nieder und bewahrte alles als köstlichen Schatz in meinem Inneren.

*

Hier sollen nun noch einige Gedankengänge angeschlossen werden.

Wer Ähnliches erlebte, wird den wahren Inhalt, Ablauf und Transfiguration verstehen oder selbst bestätigen können. Mit herkömmlichen wissenschaftlichen Methoden oder Auslegungen der "Tiefenpsychologie" wird dies gleichwohl kaum in befriedigender Weise gelingen.

Dem Erlebenden wurde damit durch ein primäres Einfühlungsvermögen in den Vorgang der "Verklärung JESU auf dem Berg Tabor" von IHM SELBST vermittelt, als Lebenszweck und Aufgabenziel der VERGEISTIGUNG in Zeitraffung, gleichsam als Vorausleihgabe.

Zugleich wurde mein Erkenntnis-Interesse für die philosophisch nicht erklärbare, aber so wichtige Dreiwesenheit des Menschen: Körper, Seele, Geist, in vorliegendem Falle aber *nicht* theoretisch doziert, vielmehr als anschauliche Praxis *am* respektive *im* eigenen SEIN vorgeführt.

Der *materielle* Körper lag ruhend im Bett; die ausgetretene (in der eigenen Spähre lebende) *Seele* war als der feinstofflich-unsterblich eigentliche Mensch mit vollem Bewußtsein, Seh- und Wahrnehmungsfähigkeit in das *substanzielle* Erleben versetzt worden. Die darauf folgende Transfiguration zeigte den *essentiellen* Zustand des nochmals erhöhten Lichtbewußtseins als eigentliches Ziel der Vergeistigung oder der "geistigen Wiedergeburt" und Lebensvollendung einer zu erstrebenden Vollkommenheit.

Diese unauslöschliche Beeindruckung aus der himmlischen SEINS-Sphäre des Ewigen Schöpfergeistes in individuellem

Geschehen begleitete mein ganzes, mit vielen Prüfungen (symbolisch die "Fußtritte") und gleichfalls mit wundersamen Führungen erfülltes Leben hindurch, vermittelte mir die Gewißheit einer Berufung mit der stets neu zu erringenden Erleuchtung für unsere Tätigkeit im Dienste Gottes, die ich mit meiner geliebten Frau in gemeinsamer Aktivität - wie hie und da geschildert - erfahren durfte.

Es war naheliegend und verständlich, daß nach solch charismatischer Erfahrung die Frage damals brennend in mir auftauchte und nach Beantwortung verlangte: "Was war das für ein Buch, das in ehrerbietiger Aufnahme (ich hatte mich vorgebeugt, das Buch an mich gehoben und es ehrfurchtsvoll geküßt) eine derartige Wirkung *bei* und *in* mir erzielt hatte? -

In der darauffolgenden Zeit vertiefte ich mich besonders intensiv in das Neue Testament, die Apostelgeschichte, in die Lehrbriefe der Jünger und die Geheime Offenbarung des Johannes.

Ein halbes Jahr später lernte ich durch eine Buch-Fußnote die "Neuoffenbarung Gottes", durch Seinen Propheten Jakob Lorber kundgegeben, kennen. Während meines vierjährigen begeisterten Studiums dieser Werke - es war für mich wie eine Immatrikulation an der "Universitas Dei" - war mir sowohl direkt als Initialzündung wie dann laufend tausenfach bestätigend klar geworden, daß jener große Foliant außer seiner Bedeutung "Buch des Lebens" die Konzentration der 24bändigen Neuoffenbarung Gottes sowie die damit verwobenen Schriften der Urgemeinde als Präcognition angekündigt waren für eine bewußt gewordene himmlische Führung - seit Januar 1929 - mit sinnvoller Lebenserfüllung zu ewigen SEINS-ZIEL.

Bis zum heutigen Tag habe ich samt meiner Frau nichts Besseres, Höheres, Gewaltigeres gefunden bei meinen 50 Jahre währenden Studien der Disziplin "Vergleichende Religionswissenschaft".

*

Verklärung Christi
v. Raffael (1483 - 1520)
Petersdom/Rom

Über Raffaels hinterlassenes Schaffen sagt Hermann Grimm: "Die Kenntnis Raffaels, der Besitz seiner Werke ist zu einem Element geworden, auf dem die menschliche Bildung überhaupt beruht. Die Menschen greifen danach als nach etwas, das zu ihrem Wohlsein unentbehrlich ist."

Karl L. Veit

Was ist unter "URGEMEINDE" zu verstehen?

Heutige Offenbarungen

Aufgrund einer Reihe von Anfragen über Ursprung und Wesen der "UR-Gemeinde Gottes", nachstehende Erläuterung:

Das Kernstück der Christlichen Urgemeinde, wie sie aus den Evangelien des Neuen Testamentes, der Apostelgeschichte, den Lehrbriefen und der Apokalypse ersichtlich ist, bestand im erleuchteten Erkenntnisglauben und der direkten Verbindung mit JESUS CHRISTUS, dem Gekreuzigten und Auferstandenen, zum Himmel aufgefahrenen GOTTmenschen, Ewigen Logos, Erlöser, dem allmächtigen Alpha und Omega der Geistigen Urschöpfung, des sichtbaren Kosmos und der himmlischen Lichtwelten.

Der Erlebnisbereich der Apostel, Jünger und Nachfolger Jesu war in den ersten zwei Jahrhunderten *viel* tiefgreifender - man denke an die heroische Haltung bei den Christenverfolgungen und bei der Durchsetzung dem römischen Weltreich gegenüber - unvergleichlich intensiver als zu späteren Zeiten, da der Zeremoniendienst mit Papst und Priestertum, Kirchenbauten, Lehrmeinungen und Religionsstreit in Veräußerlichung mangels echten Charismas abgeglitten war.

Diese Abwärtslinie ist durch wesentliche Fakten als Gegenüberstellung gekennzeichnet: Nach seiner für Materialisten unbegreiflichen AUFERSTEHUNG (= Vergeistigung des Leibes) weilte Jesus in der Urkirche personell bei Maria Magdalena, den Emmausjüngern, bei anderen am See von Tiberias, zweimal bei den Aposteln im Abendmahlsaal. Er erschien laut Apostelgeschichte zugleich 500 Menschen. JESUS-UR gab im Jahre 90 n. Chr. durch Johannes auf Patmos die Sieben Sendschreiben bekannt als göttliche Beurteilung des damaligen Gemeindelebens als gut, tadelnd oder vorbildlich (Ephesus, Smyrna, Pergamus und Thyatira; Sardes, Philadelphia und Laodicäa - Offbg. 2. und 3. Kapitel) mit direkter göttlicher Willensbekundung (ohne päpstlichen Stellvertreter) als Vorbild und Realität echter christlicher Mystik, die in den folgenden 1.800 Jahren nur noch von einzelnen verstanden und durch Erwählung und Initiation ausgeübt werden konnte.

In der Zeit allgemeiner Verflachung war die Reinigung der Lehre und Bekanntmachung des Neuen Testamentes für alle Gutgewillten durch die Reformation Dr. Martin Luthers eine geschichtliche Notwendigkeit geworden. - Tiefere Einblicke in jenseitige und himmlische Welten durfte der nordische Seher Emanuel Swedenborg vermitteln. - In der Zeit rationalistischen und materialistischen Denkens erfolgt durch den Gottesboten Jakob Lorber von 1840 bis 1864 (gem. Johannes 14; 21 u. Joh. 21; 24-25) die gewaltige NEUOFFENBARUNG GOTTES mit dem zwölfbändigen Hauptwerk der authentischen Selbstbiographie JESU: "Kindheitsgeschichte", "Drei Tage im Tempel" und "Großes Evangelium Johannes" Bd. 1-11, außer den anderen profunden Werken über Erde, Mond, Planeten, Sonnen, Kosmos und die jenseitigen Bereiche des Himmels, der mittleren und unteren Sphären mit klar verständlichen Aufschlüssen über das Leben nach dem physischen Tod des Menschen, Aufwärtsentwicklungen, Präexistenz, Reinkarnation und höchste Zielsetzungen.

Diese einzigartigen Werke wurden in Graz/Östereich kundgegeben und in Bietigheim/Deutschland im Lorber-Verlag herausgegeben. (Alle Bände beziehbar: VENTLA-Verlag)

Eine weitere Vorbereitung zur Wiederkunft Christi für die Rückführung der Menschheit zum geistigen Denken und Handeln als Bürger zweier Welten setzte ab 1933 ein, dem Gründungsjahr der "UR-Gemeinde Gottes" und "UR-Gemeinde-Verlag" mit Schriften "An das deutsche Volk" für die "Kinder der Erde" (total vergriffen). Diese wurden jedoch, wie die obengenannten Werke, in der damaligen Zeit der Dreißiger Jahre verboten.

Nach dem zweiten Weltkrieg lebten geistige Bestrebungen neu auf. Meine in russischer Kriegsgefangenschaft (1945 - 1949) verfaßte Schrift: "Deutschlands Christlich-geistige Sendung" wurde 1950 als UG-Heft Nr. 1 gedruckt (vergriffen), dem weitere Titel, Nr. 2-10, u.a. Nr. 7: "Ich komme zu euch", Neuausgabe 1982 (empfangen und niedergeschrieben von A. V.), sodann folgten. Die inspirative Aufforderung zur Lichtverbreitung fand in der Mission von "Send- und Liebeboten" ihren Niederschlag.

Unsere (A. und K.V.) Zusammenführung mit der prophetisch inspirierten Anita Wolf brachte in den Jahren 1954 - 1956 im UR-Gemeinde-Verlag die grandiosen Schriften, die bereits 1892 durch Leopold Engel, Bd. 11, Gr. Joh.-Evangelium Seite 220 vorausgesagt wurden - in "Vier Marksteine aus dem Leben Jesu" UG Nr. 11-14: "GEBURT", "GETHSEMANE/GOLGATHA" und "GERICHT - als Barmherzigkeitsakt Gottes" im Hinblick auf die Wiederkunft Christi und Neuordnung aller Dinge zur Publikation. Wunderbar wird hier die worthafte und geistige Verbindung zwischen UR-Gemeinde und dem bis dahin unbekannten Begriff "UR" für jene, denen an höchster Initiation und Illumination gelegen ist, als himmlisches Gnadengeschenk enthüllt.

Gleich wie wir im Alten Testament große und "kleine" Propheten unterscheiden können, so kann eine ähnliche Einstufung der neuzeitlichen "Lichtübermittler" vorgenommen werden. Das gewaltige Werk der NEUOFFENBARUNG GOTTES (24 Bände) durch Jakob Lorber darf als "geistig überragend" und ebenso dürfen die Schriften durch Anita Wolf als "außerordentlich" bezeichnet werden.

Geistfreunde erfahren über die Enthüllung der Präexistenz dieses großen Propheten zur Vorbereitung seiner irdischen Mission in den sieben Himmelshäusern in "KARMATHA" (UG 15-17) Ungeahntes. - In "Der Patriarch - eines Urerzengels Erdenleben" wurden hochgeistige Zusammenhänge durch Melchisedek, was nicht aus dem AT entnommen werden kann, vermittelt und durch den UG-Verlag erstmals zugänglich gemacht.

Nach dieser von Wiesbaden ausgegangenen historischen Bresche und essentiellen Vorarbeit wurde die "Treuhandgesellschaft" durch deutsche und österreichische Geistes-Freunde das einzig in der Weltliteratur und Theologie dastehende "UR-Werk: UR-Ewigkeit in Raum und Zeit" mit zahlreichen neuen Schriften und Themen des AT und NT durch A. W.'s Erweckung herausgebracht, die auch in Wiesbaden darüber Voträge hielt. (Beziehbar: UG-Verlag)

Wenn man die Globalleistungen der biblisch-freikirchlichen Großevangelisten Branham, Graham, Hicks, Osborn (USA), Zeiss und andere, die Papstreisen, Katholikentage und Großversammlungen der Evangelischen Kirche mit den Versuchen ökumenischen Verstehens zusammenfaßt und betrachtet, begreift man Bestrebungen und Erfüllung des Matthäus-Textes 24; 14:

"Und es wird gepredigt werden das Evangelium vom Reich in der ganzen Welt zu einem Zeugnis über alle Völker, und dann wird das Ende kommen..."

Noch sind wir auf dem erstrebenswerten Weg zur "Einheit der einen Herde, leben in der Zeit der Scheidung der Geister, der Endzeit, der Zeit der Gnade und der Zeit der Erfüllung, auf daß durch Gottes Kraft, Weisheit und Liebe die Neue Erde und der Neue Himmel (Offbg. 21) entstehen sollen." Des harren wir, dafür arbeiten wir.

28. Kapitel

Lichtvolles Zukunftsbild für die Kinder Gottes

Sophie Kirchner - Inneres Wort v. 24. Juni 1933

**Schreibe folgende Worte
für Meine lieben Kinder dieser Erde!**

Ich, der *allmächtige Gott des Himmels und der Erde* sage euch, daß diese Erde auf der ihr lebt, - als der nunmehrige Aufenthaltsort Meiner Ewigen Liebe, das ist: euer guter und gnädiger Vater - ein ganz besonderes Aussehen erhalten soll, indem Ich diesem Meinem Aufenthaltsort die große Ehre zuteil werden lasse, Mein Reich des Friedens zu werden und zu bleiben.

Ich *will Mich niederlassen zu den Kindern*, die Mich in Wahrheit erkannt haben *und will mit ihnen sein und mit ihnen wandeln, wie Ich es dir gesagt habe, so sie Mich in der Wahrheit* aufnehmen in ihre Herzen, da will Ich *Wohnung nehmen, da will Ich ihnen geben all Meine Liebe in der Fülle der Gottheit*, da will Ich sie heilen von ihren Schwächen und Gebrechen an Seel' und Leib, auf daß sie anstimmen den Lobgesang der Liebe und der Erkenntnis Gottes, auf daß sie eingehen können nach ihrer Vollendung in das Reich Gottes, das ihnen bereitet ist vom Anbeginn der Welt.

Das ist dann die *Erfüllung Meiner Verheißung, das ist die unendliche Fülle der Gnade und Liebe* eures wahrhaftigen, lebendigen Gottes und Vaters in Ewigkeit.

So Meine lieben Kinder, dieses "Hochheilige Wort" und Seine Bestimmung führet ihr aus, auf Anordnung eures geliebten Gottes und Vaters in Jesu, der diesen Satz will festlegen in die

Herzen Seiner lieben, wahren Kinder, auf daß sie sich vorbereiten auf den *Moment, da die Liebe Gottes sich zur Erde niederläßt*, um einzugehen in "*Sein Eigentum*", das Er in alle Ewigkeit dann nicht mehr von sich lassen wird.

Denn dann werden die Engel sich herab und hinauf senken und erheben, und es wird kein Unterschied mehr sein im Himmel und auf Erden. Dann tönt nur F r e u d e und H a r m o n i e durch alle Räume des Himmels und der Erde, und *Ich* führe allein, als der "Eine Hirte" alle Meine wahren Kinder zu der Quelle, deren Wasser sie tränken wird, auf daß sie nimmermehr dürsten werden.

Dann ist die Zeit gekommen, da aufhören wird aller Jammer, alles Leid; da werden die Kinder selig sein und ein Jubel und Lobgesang wird durchtönen die ganze Luft, Meiner nun endlich hell und licht gewordenen Erde, auf der Ich wandle mit den Kindern Meiner Liebe, die da Meine Stimme hören und Mir nachfolgen in aller Treue und Demut; *das ist gewißlich wahr.*

Das sage Ich, dein Gott und Herr in Ewigkeit. Amen.

Ruf aus den Himmeln

Höre, du Mein deutsches Volk, Dein GOTT ruft dich! So folge Ihm allein, sonst niemand auf der ganzen Erde!

Der Herr spricht

Im Himmel und auf Erden ist die Freude und das Glück unermeßlich darüber, daß das Wort Gottes durch Menschen, als Lichtempfänger, weitergetragen wird zur Verbreitung über die ganze Erde.

Wer sein ganzes Herz Mir hingibt und das Seelen-Ohr öffnet, dem leite Ich im sanften Wehen Meiner Geisteskraft, die in jeder Seele verborgenliegt, Mein Wort zu. Er wird in einen beseligenden Verkehr mit Mir treten... Daher strebet nach der selbstlosen Liebe, und Ich als Gott und Vater Jesus werde selbst euch durchs eigene Herz belehren und beraten in jeder Lebensstunde.

Himmelswort aus UG Nr. 7
"Ich komme zu euch!"

Wiederkunft Christi - Scheidung der Geister

Durch das innere Wort v. A. V., 25. Mai 1949

Hört Meine Stimme aus den Höhen Meiner ewigen Liebessonne, Euer Rufen habe Ich vernommen, und ihr sollet als Meine gehorsamen Kinder erhört werden.

Sehet, Meine Liebe und Weisheit ist groß. Ich sehe *weiter* als ihr, und darum will Ich, daß diese Meine schreibende Magd Mein göttliches Wort euch verkünde. Nehmet sie auf in Liebe, und Mein Segen wird unter euch sein. Ich halte euch an Meinen Vaterhänden und schließe euren Kreis. Denn die Zeit wird ernst, und Ich brauche noch *viele* Meiner Schnitter. Seid *bereit*, denn Ich habe *vieles* mit euch vor!

Die Zeit ist gekommen, von welcher Ich einst sagte: In nahezu 2.000 Jahren werde Ich wiederkommen, aber nicht im Fleische, sondern im Geiste! Mit Meinen Engelscharen werde Ich niedersteigen und allen Meinen wahrhaften Kindern sichtbar sein! (1. Thess. 4, 15/16)

Seht Meine Lieben, diese Zeit ist nahe vor der Tür. Es ist dies die Endzeit. Meine Geduld ist erschöpft, bis auf ein kleines. - Aber MEINE Kinder sollen sehen, daß Ich ein wahrhafter Vater bin. Keine Furcht soll sie anwandeln, denn Ich werde sie zu schützen wissen. Alle meine Schafe sind gezeichnet und gesondert von den Böcken und schwarzen Lämmern. Sie gehen zu Meiner Rechten und werden durch das Himmelstor einziehen. Sie sollen sehen, welch herrlicher Lohn sie erwartet. Sie sollen merken, welcher Unterschied da ist, - den weißen oder den schwarzen Mächten anzugehören oder zu dienen. Die Augen werden ihnen übergehen aus Liebe zu Mir und vor Meiner Liebe zu ihnen! Seid stark! Auf euren letzten Willen wird es ankommen! Viele werden da sein, die im Augenblick der Schrecknisse nicht wissen werden, wohin sich zu wenden. Dann öffnet die Augen eurer Herzen, damit ihr die Fülle des Lichtes erkennt, das euch retten kann. Denn wo Licht, da ist keine Gefahr; nur dort, wo Finsternis, dort könnet ihr stürzen.

Wachet und betet, damit ihr nicht in Anfechtung fallet! Denn der Versucher schleicht umher, wie ein hungriger Löwe, auf den Augenblick eurer Schwäche lauernd. Seid bereit *Opfer* zu bringen; denn wo kein Opfer, dort auch kein Lohn! Kämpfet, denn MEIN Wort gibt euch Kampfkraft! Es ist *Macht*, es ist *Kraft* und *Stärke*! Aber die *Liebe* eilt diesen Eigenschaften voraus. Diese Liebe sei eure *mächtigste* Waffe!

Hört Meine Stimme, ihr alle Meine Völker dieser Erde, denn die *Endzeit* ist gekommen, von der Ich, euer Gott und Schöpfer, durch Jahrhunderte voraussagte, durch den Mund Meiner Propheten.

Ihr wolltet nicht den Frieden; so nehmet den Kampf! Bei wem die Liebe siegt, der werde Mein Kind in letzter Minute, und sein Leben wird ewig sein. Jeder noch so große Sünder, der reuig umgekehrt vom Weg der Verdammnis, sei Mir, dem göttlichen Vater, willkommen!

Und seine Sünden seien ihm vergeben ob dieser Umkehr; und wären es so viele wie Sand am Meer. Somit werden *Meine Kinder* den Tod weder fühlen noch schmecken.

Darum auf, ihr Meine Knechte und Mägde, verschlaft nicht eure Zeit, verkündet Mein Wort als letztes Evangelium der Endzeit! - Gürtet Mein Kampfschwert um eure Lenden und erkämpfet der Liebe ihren Preis! (Matth. 24, 14)

Dies empfanget von Mir, eurem Herrn und Schöpfer, eurem Vater in Jesus Christus, Amen!

UG Nr. 7, "Ich komme zu euch!"

Erweckungswerk in Wiesbaden. Aufforderung zu Zusammenarbeit und Wachsamkeit

Empfangen von Otto Müller am 20.07.1949

Jede von Meinem Geiste berührte und erweckte, in sich selbst wachsame und in Meiner Liebe tätige Menschenseele, welche Einsicht nimmt in die von Mir euch gegebenen Worte und Schriften, wird dieselben auch sogleich als von Mir stammend erkennen, freudigen und dankerfüllten Herzens aufnehmen und sich dieselben zur Lebensrichtschnur machen.

Alle Einsichtigen werden ehrlichen Herzens euer von Mir Selbst gewolltes Erweckungswerk als heilige Notwendigkeit erkennen und willens und bereit sein zu einer vollwahren brüderlichen Zusammenarbeit in Meinem Einheitsgeiste, mithin als eine harmonisch zusammenwirkende Erlösergemeinschaft, welcher sich dann auch noch weitere Gemeinschaften anschließen sollen und werden, zum Heile und Wohle aller von Weltgelehrten irregeleiteten Völker.

Es gilt daher für alle aufs klarste zu erkennen, daß alles das, was Offenbarungsschriften umfaßt, in erster Linie für einen geistig und seelisch herangereiften, durch Meine weisheitsvolle Führung insgeheim darauf aufmerksam gemachten, namenlosen in aller Welt zerstreuten Geschwisterkreis bestimmt und zugänglich gemacht werden sollte und müßte, welchem die Aufgabe gestellt ist, späterhin diese im Tode des Geistes versunkene Menschengeschlecht nach Maßgabe seiner Aufnahmefähigkeit, den Geist Meines gereinigten und daher "neuen" Lehrwortes zu erläutern und zu zergliedern.

Die heutigen Weltlinge und Geschöpfe, welche bestimmt sind Meine Kinder zu werden, können den Geist der Neusalemsworte in ihrer überwiegenden Mehrheit noch nicht fassen, und das tiefere Interesse und die Freude an Meinem Worte kann erst später in ihnen erwachen. Darum habe Ich nun allerorts kleinere und größere Erweckungsaktionen ins Leben gerufen; auch euren Bruder Karl und seine getreuen Helfer beauftragt, die ihm von Mir gegebenen Worte zusammenzustellen und zu drucken und einem aufnahmebereiten Menschentum dadurch Meinen Willen kundzutun und ihm zu beweisen: daß Ich immer noch der alte Gott und Schöpfer bin, Der im Regimente sitzt und Seine Kinder weise leitet und führt. Also will und muß Ich mit solchen Meinen erst noch "werdenden" Kindern engere Fühlung nehmen, um sie auf den Weg zu führen, der ihnen zum Heile dient. So sage also deinen Brüdern klipp und klar, daß Ich Selbst der Urheber dieser neuen Erweckungsaktion bin.

Es mögen aber alle in der Folge doppelt wachsam sein, denn der Teufel geht umher wie ein brüllender Löwe; er weiß, daß seine Zeit nur noch kurz ist und sucht daher zu verführen und irrezuführen - wenn und wo es möglich - auch Meine Auserwählten! - Zwietracht unter diese zu säen ist und war allezeit sein eifrigstes Bestreben, um Verwirrung in ihren Reihen anzurichten, auf daß ihm *seine* Kinder, das heißt: die im Satansgeiste noch Gefangenen, wenn es möglich wäre, auf ewig erhalten bleiben möchten!

Beachtet daher solches wohl. Erkennt Mich in Meinem Wort und reicht euch alle, die ihr Meine Kinder sein wollt, die Bruderhand. Mein Friede sei mit euch!

*

Du aber, Mein kleines Häuflein, Meine kleine Herde, die Mir allezeit und in allen Lebenslagen die Treue wahrte, verzage nicht, sondern harre Meiner in Geduld! Ich will dich schützen, leiten und Wege führen, die Ich allein kenne. Und du wirst schauen Mein Angesicht und dich mit Mir bereden wie mit einem Bruder!

Wohl allen denen, die Mein Wort hören, es dankbaren Herzens aufnehmen und fortan in Meiner Liebe wandeln. Sie sollen den Leibestod nicht schmecken, sondern ihre Umwandlung wird sich in einem schnellen Augenblick vollziehen in sanftester Weise, und als ewig freies Geistwesen werden sie vom Tode dieser arg gewordenen Welt in ein freies, lichtvolles Leben eingehen, da keine Nacht, kein Tod, keine Sorge, keine Trübsal mehr, sondern beglückender Friede und Seligkeiten über Seligkeiten ihr Teil sein werden! Ihnen allen Meine Liebe, Kraft, Meine Gnade und Meinen Segen! Amen!

Vier Marksteine aus dem Leben Jesu

Wir sind uns bewußt, daß die Offenbarungsschriften durch Anita Wolf nicht für alle Menschen kundgegeben wurden, sondern erstlich für jene, die eine bestimmte geistliche Reife erlangt haben und dadurch befähigt sind, den nur in oberen Sphären bekannten erhabenen Inhalt zu verstehen.

VERKÜNDIGUNG

In dieser Offenbarungschrift wird das tiefste himmlisch-geistige Geheimnis der göttlichen Wesenheit und des Universums aus der großen Zeit der Zeiten von JESUS-UR-SELBST enthüllt.

Was geschah in der Karfreitag-Nacht?

Es sind noch viele andere Dinge, die JESUS getan hat; so sie aber sollten eins nach dem andern geschrieben werden, achte ich, die Welt würde die Bücher nicht fassen, die zu schreiben wären. (Joh. 21; 25)

Im Schlußwort des Großen Evangeliums Johannes Bd. 11, Seite 220, spricht JESUS der HERR (durch L. E.) im Jahre 1893: "Es fehlt hier noch ein großer Teil, nämlich *das*, was in der *geistigen Welt* sich abspielte. Das zu *fassen*, ist die Welt noch *viel zu unreif*; und auch die wenigen, die Meinen direkten Worten glauben, können es noch nicht in sich aufnehmen. Es *wird* jedoch eine Zeit kommen, und sie ist nicht allzuferne, da die Menschen zu einem reingeistigeren Empfinden zurückkehren. *Sodann ist es Zeit, auch dieses zu offenbaren, und es wird sodann geschehen.*" Diese bedeutsame Verheißung GOTTES beginnt - so will es uns scheinen - jetzt verwirklicht zu werden, da wir inmitten der *Endzeit* und vor der unmittelbaren WIEDERKUNFT CHRISTI stehen.

Mit dem vorliegenden Doppelheft "GETHSEMANE - GOLGATHA" wird uns durch die unaussprechliche Liebe und Gnade unseres Herrn und Heilandes eine Offenbarung zuteil, die alles, was wir seither über GOTT-VATERs Liebe und Erlösung, über den Urabfall und die doppelpolarische weiblich-männliche Wesenheit Sadhana-Luzifers, sowie über die Schöpfungstragik wissen, gewaltig überstrahlt und vertieft.

Titelbild zur Offenbarungsschrift
GETHSEMANE/GOLGATHA

Was geschah in der Karfreitag-Nacht?

Geheimnis um den "Verlorenen Sohn" Satan/Luzifer
Ölbild von Karl L. Veit 1955 (92 x 70)

Voll Ehrfurcht erleben wir die Vorbereitung und Entscheidung für die höchste Opfer-Tat, die UR SELBST im Menschen JESUS in der Gethsemane-Nacht vollbrachte, und werden in den geistigen Entsprechungssinn eingeweiht.

Ein der gesamten Menschheit bis heute verborgen gebliebener Zentral-Punkt: Die AUSWIRKUNG des KREUZOPFERS JESU auf *Luzifer* wird uns in ergreifender Weise enthüllt. Aufmerksame Gotteskinder haben sich wohl schon gefragt: In jener Golgatha-Nacht bis zur Auferstehung *muß* doch in der Jenseitswelt etwas unfaßbar Großes geschehen sein, das vielleicht alle menschliche Denkmöglichkeit übertrifft?! - Und hier erfahren wir es ausführlich: *Dieses Unfaßbar-Große i s t geschehen.*

Vom Geist getrieben faßten wir im Aufblick zur Lichtwelt den Entschluß, in der Karwoche 1955 diese die Hl. Schrift und die Neu-Offenbarung wunderbar ergänzende Broschüre herauszubringen. Wir sind uns der ungeheuerlichen Tragweite sowie Verantwortung voll bewußt, welche die Veröffentlichung und Verbreitung dieser grandiosen Offenbarung in ihrer Einmaligkeit mit sich bringen wird, nämlich je nach dogmatischer Gebundenheit eine Ablehnung oder aber durch die Liebe und eine gereiftdemütige Erleuchtung der Einzelseele eine *befreiende Erkennung*. In lebendiger Überzeugung glauben wir, daß darin das Tiefste und Höchste übermittelt wird, was über die Gethsemane- und Karfreitag-Nacht in aufwühlender Enthüllung *jemals* kundgegeben wurde.

Zu dieser ENDZEIT mit ihren für die Gotteskinder und den Anbruch des Friedensreiches heute notwendig gewordenen Erkenntnissen hat uns unser geliebter himmlischer Vater ein weiteres Himmelsgeschenk auf den Gabentisch Seiner unerschöpflichen Gnade gelegt, vor dessen überwältigender Größe wir einfach verstummen, da wir an einem entscheidenden, umwälzenden Entwicklungspunkt unseres Geistesdenkens angelangt sind. Wir hoffen und bitten, daß diese "Vier Marksteine aus dem Leben

JESU" auch Marksteine im Leben aller zur Vergeistigung Strebenden werden und darüber hinaus zur Rückkehr aller unglücklichen Seelen ins Ewige Vaterhaus beitragen möchten.

Wir überlassen es unseren Lesern, sich ein selbständiges, freies Urteil zu bilden. Jeder ringe in tiefem Gebet im eigenen Herzinnern um Klarheit und Erleuchtung, und sie *wird* ihm werden im Bewußtsein: DAS *ist die Lösung des Mysteriums der Karfreitag-Nacht* - "*...Niedergefahren zur Hölle...*"

K.L.V.

Auszug aus

GERICHT
als Barmherzigkeits-Akt Gottes

Der Überlieferungsglaube, sofern er um äußerer Ruhe und sogar weltlichen Gewinnes wegen festgehalten wird, ist ein Götzenglaube. Er entspricht dem durch die Jahrhunderte und Geschlechterfolge der Juden herangebildeten Messiasglauben, dem Israel die Weltmacht, nicht die Geistherrschaft entnahm. Der Heilige von Nazareth zerbrach den weltlichen Messiasglauben! Den Weltgedanken für den Geistgedanken aber einzutauschen, dazu fehlte den Judenoberen bis heute der Ernst. So auch viele Christen, die den Gerichtsglauben nicht in den vollkommensten Erlöserglauben umgestalten.

Den Lampenträgern sei gesagt: Wenn mit einem neuen Tag die Finsternis die Erde schreckt, dann ist das erste Zeichen da, dem andere folgen. Sehet zu, daß ihr vorher mit Waffen des Geistes völlig ausgerüstet seid, zu streiten für GOTT, für die Menschen und *gegen* die Sünde. Es ist ein Unterschied, ob jemand das Zorngericht predigt und dabei nicht versäumt, mit der Zornverkündigung zugleich die Hand der Liebe und Erbarmung bietet,

Gericht

als Barmherzigkeits-Akt Gottes

die Wege zur Heilung, zur Erlösung zeigt, oder ob jemand von ewiger Verdammnis spricht, vom feurigen Pfuhl als ewiges Gericht, oder gar von einem ewigen Tod!! Davor wird freilich manche Seele zittern und aus Furcht zur Umkehr kommen. Solche Furcht wird den falschen Predigern angerechnet; denn GOTT ist gnädig und barmherzig. "ER vergilt nicht nach der Missetat der Menschen, ER handelt nicht nach ihren Übertretungen"*). Harret auch nicht auf eine Entrückung vor der Leidenszeit; leidet mit euren armen Brüdern und Schwestern, *so werdet ihr erhöht zur rechten Zeit.*

Vier Fluten treten auf: Mord, teure Zeit, Pestilenz und Tod; aus denen gehen Plagen aller Art hervor als gerechte Folge übler Taten. Denn die Sünde *muß sterben*, und das Böse *wird vertilgt*! Das teuflische Wesen zerfällt in sich selbst und wird ewig nicht mehr sein. Diese Plagen richten vieles Unheil an durch das Tun der Machthaber und ihrer Völker. Der Menscheit schlimmster Feind ist die fast erzwungene Glaubenslosigkeit und Ausrottung der Religion, nicht weniger aber auch der äußere Glaube ohne Liebe. Ein Volk, das Krieg führt, kann für jeden einzelnen seiner Untertanen eine Kirche bauen; sie wären nichts anderes als Stätten ihrer Macht, des Mammons, der Unterdrückung und Brutalität. Ja, die Machthaber werden sich brüsten am Tage, wo die Finsternis mit der Sonne kommt. Sie werfen sich dann auf die Knie und schreien: Herr, verschone uns, denn wir haben den Glauben an Dich nicht verboten, haben die Gläubigen nicht verfolgt. Unsere Kirchen standen Tag und Nacht offen für alle, so hineingehen wollten; siehe wir haben nicht gegen Dich gekämpft. - Aber da wird wirklich eine Stimme vom Himmel herabtönen und rufen:

"Wehe, Babel, und die ihr Götzendienst betrieben habt mit eurem heiligen Gott und Herrn, Der da ist, war und sein wird, der Erste und Letzte vom Aufgang bis zum Niedergang. Ihr sagt, ihr

---

*) Ps. 103, 10

hättet nicht gegen den Heilgen gekämpft; aber eure Brüder auf Erden habt ihr verfolgt und sie in bittere Leiden gestürzt. Ihr raubtet ihnen Gut und Blut, Freiheit, Ehre und Ansehen; ihr habt sie erniedrigt bis zum Staube. Gegen Glauben habt ihr nicht *gesprochen*, o nein - hättet ihr das getan, wahrlich, der HERR könnte euch die Sünde in Barmherzigkeit vergeben. Aber ihr habt gegen den Glauben *gehandelt*, habt des HERRN Gebot mißachtet. Das ist euer Verderben! Gedanken und Worte vergibt der Allmächtige im Augenblick, da der Sünder rechte Reue zeigt. Taten aber, ihr Irdischen, Taten kommen aus euch selbst. Es kann sich keiner entschuldigen und sagen: Siehe, Herr, ich ward verführt. - Um solcher Taten, besonders jener der Unbarmherzigkeit, müßt ihr leiden, bis ihr sie bezahlt habt!"

Indem all ihr festgefügtes Werk ganz ins Wanken gerät, werden sie sich selbst und Gott verfluchen und ihre Lasterhaftigkeit wird größer sein denn je. Allein an diesem Tag ist ihnen schon die Macht entrissen, sie herrschen nur noch kurze Zeit. Selbst ihre abermalige Erhebung, Volk wider Volk, bringt nichts als schwere Verwüstungen, geistig - wie irdisch. "Denn an einem Tage, nachdem die Finsternis vorüber ist, kann niemand mehr kaufen und verkaufen", weil die Erde alle Mittel längst verschlungen hat. Der Erdboden wird sich an vielen Orten spalten und die Geister des Feuers, des Wassers, der Erde und der Luft machen manches Menschenwerk zunichte.

Einzelne werden sich bemühen, sich gegen das Toben zu stemmen, möchten mit besserer Einsicht dem allzu furchtbaren Chaos gegenübertreten. Da diese wenigen Machthaber, Führenden und Wissenschaftler aber zu spät zur Einsicht kommen, können sie die Flut nicht dämmen, die sich über die Menschheit ergießt.

Wenn dann die Verantwortlichen schreien, "Wo bist Du, Gott, Der Du solches sendest und wo ist Dein Erbarmen?", da werden die vier Engel, die die vier Winde in den Händen halten, rufen: "Ihr habt keinen GOTT gekannt, vergeblich ist euer Geschrei! Ihr habt aus Wahngier für Macht und Mammon die Erde aufgewühlt, um ihre Schätze euren Götzen in den Rachen zu werfen. Wundert euch nur nicht, daß die Erde euch verschlingt. Hättet ihr im wahren Wohlstand, Gleichheit, Freiheit, um geistiges wie natürliches Recht die unterirdischen Güter und jene aus dem Kosmos zum Dienst der *ganzen Menschheit* eingestellt, wahrlich, unerschöpflich wäre der Brunnen geblieben, und der Segen hätte die Güter tausendfach vermehrt. - So aber nahmt ihr den Gewinn für euch allein in Anspruch, um dadurch Völker zu verderben, Arme auszubeuten und schauerlichste Kriege zu entfesseln!

Ihr habt mit Verstand und törichtem Wissensdurst in die Höhe gegriffen - nun, die Höhe ist über euch hereingefallen. Hättet ihr mit Vernunft und göttlicher Weisheit zum wirklichen Heil der Menschheit geforscht, dadurch den geistigen Frieden zu sichern, wahrlich, die Höhe wäre zu euch herabgekommen, sanft und heilsam; *sie hätte euch die Ordnunggesetze des Weltalls offenbart.*" Sie werden sich verteidigen: "Wir haben den Armen viele soziale Werke errichtet." "O ja", sagen die vier Engel, "das habt ihr getan, allein nicht von eurer Hände Arbeit und nicht durch euren Fleiß, auch nicht von eurem Reichtum. Die Armen mußten selbst die Werke bauen; von ihrem Brote habt ihr abgeschnitten, um anderen Armen ein Essen zu geben; die Groschen der Dürftigen habt ihr gesammelt, den Notdürftigen zu einer mageren Hilfe, euch selbst zur Ehre. Und die am wenigsten an solchen Werken von dem Eigenen gaben, die erhielten Namen und die Auszeichnung der Welt. Wundert euch nicht, wundert euch nicht, - seht, das Gericht des HERRN kommt über euch!!"

Jede Anstrengung zu völkischem Frieden bleibt erfolglos. Was sich ab und zu als Erfolg entpuppt, ist weitaus das Gegenteil, weil im gegenseitigen Mißtrauen in Wahrheit niemand an Frieden denkt und glaubt, den aufzurichten einer dem anderen verspricht. Die sagen im Rate "Ja" und hinter der Türe "Nein"; und die Fäden, die sie zu entwirren suchen, verspinnen sich zum unheilvollen Netz, in dem die Ratgeber sich selbst gefangennehmen. Einen großen Spruch setzen sie auf, daran sich alle halten sollen; es wird sich aber niemand darum kümmern, weil keiner der Erste sein will, der den Weltspruch hält. Grenzen fallen, zehn und mehr; und neue Grenzen werden, hundert und mehr. D. h. was Gutes geschieht, wird durch Böses vielfach wieder aufgehoben. Auf einen *geredeten* Frieden folgt Fehde ohne Unterlaß. Das ist das Spiegelbild der letzten Hölle nicht mehr nur wesenhaft, sondern als Menschen in erschreckender Wirklichkeit!

Ihre Forschungen, von denen sie glauben, daß sie ins Geistige hinüberragen, richten größtes Unheil an. Sie kennen den UR-Geist nicht, noch Seine heiligen Gesetze. - Würden sie beides aber auch erkennen, es fiele ihnen nicht ein, sie zu respektieren. Daran hindert sie die Machtgier und der Wille, Völkern ein Grab zu graben, um die Weltherrschaft an sich zu reißen. Selbst bei direkten Anzeichen von Gefahr werden sie nicht ablassen, die Tiefe der Erde aufzureißen und die Höhe zu sich herabzuziehen. Sie brauchen sich nicht zu wundern, wenn Tiefe und Höhe zum Verderben sich vereinen.

Wird dann die Not fast untragbar, werden die Geheiligten verfolgt, weil sie das Gericht als "Barmherzigkeit" verkünden, dann möchten viele erkennen. Doch erst, wenn der vierte Engel den Samen des Gerichts ausstreute, wird ein Tor der Umkehr aufgetan. Doch dann ist die Gerichtszeit fast vorüber, und der HERR der Ewigkeit wird Sich allerorten offenbaren.

Wir aber, die Stimmen aus dem Reich, haben den Auftrag, euch Kindern den einzig-wahren Hinweis zur Durchführung dieser Aufgabe zu offenbaren, wenige Worte, die euch nicht unbekannt sind. Wohl müßt ihr den tiefstheiligen Sinn erst mehr und mehr verstehen lernen. Die Worte aber lauten:

Liebet eure Feinde, segnet, die euch fluchen, tut wohl denen, die euch hassen. Bittet für die, so euch beleidigen und verfolgen; denn nur dann, wenn ihr dieses Gebot erfüllt, seid ihr Kinder des VATERS im Himmel, in GOTT gebundene Seelen, vom heilgen Geist erleuchtete Geister des PRIESTERS und vollkommene Geschöpfe eures SCHÖPFERS. ER läßt regnen und die Sonne scheinen über Gute und Böse; über euch, die ihr nach Licht-Heilig pilgert und über jene, die die Barmherzigkeit einhüllen wird, daß sie nicht verloren sind. Wie euch getan wird, so tuet allen anderen!!

Befolget ihr aber das Gebot nur für die, so euch nahestehen, wahrlich, der Lohn bliebe nicht aus; doch viel vom Kreuzessegen! Denn auch die Bösen helfen sich gegenseitig durch allerlei Vorteil und teilen den Raub. Was hättet ihr solchen voraus? - Wer den Bösen nichts Böses, aber auch nichts Gutes tut, entbehrt des ersten Lichts und dessen Segen! Das ist ein schweres Wort! - So handelt nicht wie die Bösen, noch weniger wie die Lauen, sondern haltet das Gebot, auf daß ihr vollkommen werdet, wie euer Vater im Himmel vollkommen ist.

Während der Endzeit müssen die Menschen des freien Willensgesetzes wegen zuerst und unmittelbar *durch Menschen* gerufen und erweckt werden, damit die UR vorbehaltenen gerecht gestellten Bedingung ihr Werkrecht haben. Geführt werden alle Lichtkinder, die sich dem heiligen CHRISTUSWERK zur vollsten Verfügung stellen, von Befehls-Engeln, die zum Dienst beigegeben sind. Die Reichsfürsten halten nunmehr die Fackeln des heiligen Lichts über diese letzte Zeit.

Die vier Hochziele auf dem Heiligen Herd - für die Welt noch verhüllt - werden denen offenbar, die eines guten Willens sind. Ihre Wurzeln ruhen in der *Geburt des Liebesohnes, in Seinem hochheiligen Kelchgebet, in Seiner die gefallene Schöpfung allumfassenden Kreuzerlösung und in Seiner bevorstehenden Wiederkunft und glorreichen Erscheinung*!

*

Dem, der himmlische Hochschulreife besitzt, sei das Werk "UR-EWIGKEIT IN RAUM UND ZEIT" empfohlen, dessen grandioser Inhalt der gesamten Theologie, Theosophie, Anthropogenie), Anthroposophie, Christian Science und Scientologie unbekannt ist. (Siehe Bibliographie Seite 358, Nr. 109)*

D. H.

---

*) Lehre von der Entstehung des Menschen.

30. Kapitel

P. H. O., Berlin

Die Erd-Zukunft im Zeichen des "Wassermann"

Wie JESUS CHRISTUS, der Auferstandene als Ewiger Logos, als der Erste und der Letzte durch Johannes in den sieben Sendschreiben der Geheimen Offenbarung zu den sieben Gemeinden der Urchristenheit im Jahre 90 von Patmos (Offbg. Kap. 1-3) im direkten WORT gesprochen hat, so spricht ER auch zu dieser Zeit als GOTT der ALLMÄCHTIGE, als HIMMLISCHER VATER, wiederkommender MESSIAS zu den Bekennern der *Urgemeinde Gottes*, zu Künstlern, Wahrheitsuchenden und Lichtstrebenden, zu allen Menschen mit gutem Willen:

Wenn die große Läuterung der Menschheit ihren vorläufigen Abschluß gefunden hat, beginnt sich im Leben derselber ein fühlbarer Umschwung zu vollziehen. Wer die Zeit der Prüfungen überlebte, ist von einem inneren Kampf erfaßt. Wohl werden noch manche Unbelehrbare vorhanden sein, aber sie sind in der Minderheit und stehen dem erlösenden Aufstieg nicht mehr im Wege.

Ich verkünde, daß der Mensch der Erde ein anderer werden muß! Meine Gebote der Liebe müssen gehalten werden; im Verkehr untereinander sollen Aufrichtigkeit und Sauberkeit herrschen. Viele werden die Gedanken ihrer Mitmenschen sehen und nehmen ihnen somit alle Waffen aus der Hand. So beginnt Meine Kraft bereits in den Auserwählten zu wirken und bereitet den Boden für Mein Kommen. Das Feuer, das Ich anzünden werde, ist gewaltig. Ich zeuge die Gedanken in Millionen verkörperter Geister, und ein Heerbann von Getreuen Meiner göttlichen Liebe steht Mir zur Verfügung, um Meine Ziele zu verwirklichen. Ich komme, um zu bezwingen und zu erlösen! - Sorget euch nicht, daß nicht erfüllt werde, was Ich gesagt. Seit Ewigkeit ist der Menschheit bestimmt, den Tag zu erleben, an dem ihr die Augen und die Herzen geöffnet werden. Die Ausgießung des Heiligen Geistes, wie er symbolisch in den Schriften zum Ausdruck gebracht ist, ist das Zeichen des Wassermanns. Es ist euch gesagt, daß alle Materie wieder der Vergeistigung (Entmaterialisierung) zugeführt werden muß. Und am Ende der Tage ist das Meinige wieder mit Mir vereinigt.

In den nun folgenden Jahrtausenden wird eine Menschheit erstehen, die seit langen Zeitläufen wieder jene gotterfüllte Liebe betätigen wird, die allein das wahre Glück, den wahren Frieden und die erhabene Kultur gewährleistet.

Viele Kulturen sind vergangen, doch das Ewige in ihnen ist geblieben und leuchtet hinein bis in eure Tage. So folgt Erkenntnis auf Erkenntnis, und schließlich kommt der Tag, da der Gottmensch auf der Erde lebt. Bis zur Läuterung der Menschheit, da sie reif geworden ist, Meinem Willen zu dienen, ist noch viel Unkraut unter ihr zu jäten. Das Faule und Laue muß vergehen. Die harte Schale der Eigensucht und der Widerstand gegen Meine Gebote müssen zerstört werden. Es muß hervorleuchten die Liebe in ihrem beglückenden Lichte. Die Erde ist das Sorgenkind Meiner Liebe. Auf keinem Planeten, den Wesen eurer Art bevölkern, tobt der Haß gegen den Bruder in dem Maße, wie dies zur Zeit bei euch der Fall ist! Das ist ein Zeichen der beginnenden Erleuchtung der Menschheit. Denn dagegen wehren sich die Kräfte des eigensüchtigen Willens. Doch Mein Licht wird alle Schatten verzehren. Und es wird sich glätten die Woge der himmelanstürmenden Leidenschaft des Hasses und des Zerstörens. Dann werden auf der Erde nur noch solche Seelen verkörpert sein, die jene Kraft der Liebe in sich tragen und die in den Sphären eine hohe Stufe der Erkenntnis bereits erlangt haben, die Voraussetzung ist für die hohe Kultur, welche in den kommenden Zeiten der Erde das Gepräge gibt.

Selig sind die Geister, die in Meinem Namen wirken, ihnen ist alle Herrlichkeit erschlossen im Zeitalter der Durchgeistigung der Materie. Sie schauen in unendliche Fernen, ihnen ist alles erreichbar, sie verlangen nach nichts und haben doch alles. Das ist der Zustand, den die Vollendeten erreicht haben. Von ihnen wird die Erde viele tragen und es wird ein Licht von denselben ausstrahlen, das alles, was sich in ihrem Umkreis befindet, gleichrichtet. Sie haben in sich die Gewißheit, daß sie Erfüller des göttlichen Willens sind und können deshalb souverän handeln. Handeln sie doch in der unbegrenzten Machtfülle, die Ich ihnen für ihre Aufgabe gegeben habe. So ist die Sicherheit gewährleistet, daß durch diese Meine Boten das Leben der Erde auf ein hohes Niveau gelangen wird. In Meinem Namen tun sie alles und tun es aus jener Liebe heraus, die die ganze Schöpfung umfaßt.

Ich bin nun der Zeit vorausgeeilt, die nach der bald eintretenden Läuterung kommen wird. Ich führe dich nun wieder eine Weile zurück und beginne mit dem Tage, an dem die Erde in ihren Grundfesten erzittert. Das Geschehen selbst will Ich nicht kundgeben - das hat weder Sinn noch Zweck. Genug, es wird ein Erwachen durch die Menschheit gehen, das den Anfang bildet zur tieferen Besinnung der Bewohner eures Planeten. Nach einer Weile trete Ich in Gestalt eines Menschen vor die Öffentlichkeit. Ich werde die Verirrten hinweisen auf die Nutzlosigkeit der politischen Parteikämpfe. Kein politisches System wird jemals in der Lage sein, Frieden und Harmonie auf der Erde zu sichern. Beseitigen werde Ich alles, was der Verständigung und Befriedung im Wege steht. Wer sich auflehnt, wird ausgeschaltet, damit er nicht weiter sündigen kann. Viele werden noch versuchen, dem Strome des Erkennens einen Damm entgegenzusetzen, doch es sind Ohnmächtige, die ein letztes Mal aufbegehren. Die Wellen des Geistes erfassen sie und nehmen so alle Möglichkeiten der Wirksamkeit.

Damit das Leben auf der Erde wieder in ruhige und gesunde Verhältnisse gelangt, werde Ich eine wunderbare Ernte gedeihen lassen, die alles Vorstellbare übersteigt. So gehen Hunger und Not zu Ende, und Tränen der Dankbarkeit treten in die Augen vieler Menschen. Das wird viele aufhorchen lassen, und sie sagen gleich Kindern: "Das war die Hilfe Gottes, Er ist uns gnädig!" So wird vieles geschehen, was nach euren Begriffen an Wunder grenzt. Es sind jedoch die Wirkungen, die von Meinem Geiste ausgehen und das Feld bereiten, auf dem die neue und erhabene Kultur gedeihen kann. Die Menschen werden nun begreifen, daß sie vorher in Nacht und Blindheit gelebt. Von ihrem geistigen Auge fällt der Schleier der Maja. Sie fangen an, sich gegenseitig zu achten, und das Gesetz der gegenseitigen Förderung und Hilfe wird nunmehr beachtet. Jetzt erkennen die Menschen, daß Ich es bin, Der ihnen Hilfe angedeihen läßt, und alt und jung erheben ihre Herzen zu Mir empor. Ich ergreife die Zügel der Regierung, und eine noch nie dagewesene Ordnung tritt ein. Gewiß werden viele sagen: "Gott auf der Erde, das ist nicht möglich - ich habe Ihn nie gesehen - wer weiß, ob es Ihn überhaupt gibt?!" Sie werden durch Taten und Zeichen überzeugt, und wo hartnäckiger Zweifel herrschte, tritt allmählich Überzeugung und Glauben ein.

Ja, Ich will zu euch kommen und endlich den Frieden unter den Völkern herstellen. Die Waffengewalt wird dann überflüssig. Nur solange die Läuterung des größten Teiles der Menschheit währt, werden Waffen, die den irdischen Tod herbeiführen, noch zur Anwendung kommen. Das wird noch zweimal eintreten; dann ist das grausige Morden vorüber.

Ich will dir jetzt ein Bild geben von der Schönheit und dem Wohlstand, den Meine Anwesenheit unter euch herbeiführen wird. Große Gebiete Europas sind in blühende Fluren verwandelt. Das, was die Erde trägt, wird für die vorhandene Bevölkerung genügend sein - sie tun gut daran, sich in großem Maße von Früchten zu nähren, die die geistige Erkenntnis erleichtern.

Die Hast, welche die Seelen eurer Tage ergriffen hat, ist verschwunden - ein Zustand von Glückseligkeit lebt in vielen Menschen - es ist, als seien sie neugeboren. So manche werden sich fragen: "Wie konnte ich denn nur hassen, warum habe ich dem oder jenem Unrecht getan? Was muß ich doch für ein schlechter Mensch gewesen sein? Ich kann es nicht verstehen, daß ich jetzt so anders geworden bin." - Ja, ihr Kinder Meiner Liebe, der Geist der Liebe hat euch erfaßt, und ihr seid wahrhaftig verwandelt. So ihr weiter die Straße geht, werdet ihr am Ende eures Erdenlebens erkennen, daß ihr wahrhaft glücklich gewesen seid; denn der Segen Gottes begleitet euch nun in die Spären, und ihr seid Meinem Herzen wieder nähergekommen.

Kein Gedanke des Vorwurfs gequälter Seelen eilt euch nach. Kraftströme tragender Liebe umfangen euch - und so mancher wird bei seinem Hinscheiden von dem Wunsche beseelt sein, recht bald wieder eine Liebesmission auf der Erde übernehmen zu können. Jetzt beginnen die Menschen die höhere Schönheit zu erahnen und zu verstehen, die allein sich in der Harmonie ausdrückt.

Neue Ära künstlerischer Tätigkeit

Das neue Sendungsbewußtsein, das künstlerische Schaffen der Zukunft wird um eine Oktave höher sein, denn Ich will, daß die Kunst zu einem Werkzeug der Offenbarung gemacht werde. *Die Künstler der kommenden Zeit sind Vollstrecker Meines Willens*, der sich in den wunderbarsten Schöpfungen auswirkt. Das geistige Leben, das in allem Lebendigen schwingt, gilt es in den Werken der Künste ahnen zu lassen. Der Rhythmus des Schöpferischen strahle aus ihnen. Dabei ist es einerlei, ob es sich um Bildwerke oder musikalische oder dichterische, d.h. vom Geist des Lebens empfangene Worte handelt. Das Niedrige vergehe, und Mein Geist werde und wirke lebendig aus den Werken Meiner Kinder der schöpferischen Gaben!

Ist es schon Gnade, die Ich den mit künstlerischen Fähigkeiten begabten Seelen gebe, so will Ich auch, daß diese Meine Sehnsucht, Mein Leben und Meine Harmonie wahrhaft in ihren Schöpfungen zum Audruck kommen, zum Segen und zur Freude Meiner Kinder auf der Erde. Ich habe eine große Freude an dem Schaffen der Menschen, wenn es rein und wahrhaftig ist. Vor Mir besteht nicht die Eigenschaft leichtfertig bravourösen Gekünstels, sondern der Geist und die Harmonie, in denen das Werk geschaffen wurde. Es ist nicht wahr, daß ein Kunstwerk die Aufgabe hat, einen niedrigen Sinnenreiz auf die Menschen auszuüben. Die Seele soll es ergreifen, sie ahnen lassen, daß ein Geistiges über allem schwingt, daß es meine immerwährende Ausstrahlung der Schönheit Meines Universums ist. Es ist auch nicht wahr, daß es Aufgabe der Kunst ist, Meine Schöpfungen zur Karikatur zu machen. Das ist Verhöhnung Meiner Schöpfung, die Ich den Kindern der Erde wohl verzeihe, weil sich ihre Seele gar so sehr verirrt und glaubt, das, was sie schaffen, sei das Letzte und Höchste, was im künstlerischen Schaffen zu erreichen sei. Von einem kann Ich diese Seelen jedoch nicht entbinden, sie gehen einer künstlerischen Begnadung für lange Zeit verlustig, denn ihre Werke dienen der Auflösung und fördern nicht die Erlösung vom Wahn der Nichterkenntnis. So werden viele von ihnen schon in ihrem Erdenleben ihres Schaffens verlustig gehen, denn die erwachenden Seelen kehren sich ab von ihrem Gestammel und huldigen den hohen Werken jener Künstler, aus denen wahre Schönheit redet. -

Ich spiegele Mich wider in der *Weisheit*, in der *Liebe*, der *Kraft* und der *Schönheit*. Diese sind Aspekte des unendlichen Reichtums Meiner Wesenheit. Wo diese Aspekte zusammenwirken, da ist Vollkommenheit. Den möglichsten Grad der Vollkommenheit zu erreichen, ist die Aufgabe der Kinder der Erde. - Wer die Schönheit nicht empfinden kann, dessen Seele ist trübe und verschlossen dem Glanze und den heilsamen Schwingungen dieser Meiner Gottesgabe. Wer die Weisheit nicht erkennt, dessen Denken ist verkrampft und abgekehrt dem Grundsatz, daß alle Weisheit einfach ist. Wem innere Kraft die Brust nicht schwellt, ist krank an Leib und Seele, und wo diese Aspekte fehlen, da fehlt die Liebe, die allein zu allen Segnungen führt. Verlange, du Seele im Menschenkleide, nach rechter Erkenntnis der Liebe, und die Weisheit erfüllt dein dürstend Herz. Und aus der Weisheit wird das rechte Kraftbewußtsein erwachsen, und du siehst mit leuchtenden Augen überall die Schönheit. Glaube nur, Ich offenbar Mich im Strahl der Sonne. Ich leuchte aus den Augen der Glücklichen, Ich jauchze mit all den frohen und zufriedenen Wesen des Alls. Im Sturme sowie im Grollen des Meeres lebt Meine Kraft, und voll väterlicher Innigkeit umschließe Ich alles, was sich nach Mir sehnt. Ich bin der Geist, der das Leben bedingt - aus Mir ist alles erstanden. Das wahre Leben - das Leben des Geistes ist Mein Wesen. Alle Materie ist Spiegelung des Geistes der Entwicklungsstufe eines jeden Planeten. Doch in allem und über allem wirke Ich als treibende, gärende, veredelnde und erhebende Kraft. Nichts kann Mir entfliehen. Ich folge in die Tiefe so wie in die Höhe. Ich warne beim Betreten des Weges nach unten, Ich ziehe empor beim Wegbeginn nach oben.

Frei ist der Geist, der von Mir ausgegangen in seiner Willensbestimmung. Sein Weg führt ihn nach seinem Willen in kurzer Frist zu Mir zurück - oder weiter von Mir fort. Doch Ich wache über ihn, ob er im Abgrund schmachtet in seiner Blindheit - damit er nicht verlorengehe für undenkliche Zeiten - oder ob er zu Mir sich wendet, damit er nicht wieder abirren möge. Die Umkehr vom Wege der Verirrung zu seiner Heimat bringt alle Sphären in festliche Erregung. Wie würden eure Seelen jauchzen bei der Wahrnehmung der Klänge, die in herrlichster Harmonie das All erfüllen, wenn auch nur ein einziges Wesen zur Umkehr sich entschließt. So groß ist die Freude, daß Himmelstöne auf- und niedersteigen, und in gewaltiger Resonanz erzittern die Himmel.

Heilig ist jede Sekunde, in der ein Wesen zu Mir erwacht. Es ist die Wiedergeburt im Geiste, die das größte im Leben eines Erdenmenschen bedeutet. Darum ist auch gesagt worden: Wer Mich erkennt im Geiste und in der Wahrheit, der hat das ewige Leben gefunden! Um diesen Geistestag ringen alle Wesen, ob gut oder böse. Der äußere Mensch weiß nichts davon - er ist zumeist geblendet vom Schein der Materie; doch der Geist in ihm wartet auf die Erlösung - auf die Bewußtwerdung im Menschen. Das ist der große Augenblick, der Mir geschenkt wird, wenn Ich Mich im Menschen und der Mensch sich in Mir erkennt. Dann beginnt der Weg zu leuchten, den das Wesen der Erde wandelt, denn Meine Bewußtwerdung gibt ihm das rechte Geleit. Je stärker die Gewißheit aufflammt, daß Ich es bin, Der im Menschen wirkt, um so verklärter wird sein Wesen - er erkennt, daß es nur ein Ziel geben kann, nämlich: In Mir vergöttlicht zu werden; dann lösen sich alle Spannungen und Hemmungen. Ich bin der Wirker und Gestalter des Schicksals jetzt allein - denn Ich bin das Leben, das in den Himmel führt. Himmel und Erde werden einst vergehen, aber Meine Worte nicht. Sie sind ewig lebendig und klingen fort und fort in immerwährender Fülle, und überall zeugen sie von Meiner Liebe. Wer in sich die Fülle Meines lebendigen Wortes verwirklicht hat, der hat den Himmel erbaut, der einmal von allen Meinen Wesen verwirklicht werden soll. Dann haben Krankheit und Sorge keine Heimat mehr im Tempel des Geistes - denn überall ist nun Licht und Leben. Dieser Zustand soll auf der Erde in den nun kommenden Zeiten Wirklichkeit werden. Deshalb werde Ich kommen, um mit gewaltiger Kraft hineinzuschleudern in die träge Masse das Licht, das von Mir ausgehen wird. Denn nicht Unglück will Ich sehen unter Meinen Wesen, sondern leuchtende, glückliche Seelen. Oder glaubet ihr, daß ein rechter Vater zufrieden ist, wenn sein geliebtes Kind leidet? So seid gewiß, daß eine grundlegende Wandlung eintreten wird, von der in Nacht und Blindheit verharrenden Menschheit die Täuschung zu nehmen. Denn Täuschung und Irrwahn sind es, die den Menschen fort und fort bändigen, und daß er taub bleibt für Meine heiligenden, erlösenden Worte.

Sehet, das große Meer! Es hat in sich zahllose Tropfen von Wasser. Keiner kann sich trennen vom Ganzen, ohne alle Kräfte und Bestandteile des großen Meeres mit sich zu nehmen. Und käme er in die entlegendsten Länder - er bliebe dennoch der Meerestropfen! So seid auch ihr Mir ewig verbunden. Ewig lebt in euch Mein Wesen. Meine Kräfte liegen in euch - sie liegen latent in den meisten Menschen, und erwachen sie zu Mir, so sind sie dynamische Gewalten, die von Gotteskraft zeugen. Erwachen wird die Menschheit im geistig erleuchteten Zeitalter, und der Planet "Erde" wird einstimmen in die harmonischen Klänge erhabener Sphärenmusik.

Während meines Daseins auf der Erde werde Ich säen eine reiche Saat, damit sie aufgehe in reicher Frucht und fortzeuge göttlichen Samen. Oh, Erde! Kind Meiner Liebe! Du brauchst den bezwingenden Erlöser! Die Zeit ist reif, sonst muß Ich warten auf dich noch lange Zeiträume. Erkenne, daß auch du ein Tropfen bist in dem unendlichen Meer Meiner Liebe. Ich heilige deine Bahn! Öffne deine Geistesaugen und erkenne die herrliche Schönheit und das größte Glück, die dir bestimmt sind! Hörst du nicht die Stimme der Rufer? Sie schlagen in einem fort an dein Ohr! Siehst du nicht die Zeichen der Zeit, die verkünden, daß dein Weg nach oben führt? Die Bremsen kreischen am Wagen der Zeit, doch niemand wird aufhalten können die Fahrt in die Erlösung. Denn Ich selbst stehe am Steuer!

Inneres Wort und Tatchristentum

So sprach der Herr zu und in mir (J. L.) für jedermann, und das ist wahr, getreu und gewiß:

1. Wer mit mir reden will, der komme zu Mir, und Ich werde ihm die Antwort in sein Herz legen; jedoch die Reinen nur, deren Herz voll Demut ist, sollen den Ton Meiner Stimme vernehmen.
2. Und wer Mich aller Welt vorzieht, Mich liebt wie eine zarte Braut ihren Bräutigam, mit dem will Ich Arm in Arm wandeln. Er wird Mich allezeit schauen wie ein Bruder den anderen und wie Ich ihn schaute schon vor Ewigkeit her, eh' er noch war.

(H. H. G., I.1; 1-2)

Wer recht leben will, kann es in jeder Kirche, denn die Hauptregel heißt: prüfet alles und das Gute behaltet! Ich sage zu niemandem: Werde ein Katholik, ein Protestant oder ein Orthodoxer! Sondern: was einer ist, das bleibe er, wenn er will; sei aber ein werktätiger Christ im Geiste und in der Wahrheit! Denn jeder kann überall, wenn er es will, das reine Wort haben.

(J. L., Erde und Mond)

31. Kapitel

Vorhersage über die Offenbarungen durch Jakob Lorber

In Seinen Gesprächen mit den Aposteln und Jüngern gab JESUS als Allwissender diese frappanten Aufschlüsse:

3) "Ihr, als die ersten Grundpfeiler Meiner Lehre, müsset für euch so manches mehr wissen im geheimen denn alle anderen zusammen, auf daß ihr nach einiger Zeit ja in keine Versuchung zum Abfalle von dieser Meiner Lehre gelangen möget.

4) Es wird aber alles das dennoch nicht verlorengehen, und wenn da tausend und nicht ganz tausend Jahre von nun an verflossen sein werden und Meine Lehre ganz in die schmutzigste Materie begraben sein wird, so werde Ich in jener Zeit schon wieder Männer erwecken, die das, was hier von euch und von Mir verhandelt ward und hier geschehen ist, ganz wortgetreu aufschreiben und in einem großen Buche der Welt übergeben werden, der dadurch vielseitig die Augen wieder geöffnet werden!*)

5) Nota bene: Du, Mein Knecht und Schreiber, meinst nun wohl, als hätte Ich damals dessen kaum erwähnt?! Willst du auch schwach werden im Glauben, wie du in deinem Fleische noch schwach bist?! Sieh, Ich sage es dir, daß Ich dem Cyrenius und dem Kornelius sogar deinen und mehrerer anderer Namen angegeben habe und sie nun auch die erfreulichsten Zeugen alles dessen sind, was Ich dir nun in die Feder sage. Aber Ich werde am Schlusse auch dir Namen ansagen, die von nun an in

---

*) Dieses Buch wurde mir in meinem 21. Lebensjahr in einer Lichtvision vom HERRN SELBST gezeigt und zwar ein halbes Jahr bevor ich das Große Johannes-Evangelium im Jahr 1929 kennenlernte und ergriffen studierte.
Siehe "Mein Lichterlebnis" Kap. 25, S. 264. Später durften meine Frau und ich das von Anita Wolf empfangene Offenbarungswerk "KARMATHA" (UR-Gemeinde-Verlag, Heft 15 - 17) herausgeben, das Jakob Lorbers geistige Entwicklung *vor seiner Erdenmission* schildert.

2.000 Jahren noch Größeres niederschreiben und leisten werden als du nun! - Solches merke dir vorderhand, und schreibe alles vollgläubig!

6) Hierüber verwunderte sich Cyrenius sehr, und Kornelius fragte Mich um die Männer näher, denen solches verliehen wird.

7) Und Ich gab ihnen den Stand und Charakter und sogar die Namen an und setzte dazu: "Einer von denen, dem wohl das meiste geoffenbart wird, mehr denn euch allen nun, wird in männlicher rechter Linie abstammen von Josephs ältestem Sohne und wird sonach auch ein rechter Nachkomme Davids sein dem Leibe nach. Er wird zwar, gleich David, schwachen Fleisches sein, - aber desto stärkeren Geistes! Wohl denen, die ihn hören und ihr Leben danach einrichten werden!

8) Es werden aber auch die anderen Großgeweckten zumeist von David abstammen. Denn solche Dinge können nur solchen gegeben werden, die sogar fleischlich von dort herstammen, von wannen auch Ich fleischlich abstamme; denn auch Ich stamme ob der Maria, der Mutter dieses Meines Leibes, von David ab, da die Maria auch eine ganz reine Tochter Davids ist. Es werden in jener Zeit zwar diese Davidsnachkömmlinge sich zumeist in Europa aufhalten, aber darum werden sie dennoch ganz reine und echte Nachkommen des Herrn nach dem Herzen Gottes und fähig zur Tragung der größten Lichtstärke aus den Himmeln sein. Auf einen irdischen Thron werden sie wohl nimmer gelangen, aber desto mehr werden in Meinem Reiche ihrer harren, und Ich werde Meiner Brüder wohl allzeit gedenken! Auch die meisten Meiner Jünger, die hier sind, stammen männlicherseits von David ab und sind darum leiblich Meine Brüder in allem Ernste bis auf einen, der nicht von oben, sondern pur von dieser Welt her ist. Er sollte zwar nicht dabei sein, und doch muß er wieder dabei sein, auf daß das, was geschrieben steht, erfüllt werde!"

Gr. Evangelium Johannes, Bd. 4; Kap. 112

K. L. V.

Das Zeitalter der Technik

Im Lorberwek "Johannes, das große Evangelium" Band 5, Kapitel 108, gibt JESUS Einblicke in bestimmte Abläufe des 19. und 20. Jahrhunderts, speziell über die verheerenden Zustände der "Endzeit":

1) (Der Herr:) "Aber es wird kommen am Ende die Zeit, in der die Menschen zu einer großen Klugheit und Geschicklichkeit in allen Dingen gelangen werden und erbauen werden allerlei Maschinen, die alle menschlichen Arbeiten verrichten werden wie lebende, vernüftige Menschen und Tiere; dadurch aber werden viele Menschenhände arbeitslos, und die Magen der armen arbeitslosen Menschen werden voll Hungers werden. Es wird sich dann steigern der Menschen Elend bis zu einer unglaublichen Höhe. Alsdann werden abermals von Mir Menschen erweckt werden, und sie werden verkünden die Wahrheit Meines Namens über 200 Jahre lang.*) Wohl denen, die sich daran kehren werden, obwohl ihre Zahl nur eine geringe sein wird!"
2) "Wenn aber auch die Zahl der Reinen und Guten wie zu den Zeiten Noahs sich sehr verringern wird, dann soll die Erde abermals beschickt werden mit einem allgemeinen Gerichte, in welchem weder der Menschen, noch der Tiere, noch der Pflanzen geschont wird. Es werden da den stolzen Menschen nichts mehr nützen ihre feuer- und todspeienden Waffen, nichts ihre Burgen und ehernen Wege, auf denen sie mit der Schnelligkeit eines abgeschossenen Pfeiles dahinfahren werden; denn es wird ein Feind aus den Lüften angefahren kommen und wird sie alle verderben, die da allzeit Übles getan haben. Das wird sein eine wahre Krämer- und Wechslerzeit."

---

*) Wir denken hier auch an Joseph Smith, die Büchersammlung Mormon und die Bewegung der Mormonen, sowie an die bedeutenden Evangelisten W. Branham, Osborn, Tommy Hicks, Dr. Graham (USA), Hermann Zeiß und den z.Z. größten Deutschen, Reinhard Bonnke/BRD. D. H.

3) "Aber was Ich erst jüngsthin einmal zu Jerusalem im Tempel den Wechslern und Taubenkrämern tat, das werde Ich dann im Großen tun auf der ganzen Erde und werde zerstören alle die Kramläden und Wechselbuden *durch den Feind, den Ich aus den weiten Lufträumen der Erde zusenden werde* wie einen dahinzuckenden Blitz mit großem Getöse und Gekrache. Wahrlich, gegen den werden vergeblich kämpfen alle die Heere der Erde, aber Meinen wenigen Freunden wird der große, unbesiegbare Feind kein Leids tun und wird sie verschonen für eine ganz neue Pflanzschule, aus der neue und bessere Menschen hervorgehen werden!"

4) "Fasset dieses wohl! Denket aber ja nicht, daß Ich das alles also haben wolle, und es wäre darum etwa das alles schon also bestimmt! Das alles sei ferne von Mir und euch! Aber es wird also sein, wie vor den Zeiten Noahs: Die Menschen werden von ihren vielen Weltkenntnissen und erworbenen Fertigkeiten einen stets böseren Gebrauch machen und werden ganz freiwillig allerlei Gerichte aus den Tiefen Meiner Schöpfung über sich und am Ende über die ganze Erde heraufbeschwören. Da aber sage auch Ich dann mit euch, Meinen biederen Römern: Volenti non fit iniuria! Dem Wollenden geschieht nicht Unrecht!"

5) "Ja, es sollen die Menschen mit Maß und Ziel ja alles haben und sich errichten die mannigfachsten Bequemlichkeiten fürs irdische Leben und sollen schonen ihre Hände vor schweren Arbeiten, um desto mehr Zeit zu gewinnen für die Bearbeitung und Veredlung ihrer Herzen und Seelen, und sollen sein alle gleich voll Freudigkeit in Meinem Namen durch ihr ganzes Leben; aber unter ihnen soll es keinen Leidenden und Traurigen geben, außer einen mutwilligen Sünder wider jede gute bestehende Ordnung in Meinem Namen!"

Das jüngste Gericht. Offbg. 20; 1-13
"...und sie wurden gerichtet, ein Jeder nach seinen Werken."

6) "Aber wenn mit der natürlich zunehmenden Geschicklichkeit der Menschen auch ihre Selbstsucht, Habgier und Herrschsucht zunehmen wird und also die Verfinsterung der Menschengemüter, dann natürlich können davon auch die schlimmsten Folgen nicht unterm Wege verbleiben."

Verhüllte Prognose

Bei diesem ergreifenden Text ergibt sich die schwerwiegende Frage: Wer ist dieser "Feind aus den Lüften"?

Einige Lorberfreunde haben "ihn" als die lebensbedrohende und -vernichtende Atombombe ausgelegt; wir vor vielen Jahren ebenfalls. Dies scheint richtig.

Wir wollen aber auch eine zweite Version bedenken:

Die Beauftragten Gottes zur Reinigung der Erde in der Endzeit sind - außer hohen Lichtwesen - jene Sternenbewohner, wie sie von Adamski, Angelucci, Fry, Stranges, Klarer, Miller, Drake, Menger, Renaud (um nur diese zu nennen) geschildert werden und im Auftrag des HÖCHSTEN an den permanenten "Zeichen am Himmel" mitwirken als Vorbereitung und Entscheidungsmöglichkeit für alle Menschen zur bevorstehenden Endphase.

Die große Rettungsaktion wird zufolge der "Scheidung der Geister" von zweierlei Standpunkten aus gesehen und bewertet. Die in der Ordnung Gottes zu leben sich bemühen, sehen sie als *Freunde* und *Retter* an und erleben wohl tatsächlich auch die Evakuierung aus dem Welt-Chaos. - Die anderen, die sich als Inhaber der Macht fühlen, sowie die Mehrheit der materieverhafteten Menschen glauben in umgekehrter Denkweise sie als "Feinde" ihres scheinbar gefestigten Weltzustandes ansehen zu müssen, weil sie die Güter ihrer Wahnwelt bedroht sehen und am Ende verlieren.

K. V.

Das alte irdische und das neue himmlische Jerusalem

Aus dem "Großen Evangelium" Band VII (Auszug)

In VII Kap. 44 des Großen Evangeliums finden wir den Herrn mit seinen zahlreichen Anhängern auf dem Ölberg, von wo sie die vom Herrn angekündigten Himmelserscheinungen "aus dem Bereich der Herrlichkeit Gottes" schauen dürfen. Im Osten steigt weithin sichtbar eine glühend erscheinende Wolkensäule auf, der bald neun weitere nachfolgen und am Ende noch zwei weitere Säulen "von zehnfach stärkerem Glanze" als die zehn vorangegangenen. Die Bedeutung dieser Himmelserscheinung, deren helles Licht sich bis nach Kleinasien und im Osten bis in die fernen Gegenden des Euphratstromes verbreitet, gibt der Herr erst kund, nachdem zwei weitere Lichterscheinungen, die aber jetzt nur von den Seinen - nicht aber von dem über die erste Himmelserscheinung in Staunen, Angst und große Furcht versetzten Volk - geschaut werden dürfen, denn es waren Bilder zukünftiger Ereignisse der nahen und fernsten Zeit. Der Herr leitet die großen Lichterscheinungen, was sich im Bilde zeigen wird!

(Kap. 49) Als nun alle ihre Augen sich nach oben richteten, da wurde der Himmel glühend und blutrot gefärbt, und man ersah die Stadt Jerusalem auf dem glühenden Grunde, belagert von römischen Kriegern, und aus den Toren der Stadt floß Blut. Bald darauf aber stand die Stadt in hellen Flammen, und ein dicker Qualm umzog den ganzen weiten Horizont. Bald darauf ersah man keine Stadt mehr, sondern nur noch einen dampfenden Schuttberg. Zuletzt verschwand auch dieser, und man ersah eine unfruchtbare Wüste, auf der sich wilde Horden eine Stätte zur Wohnung erbauten. Nach dem verschwand diese Erscheinung, und man vernahm aus der Stadt ein großes Angstgeschrei...

Nikodemus befürchtet einen Aufstand in der Stadt, aber der

Herr beruhigt ihn: "Das ist noch ferne; aber von jetzt an zwischen 40 und 50 Jahren wird es in diesem Lande also geschehen, und es wird dieser Stadt, weil sie die Zeit ihrer großgnädigen Heimsuchung nicht hat erkennen wollen, ein voller Untergang werden..." (Kap. 50), "Was aber da die zweite Erscheinung betrifft, so zeigt sie das Vollmaß der Sündengreuel dieses Volkes an, das nun am hellsten Tage, der über ihm aufgegangen ist, dennoch in aller Finsternis wandelt und auch fortan wandeln will. Darum wird es nach seinen Taten die Früchte ernten, und das in der Zeit, die Ich dir, Freund, schon draußen im Freien kundgegeben habe, nämlich zwischen 40 und 50 Jahren, und Ich setze noch einen außerordentlichen Geduldstermin von höchstens 10 und 7 Jahren hinzu; dann wird es aber auch gänzlich aus sein mit diesem Volke...

Denn Ich bin der HERR. Wer will mit Mir rechten und mit Lanzen und Schwertern gegen Mich ziehen?! Ja, sie werden auch noch das tun, und dieses Mein Fleisch wird wohl am Kreuze den Tod finden; aber eben das wird ihr Maß voll machen und ihren Untergang unwiderruflich besiegeln. Denn die Blindheit will herrschen und ihren Gott töten."

"Doch jetzt gebet noch weiter acht darauf, was ihr sehen werdet!" (Der Herr:) Auf dies Mein Geheiß hin sahen alle wieder nach dem Firmament, und es senkte sich die Lichtsäule abermals aus den Höhen zur Erde nieder, doch nicht mehr an jener Stelle, wo sie ehedem aus zwölf einzelnen Säulen entstand, sondern am ganz entgegengesetzten Ort gen Westen hin, und sie leuchtete nun um vieles stärker denn ehedem. Bald darauf zerteilte sie sich, doch nicht mehr in zwölf Säulen, sondern aus ihren zahllos vielen Teilen bildete sich eine übergroße Stadt, deren Mauern aus den zwölf Hauptedelsteingattungen bestanden und einen höchst mannigfaltigen Lichtglanz nach allen Seiten hin verbreiteten. Und also hatte diese Stadt auch sichtlich 12 Tore, durch welche zahllos viele Menschen aus allen Teilen der Erde höchst wonniglich aus und ein wandelten.

Der Engel zeigt Johannes Jerusalem. Offbg. 21; 9-27
Im Himmlischen Jerusalem leuchtet die Herrlichkeit Gottes.
Und die Völker wandeln in ihrem Licht.

Über der Stadt hoch in den Lüften aber stand, wie von Rubinen und Smaragden gebildet, eine Schrift nach der alten hebräischen Art, und deren Worte lautete: "Dies ist die neue Stadt Gottes, das neue Jerusalem, das dereinst aus den Himmeln niedersteigen wird zu den Menschen,die reinen Herzens und eines guten Willens sein werden; darin werden sie mit Gott wohnen ewig und lobpreisen Seinen Namen." Diese Schrift, wie auch diese ganze Erscheinung, aber sahen nur alle die, so bei Mir auf dem Berg waren und sonst niemand im ganzen Lande...

Entwicklungsgang der Juden

Seit Adam nahmen die "Urväter" (von Seth bis Noah), die Patriarchen, Richter, Mose und die Propheten jene hervorragende Generationslinie wahrhaftiger Erleuchtung ein, die über 4.000 Jahre lang einzigartig in der wechselvollen Erdgeschichte dasteht.

Diese Lehr- und Führungsfülle war die gewaltige Vorbereitung - besonders durch Jesaja - auf die angekündigte Darniederkunft des EWIGEN LOGOS in der Gestalt JESU CHRISTI.

Nach Seinen eigenen Worten im Gr. Joh.-Evangelium Bd. 11 Kap. 28 und 29 erfahren wir aus Jesu Mund die historisch so eminent wichtigen Enthüllungen über den dramatischen Entwicklungsweg des jüdischen und des germanischen Volkes (durch Leopold Engel).

K. L. V.

"...Mit dem Loslösen soundso vieler Milliarden von Urgeistern, die den Fleischweg beschritten haben werden, wird auch ein ganz anderes Verhältnis zwischen Geisterwelt und Menschheit eintreten. Denn je mehr Geister den Fleischweg vollendet haben, um so mehr wächst der Einfluß auf diejenigen, welche als Menschen ihre Umwandlung aus der Weisheitssphäre zur Liebessphäre bewirken wollen."

"Es entsteht sodann ein mächtiges Drängen derer, die ebenfalls willens sind, den Weg zu vollenden, und eine Art Fürsorge derer, die den Weg bereits hinter sich haben. Hand in Hand mit diesem Drängen wird und muß auch eine Zunahme des Menschengeschlechtes stattfinden; denn die Schüleranzahl erweitert sich immer mehr, und ein anderes Schulhaus als eben diese Erde gibt es nicht."

"Weil aber letzteres der Fall ist, konnte Ich nirgend anders als eben hier niederkommen und auch wieder nirgend anders als unter dem jüdischen Volke, das in seinem Gesetze und in seiner fortschreitenden Entwicklung die Samenkörner birgt, die einzig und allein die Geistes- und Willensfreiheit entwickeln. Da aber auch durch die allzu große Starrheit des Volkes dieser Samen Gefahr lief einzutrocknen und lebensuntüchtig zu werden, so komme Ich Selbst und erwecke und befeuchte ihn zur um so größeren Fähigkeit neublühenden Lebens..."

Das Volk der Zukunft

Siegelbewahrer des neuen Gotteswortes

(Der Herr:) "Brausten nicht Stürme über die Erde, sondern wäre überall eine gleichmäßige Temperatur und Strömung, so würde die ganze Erde bald zerbröckeln und bersten; denn nur durch heftige Stürme und Erdbeben tritt eine kräftige Lebenswirkung, eine Erfrischung ein, die sich in der belebenden Luft nach einem Sturme bemerkbar macht."

"Würdet ihr Sorge tragen, daß ihr den Körper möglichst wenig beweget, ihn stets gleicher Temperatur aussetzt und alles Unangenehme meidet, so wird bald ein Zerfall der Kräfte, die ihr nicht übet, eintreten und damit ein Zerfall des Leibes. Geschieht das aber schon mit dem Leibe, um wieviel mehr aber dann mit der Seele, die in stets gleichem, reizlosem Dasein dahinträumt, da doch diese nur lebt, nicht der Körper. Sie muß, um lebens- und schaffensfreudig zu sein, Arbeit vor sich haben. Durch die Arbeit schafft sie sich Erkenntnis und Freude am Geschaffenen. Im Materiellen zeigt sich diese Arbeit als Kampf des Schwächeren gegen den Stärkeren, im Geistigen aber in der Erkenntnis und dem Wachsen in der Liebe."

"Da aber Gott in seiner Wesenheit unendlich ist, so kann auch der Geist unendlich fortwachsen. Dieses Wachsen zeitigt aber Entstehen und Vergehen irdischer Völker ohne Rücksicht des Vergehens der Leiber; denn nur die Seelen sollen wachsen, der Leib ist vergänglich."

"Und wie eine edelste Pflanze entstanden ist aus einer weit weniger edlen Art, langsam, durch sorgsames Pflegen und Beschneiden aller wilden Schößlinge, so wächst auch das Volk der Zukunft, das da eine Herde sein wird, geleitet von nur einem Hirten, der Ich sein werde, nur durch langsame Pflege heran, nachdem gar viele üppige Wildlinge erst beseitigt worden sind."

"Diese Arbeit und damit auch die große Weltenerlösung zu vollenden, ist das Ziel Meiner Menschwerdung, das aber bei dem einzelnen begonnen werden muß, nicht bei der großen Menge; denn auch das Weltmeer besteht aus einzelnen Tropfen. Wollte man diesem den Salzgehalt entziehen, so müßten auch nur kleinere Wassermengen ihm entnommen, salzfrei gemacht und in einem geeigneten Sammelbecken dieses salzfreie Wasser bewahrt werden, - eine Arbeit, die nutzlos erscheint, aber doch schließlich zum Ziele führt, wenn einem Ewigkeiten zur Verfügung stehen. - Habt ihr nun begriffen, was euch in Meinen Worten gesagt wurde?"

Sagte Rael und auch die anderen Jünger: "Ja, Herr, wir glauben wohl, soweit es eben möglich ist, Dich völlig verstanden zu haben, obgleich es uns vorkommt, als ob aus Deinen Worten noch vieles zu entnehmen ist, was Du nicht ausgesprochen hast, was aber doch aus ihnen zu schließen ist. Seinerzeit wird uns aber wohl auch dieses noch klarer werden, wenn auch das, was Du nun in Worten zu uns sprachst, vollkommen aufgenommen worden ist."

Sagte Ich: "Liebe Freunde, ich lese in euren Gemütern nun noch die Frage, welches Volk denn nun wohl, falls die Juden nicht den Erwartungen entsprechen - das ja auch, wie ihr wißt, der Fall ist, ansonst Ich nicht sooft die Zerstörung der Stadt Jerusalem vorausgesagt hätte - an ihre Stelle treten kann, da euch nicht bekannt ist, daß irgendein anderes Volk nur eine ähnliche Schulung wie das israelische durchgemacht hat."

"Nun, auch das will Ich euch beantworten. Gott, als der Allwissende, ist nie so unklug, Sein Werk etwa nur auf eine Stütze zu bauen, sondern Er baut es stets auf *mehrere*, damit das Gebäude, das Er errichtet, nicht etwa über Nacht zusammenfalle, falls der Sturm eine oder die andere Stütze angenagt habe. So steht auch das Werk der Erlösung auf gar vielen sicheren Stützen, so daß es gelingen muß, selbst wenn der Feind mit aller Macht versucht, dasselbe zu hindern."

"Hier auf dieser Erde sind mehrere Völker, die tüchtig sein können, anstelle der Juden als *Siegelbewahrer des neuen Wortes* zu dienen; denn das alte wird hinfort um so ängstlicher von den bisherigen Bewahrern bewacht werden, je mehr Trübsal über sie hereinbrechen wird. Und wenn auch die Juden über den ganzen Erdball zerstreut werden, so werden sie um so fester dem alten Glauben anhängen, weil dieser und die Wiederherstellung der einstigen, vergangenen Größe der einzige Anker ist, wodurch sie vor gänzlichem Zerfall und Vernichtung gerettet werden können, wie ihnen wohl bewußt sein wird."

"Mein neues Wort aber bedarf ebenfalls der Siegelbewahrer, d.h. also eines Volkes, aus dessen Mitte stets wieder neue Lehrer erstehen können, die die etwas sumpfig gewordene Lehre wieder reinigen und das Sumpfwasser zur klaren Flut umgestalten. Denn ebenso wie die Juden nur langsam heranreiften, ebenso langsam kann nur jenes Volk heranreifen. Ebenso wie die Juden Gefangenschaft dulden mußten ihrer Sünden wegen und sich in Abgötterei gefielen, ebenso wird das Volk der Zukunft der Reife wegen in ähnliche Fehler, ja selbst in ganz gleiche verfallen können und müssen. Ebenso wie Ich in dem jüdischen Volke Propheten erweckte, ebenso werden dort Propheten entstehen und die reine Lehre aus den Himmeln von allen Zutaten säubern."

"Jenes Volk ist euch aber jetzt so gut wie unbekannt, wird aber zur Zeit mit großer Kraft hervorbrechen und alles Morsche und Unbrauchbare zertrümmern; denn es ist gewaltig in seiner noch unangetasteten Naturkraft. Ebendieselben Lehre, die hier herniedergestiegen sind als Meine Diener, werden auch dort wiederkommen, teils im Fleische, teils im Geiste, und werden mit großer Begeisterung und allsiegender Gewalt von Mir zeugen, wie sie bisher gezeugt haben von Mir. Ich werde ihnen unsichtbar zur Seite stehen und sie leiten."

"Dann aber, wenn jenes Volk auch einst auf eine Höhe gelangt sein wird, daß die fremden Könige befürchten, es könne den

Erdkreis besitzen wollen, so wie jetzt die Römer es tun, dann wird eine Zeit anbrechen, die an Überraschungen für die Völker der Erde reich sein wird. Denn nicht jenes Volk wird sodann der Mittelpunkt werden, sondern ein neues wird entstehen, *das da gebildet wird aus den edelsten Geschlechtern aller Völker. Diese werden die Welt besiegen mit Meiner Kraft, und Frieden und Eintracht soll und muß dann herrschen über alle Länder und Völker.* In der Mitte dieses neuen Volkes wird dann das Heil geboren werden, welches keinen König, kein Gesetz weiter braucht als nur das eine: "Liebe Gott über alles und deinen Nächsten wie dich selbst!"

"Ihr aber, ihr Meine Getreuen, werdet Mitarbeiter sein an diesem neuen materiellen und geistigen Reiche. Darum seid ihr hier versammelt, damit ihr schon jetzt zu euren ersten irdischen Tagen aus Meinem Munde vernehmet, wozu Ich euch berufe; *denn alle diejenigen, welche, jetzt ungesehen von euch, ebenfalls Arbeiter sein werden an der großen Glückseligkeit dieser Erde und durch diese Erde des Universums und Geisterreiches, sind ebenfalls zugegen und freuen sich eurer als Mitarbeiter am begonnenen Werke. Ihr aber sollet sie sehen, die großen Scharen, die dazu nötig sind, das Werk gedeihen zu lassen!"*

Nach diesen Worten öffnete Ich allen Anwesenden die geistige Sehe, und sie sahen alle Propheten und Engel Meiner Himmel, die sich in liebfreundlichster Weise ihnen näherten und mit ihnen über Meine letzten Offenbarungen sich besprachen..."

*

Nachdem diese Szene etwa eine Stunde gedauert hatte und alle Anwesenden sich über alle nur möglichen Fragen den Geistern gegenüber geäußert hatten, die diese auch freundlichst beantworteten, rief Ich Johannes den Täufer und Elias, der den Anwesenden nur in der Person des Täufers bekannt war, zu Mir und sagte vor allen Anwesenden laut zu ihm: "Du warst Mein Vorläufer jetzt in der Zeit der Heimsuchung der Menschen, du wirst es auch wieder sein, wenn jene große Zeit anbricht, von der Ich gesprochen habe. Jedoch werden dich die Menschen alsdann nicht erkennen, trotzdem Du es wissen wirst, wer du eigentlich bist; denn diese letzte Fleischprobe, die dir bevorsteht, soll der Grundstein werden zu dem Gebäude des anbrechenden Friedensreiches!"

"Zwar werden die Menschen sich wenig zu diesen deinen nächsten Lebenszeiten um dein Wort kümmern; aber es wird ihnen mit glühenden Lettern in die Seele geschrieben werden, auf daß sie es dennoch fühlen, wenn sie frei vom Leibe sein werden. Dieses dein Wort wird aber sein Mein Wort, und Ich werde Rechenschaft fordern von jedem, der es vernommen hat und mißachtet!"

"Ihr aber, Meine Lieben und Getreuen, die ihr um Mich versammelt seid und ob der Dinge, die jetzt vor euren Augen offenliegen, staunet, *werdet den Stamm bilden jener, die das neuerwählte Volk umfassen. Ihr werdet selbst in Meinem Namen zur Gründung desselben beitragen als eine große Brüderschaft, die da Kraft schöpft zu großen Taten aus Meinem Geiste.*"

"Und so entlasse ich euch denn jetzt, damit der Anfang gemacht werde, wodurch der verlorene Sohn gezwungen werde, heimzukehren, nachdem er den lockenden Ruf des Vaters nicht hören wollte. Amen."

*

Nach diesen Worten verschwanden die himmlischen Bewohner, und wir befanden uns wieder allein wie vordem in dem großen Speisesaal Raels. Lange Zeit saßen die Meinigen noch wie betäubt vor der Herrlichkeit des Geschauten; denn so tief hatten sie noch nie in die Geheimnisse der Himmel geschaut, und sie haben auch zu ihren Körperzeiten nie wieder solchen Einblick erhalten. Es geschah das aber darum, damit ihre Seelen nun gefestigt bleiben sollen auch ohne Wunder, die Ich ausschließlich in ihrem Kreise - nicht öffentlich - ausübte. Dieses letzte tiefe Erschauen sollte sich unauslöschlich einprägen und ihnen auch für das weitere Leben sowie für das fernere körperlose Leben in Meinem Reiche, Richtschnur bleiben.

*

Präexistenz und Reinkarnation

Hier wollen wir auf die Päexistenz und Inkarnation von Geistwesen und menschlichen Persönlichkeiten sowie auf die Reinkarnation aufmerksam machen.

In der Urchristenheit waren diese Begriffe geläufig. Die Kirche ließ an deren Stelle durch Augustinus den Begriff der "Prädestination" (Vorherbestimmung) treten.

Zum Erweis des obigen Sachverhalts sei auf das klare Jesu-Wort bei Matthäus 11; 13, 14 verwiesen: "Alle Propheten und das Gesetz haben geweissagt bis auf Johannes (den Täufer), und wenn ihr es annhemen wollt, er *ist* Elia, der da kommen soll."

Wenn Jesus zu Seinen Erdenlebenstagen sagte: "Mein Reich ist nicht von dieser Welt", so verweist Er uns sinngemäß auf das gewaltige Lichtreich des Jenseits, auf das wir uns in einem gottwohlgefälligen Wandel durch die uns gesetzte Übungs- und Probezeit vorbereiten sollen.

Paulus schreibt im 1. Korintherbrief 2; 9-10: "Was kein Auge gesehen und kein Ohr gehört hat und in keines Menschen Herz gekommen ist, das hat Gott denen bereitet, die Ihn lieben! - Uns aber hat Gott es offenbart durch seinen Geist; denn der Geist erforscht alle Dinge, auch die Tiefen der Gottheit!"

In gedrängter Klarheit und Überzeugungskraft vermittelt uns ein Engelsgeist im Nachstehenden - durch einen demütigen, begnadeten Menschen - die herrliche Übersicht über den Aufbau und Aufstieg zu hohen und höchsten jenseitigen Stufen, Sphären und Lichtwelten. Der Engel zeigt uns die folgerichtige Aufwärtsentwicklung vom guten Willen zur Wahrheit über die völlige Reinigung zum echten Seelenfrieden und zu edler Menschlichkeit aufgrund reinen Gehorsams gegenüber Gottes heiligem Willen. Es wird uns ein Erkenntnis- und Beurteilungs-Maßstab für uns selbst, für die Völkerreligionen Asiens, Europas, ja der ganzen Welt wie für die religiöse Haltung in den Christlichen Kirchen, Sekten und Geistesgemeinschaften gegeben, der durch erschütternde und belebende Selbsterkenntnis zu stets tieferer Demut und hierdurch zu gottgeplanten Entfaltungen hinleitet.

Wir wollen nicht vorgreifen. Der aufmerksame und um Erleuchtung bittende Leser wird selbst alles treffend klar und weise dargestellt finden. Er wird von innerer Freude ergriffen und von reiner Dankbarkeit erfüllt werden über die unaussprechliche Liebe und Weisheit Gottes; er wird Trost und Ergebung schöpfen, er wird den Wert des Leides erkennen und verstehen, und seine innere Vorstellungswelt, Erkenntniskraft und sein Lebenswille werden sich ungeahnt erweitern.

Die Erhebungen und Herrlichkeiten von Stufe zu Stufe werden besonders jene Strebenden empfinden, die J e s u s im Herzen bereits ergriffen haben oder noch inniger ergreifen wollen, um I h m nachzufolgen. Ja, seine Liebe überwältigt uns, - wir werden stumm vor Bewunderung, Anbetung und Liebe, ahnen in verständnisvoller Steigerung die Größe der Gotteskindschaft und die Möglichkeiten erhabenster Entwicklung in den Aufgaben und Wonnen der höchsten Auserwählten im Einssein mit dem Allerhöchsten.

K. L. V.

Sieben Himmelsstufen

Der Herr spricht:
Im Himmel und auf Erden ist die Freude und das Glück *unermeßlich* darüber, daß das *Wort Gottes* durch Menschen, als Lichtempfänger, weitergetragen wird zur Verbreitung über die ganze Erde.
Wer sein ganzes Herz *Mir* hingibt und das Seelen-Ohr öffnet, dem leite Ich im sanften Wehen Meiner Geisteskraft, die in jeder Seele verborgen liegt, *Mein Wort* zu. Es wird in einem beseligenden Verkehr mit Mir treten ... Daher strebt nach der *selbstlosen Liebe*, und *Ich* als *Gott* und *Vater in Jesus* werde *Selbst* euch durchs eigene Herz belehren und beraten in jeder Lebensstunde.
Himmelslehrwort
aus

Urgemeinde Gottes Nr. 7 "Ich komme zu euch!" S. 58/59

33. Kapitel

Allen Völkern: Zeitzeichen unserer Tage

Es stimmt: Wer Augen hat zu sehen, der **konstatiere** selbst die gewaltigen Evangeliumsverkündigungen eines William Braham, Tommy Hix, T. L. Osborn, Billy Graham, Grawford, - die Christliche Ostmission "Christus dem Osten", "Christus für China" und so mancher Frauen sowie viele andere Bewegungen; sie haben in den zwei letzten Jahrzehnten globale Ausmaße angenommen.

Diese unübersehbaren Vorgänge stehen in direktem Einklang mit den relevanten und aktuellen Prophezeiungen JESU in Matthäus 24; 14: "In der Endzeit wird gepredigt werden das Evangelium vom Reich in der ganzen Welt zu einem Zeugnis über alle Völker, und dann wird das Ende kommen", das sehr deutlich beschrieben ist.

Mit einem Hauptbegriff der Bibel war und ist die Menschheit durch alle Jahrtausende verbunden: mit dem Wort "Friede". Wann wäre eine Betrachtung eher gerechtfertigt als gerade zum Ereignis der "Weihe-Nacht", dem Fest der Liebe, dem Geburtstage Jesu, als Engel zur Zeit des Kaisers Augustus verkündeten: "Ehre sei Gott (dem Schöpfer des Lebens und der Ordnung) in der Höhe und Friede auf Erden..." mit jener einsichtsvollen Bedingung des guten Willens, der Verständigung, der Toleranz unter Mitmenschen? Dieses Stadium ist herangekommen. Es sind die Scharfsinnigen aller Nationen, die den Begriff der "Erleuchtung" wiedergefunden haben und mit neuen Augen die Schriften des Alten und Neuen Testaments studieren, um hinter das Fundamentalthema der Immanuel-Christus-Erkenntnis zu gelangen.

Im nachfolgenden Bericht wird die derzeitige Umbruchsituation auch in der Judenheit in charakteristischer Weise beleuchtet.

Messianische Synagogen

Shlomo Hizak, Leiter des Bibelzentrums auf dem Ölberg, berichtet, daß er auf einer ausgedehnten Reise durch den amerikanischen Kontinent auf 100 Synagogen getroffen sei, die ihre Tore für die Botschaft von Jesus Christus geöffnet hätten und "messianische Synagogen" geworden seien.

Israel als Volk in seinem Land vollziehe diese Wandlung dagegen sehr zögernd und habe bisher offiziell noch keine "messianische" Synagoge.

Doch auch hier erkennen Juden in immer größerer Zahl in Jesus ihren Messias. Darunter sind bekannte Persönlichkeiten der Israelischen Universität zu finden. In allen Israelischen Grundschulen wird das NT gelesen. Ein großes Fragen nach der Person Jesu hat eingesetzt. Viele Juden erkennen in Jesus von Nazareth den Messias und glauben an ihn, wollen aber vorerst, wie Nikodemus zur Zeit Jesu, "aus Furcht vor den Juden", noch unerkannt bleiben.

Hizak vertritt die Auffassung, daß es für das jüdische Empfinden notvoll und verwirrend sei, daß die christliche Botschaft in Israel von 400 missionierenden christlichen (nicht "judenchristlichen") Gruppen weitergegeben werde. Er habe den Eindruck, daß sein Volk von dieser Seite kaum noch mit der biblischen Botschaft erreicht werden könne, sondern daß Gott durch an Jesus Christus glaubende Juden zu ihnen reden und ihnen den neuen Bund offenbaren werde. Darum verbreite er mit seinen jüdischen Mitarbeitern in großer Zahl ganze Bibeln (Altes und Neues Testament), Neue Testamente und evangelische Schriften.

Auch Araber in Israel und in den anderen arabischen Ländern sind in diesen evangelistischen Dienst mit eingeschlossen. Hizaks öffentliche Radiosendungen in hebräischer Sprache werden über einen westeuropäischen Sender (nicht über den israelischen Rundfunk) ausgestrahlt und können in Israel wie auch in Teilen der

UdSSR gut gehört werden.

Zur Zeit wird in Jerusalem die evangelistische Schrift "Drei Botschaften für Israel" in vier Sprachen und einer Auflage von vielen hunderttausend Stück gedruckt. Demnächst sollen davon vier Millionen Exemplare an Juden in der ganzen Welt verteilt werden. Nach Hizak hat unter den Juden anbruchhaft eine Hinwendung zu Jesus als ihrem Messias eingesetzt.

"Neues Leben", 6/77 (idea)

Nun beginnt Verständnis für Jesaja 9; 5-6: "Eine Jungfrau ist schwanger und wird einen Sohn gebären, den wird sie Immanuel heißen... Die Herrschaft ist auf seiner Schulter und er heißt WUNDERBAR, RAT, KRAFT, HELD, EWIG-VATER, FRIEDEFÜRST; auf daß Seine Herrschaft groß werde und des Friedens kein Ende in seinem Königreich, daß Er's zurichte und stärke mit Gericht und Gerechtigkeit."

Geschichtlich gesehen können wir zwei Arten von Menschen unterscheiden:

Solche, die in der Minderheit blieben, die Jesaja und die Propheten wirklich verstanden und dadurch zu den Auserwählten gehörten oder wurden, wie denn Jesus klar verkündete: "Viele sind berufen, doch nur wenige auserwählt..."

Zu diesen Auserwählten seiner Zeitgenossen gehören die Apostel, die Jünger, die Urchristen und alle Tatnachfolger Jesu durch die Jahrhunderte bis zur heutigen Epoche.

Die anderen gehören zu den Berufenen. Was Weltlinge durch die letzten fast zwei Jahrtausende versäumten, kann nur der ermessen, der zur Wahrheitserkenntnis der Persönlichkeit Jesu in ihrem Gesamtwesen des Leibes, der Seele und des GEISTES sich durchringen konnte. Dieses fundamentale Erkennen bricht sich nun auch dort Bahn, wo ER seither verworfen wurde. Man ahnt die Zusammenhänge zwischen JESUS, dem inkarnierten EWIGEN LOGOS, der als Alpha und Omega, als der ERSTE und LETZTE

(Offbg. 1;7-8) auf dem Thron sitzt. Durch Seine Macht und Herrlichkeit werden Erde und Menschheit erneuert, weil nur ER alle Gewalt im Himmel (im Universum) und auf Erden innehat, im Gegensatz zur materialistischen Ideenwelt aller Machtgierigen.

Siegelbewahrer

Die Gewaltlosigkeit Jesu und der Geist des Urchristentums legten Zeugnis dafür ab, daß ein Leben ohne Krieg möglich ist. Die Geschichte der Jahrtausende zeigt genügend die Früchte des Hasses, den Ablauf des Unfriedens, die Schrecken der Kriege als Folge des Nichtgehorsams und der Eigensucht.

Waren die Friedensversicherungen zwischen dem ägyptischen Präsidenten Sadat und dem israelischen Ministerpräsidenten Begin echt, und welchen Widerhall erweckten sie bei den arabischen Nationen und der übrigen Weltöffentlichkeit?

Den ausschließlich politischen Abmachungen kann keine echte Gewähr beigemessen werden, während eine Persönlichkeit wie Sir Eric Gairy in seiner aufrüttelnden Rede der UNO (Vergl. UFO-Nachrichten Nr. 248) bei allen nichtdiplomatischen, in sich gefestigten Menschen Vertrauen hervorrief. - Doch Gegenkräfte stürzten ihn und bildeten in seinem Inselstaat Grenada eine atheistische Gegenregierung.

Wernher von Braun, in Amerika verstorbener Weltraumforscher, war entschiedener Christ: "Die Wahrheit in Jesu Verkündigung kam wie eine Offenbarung über mich", berichtete er einmal. Und sein Vermächtnis an diese Welt lautet unmißverständlich: "Nur wenn Gott wieder im Herzen der Welt seinen Platz gefunden hat, wird er der Menschheit und ihren Führern die ethische Führung durch die Gefahren und Fallgruben der technologischen Revolution angedeihen lassen."

Jesus war der Messias, ist der Erlöser für alle Menschen und wird mit seiner Wiederkunft der HIRTE der EINEN gewaltigen Herde der Zukunft sein, die alle früheren Zwiespälte überwindet.

K. V.

34. Kapitel

Roque Rojas

Der Prophet in Mexico

Roque Rojas wurde am 16. August 1812 in Mexico geboren. Schon in seiner frühen Kindheit zeigten sich bei ihm außerordentliche Gaben, und er überrraschte bei allen möglichen Anlässen seine Angehörigen und andere Personen, die gelegentlich zugegen waren, durch seine treffenden Voraussagen und erstaunlichen Gesichte.

Am 23. Juni 1861 erging an ihn der entscheidende Anruf: In dieser Nacht erwachte er plötzlich und erblickte vor sich eine Lichtgestalt und diese sprach zu ihm: "Roque, du bist auserwählt! Stehe auf und gehe bis hinter den "Calvario". Dort wird jener zu dir reden, der mich entsandt hat, dir diese Botschaft zu überbringen." Das Zimmer war von einem milden klaren Licht erleuchtet, wie bei Vollmond. Die Erscheinung verschwand alsbald. Der Eindruck auf Roque war gewaltig, und mit den Worten: "Wer du auch seist, ich werde dir folgen!" gehorchte er auf der Stelle und machte sich auf nach dem bezeichneten Ort.

Plötzlich sah er am Firmament ein Dreieck wie aus mattem Gold erscheinen; in dessen Mitte leuchtete ein Antlitz, hell wie die Sonne, gleich einem roten Feuerbrand, von dem helle Strahlen ausgingen. Das Licht war so stark, daß die ganze Umgebung wie vom Glanz der Morgenröte übergossen schien. Über dem Dreieck gewahrte er eine schneeweiße Taube, aus deren Schnabel kristallene Lichttropfen perlten, die auf sein Haupt fielen und seinen Leib benetzten. Dabei hörte er eine starke Stimme: "Du bist der für diese Zeit verheißene Prophet."

...Einmal, es mochte auf Mitternacht zugehen, betrachtete er entzückt den Sternenhimmel. Ein kleiner Lichtpunkt erregte seine

Aufmerksamkeit; dieser wurde immer größer und größer, bis er schließlich als Feuerball auf ihn zurollte, alles um sich her in Licht tauchend. Die Übermächtigkeit dieser eindrucksvollen Schauung ließ ihn in die Knie sinken und mit den Händen sein Gesicht bedecken.

Seit dieser Nacht fing er an, seine Mission zu entfalten. Sein Hellsinn öffnete sich, sein Bewußtsein ward in Verzückung erhoben während der göttlichen Botschaften und sein einfaches und doch beschwingtes Wort verlor jede Ängstlichkeit. Er weihte all seine Tätigkeit dem Dienste Gottes und der Menschheit.

Sein Werk wurde in spanischer Sprache in Mexico kundgegeben und dort verbreitet;

Leuchter-Verlag/Remagen:

"DIE DRITTE ZEIT - Wiederkunft des Herrn"

Aktivisten

der spiritualistischen Bewegung in Mexico haben in zwölf Bänden von je rund 450 Seiten einen Großteil der Kundgaben und Offenbarungen gesammelt, die der HERR durch Seine von Ihm berufenen Werkzeuge gab. Es handelt sich nicht nur um eine überwältigende Fülle göttlicher Bezeugungen, daß die Zeit der Wiederkunft Christi da ist, sondern auch um die klare Belehrung, daß GOTT diese nicht mehr in menschlicher Gestalt geschehen lassen wollte, sondern als HEILIGER GEIST.

Diese Botschaft für alle Völker.

Der *ganzen Menschheit* werde Ich durch Vermittlung von Erwählten *ein Buch* zukommen lassen, in dem das Wesentliche Meines Wortes und das Zeugnis der Werke, die Ich unter euch tat, enthalten ist. Es ist Mein Wille, daß jene Seiten den ganzen Kern und die Wahrheit Meines Evangeliums und Mein Wort im Verlauf der drei Zeitalter in sich schließen.

Lest in diesem Buch, nehmt Mein Wort als das Brot des Ewigen Lebens, und ihr werdet alles, was bis jetzt unklar und geheimnisvoll geblieben ist, verstehen, wenn ihr direkt von Geist zu Geist mit Meiner Göttlichkeit verkehrt. Diese Belehrung ist wie ein neuer Tag, der für die Menschheit anbricht, und der sie zu einem großen Erwachen erleuchten wird.

Die Schriften der vergangenen Zeiten vermögen euch zu offenbaren, was Ich euch heute wiederhole, aber der Mensch hat sich unterfangen, Meine Wahrheit zu verfälschen, um sie entstellt zu verbreiten. Und nun habt ihr eine geistig kranke, müde und einsame Menschheit vor euch.

Dies ist die *Dritte Zeit*, in der ihr lernen werdet, Mein Evangelium zu begreifen, auszuüben und zu leben. In der Ersten Zeit ließ Ich mich auf einem Berg nieder und sandte euch von dort aus Mein Gesetz, in Stein gemeißelt. In der Zweiten Zeit stieg ich ins Tal hinab, um unter euch zu leben. In der Dritten Zeit habe Ich eure Herzen zu Meiner Wohnung gemacht, so daß Ich Mich kundtun und mit euch sprechen kann von eurem innersten Herzen aus.

Wenn die Menschheit die Wahrheit dieser Lehre erkennt, ihre Gerechtigkeit und ihre unendliche Weisheit, dann wird sie ihr Herz befreien von allen Vorurteilen und aller Angst. Mein Gesetz versklavt nicht. Mein Gesetz befreit.

Nicht nur einmal, sondern oftmals und in verschiedener Weise zeigte Ich an und versprach Ich Meinen Jüngern *Mein Wiederkommen*. Ich sagte ihnen die Zeit voraus, die Meine Ankunft ankündigen würde: Zeichen in der Natur, Geschehnisse in der Menschheit, Weltkriege, die Sünde auf ihrem höchsten Entwicklungsgrad. Doch damit sich die Welt nicht täusche, indem sie Mich wieder als Mensch erwartete, ließ Ich sie wissen, daß Christus auf den Wolken kommen werde, dem Symbol des Jenseits, von wo Mein Strahl ausgeht, d.h. *im Geist*. Dieses Versprechen ist erfüllt. Mein Wort kam nicht, um sich aufs neue ins Fleisch einzuverleiben. Jene Lehrzeit ist vorüber. Ich brauche keinen Körper, um unter euch wohnen zu können. Trotzdem habt ihr Mich in aller Fülle als Meister, als Richter, als Arzt.

Die heutige Zeit ist eine entscheidungsvolle Zeit im Leben der Menschheit. Ihr seht einen gewaltigen Kampf in allen Elementen und Kräften. Es ist das Ende einer menschlichen Entwicklungstufe. Die Ereignisse, die täglich die Völker der Erde erschüttern, sind *Stimmen des Gerichts*, die euch zur Reue, zum Gebet, zur Erneuerung und Läuterung rufen, aber diese Prüfungszeit wird sich verlängern, bis die Widerspenstigkeit und der Widerspruchsgeist der Menschen sich beugen, bis sie von ihrem Hochmut und ihrer Gottlosigkeit lassen. Noch ist der Menschheit eine *kurze Frist* gewährt, darin sie ihr Tun überprüfen kann, damit sie dem Göttlichen Richter Antwort stehe, wenn Er sie zur Abrechnung ruft.

Das Ende eines Zeitalters und der Beginn eines neuen haben die Krisis und das Chaos verursacht, worunter ihr jetzt leidet. Eine Zeit großer Trübsale naht sich für alle, da weder Macht, noch Geld, noch Wissen helfen werden, die Schwere der göttlichen Gerechtigkeit abzuwenden. *Nur Vergeistigung* wird die Menschheit vom Chaos retten. Ihr braucht auf keine andere Lösung zu hoffen.

Noch sind die Menschen Kinder, aber die große Prüfung, die sich ihnen naht, läßt sie in kurzer Zeit so viel erleben, daß sie von dieser Kinderzeit schnell zum Erwachsensein gelangen.

Diese Stimme, die euch ruft, ist die *Stimme des Göttlichen Meisters*. Dieses Wort ist von Dem, Der alles geschaffen hat. Die Wesenheit dieses Werkes wird der Grundstein werden, auf dem künftig alle Ordnungen ruhen. Der die Macht hat, alles zu tun, wird euer Herz von Stein umwandeln in ein Heiligtum der Liebe und Erhebung und wird Licht entzünden, wo nur Finsternis war.

*

Was sagt der berühmte US-Prophet Edgar Cayce?

Außer seinen wichtigen Themen wie Krankheiten, Heilungen, Atlantis, Herkunft und Bestimmung des Menschen, Weiterleben nach dem physischen Tod, Reinkarnation etc., vernehmen wir durch Edgar Cayce viele Prophezeiungen, darunter auch über die Umwandlung und Zukunft der Menschheit:

"...Wisset, daß Recht, Gerechtigkeit, Mitleid und Geduld die Grundlagen sind, auf der die neue Weltenordnung letzten Endes gegründet sein *muß*, bevor es Frieden gibt. Mehr noch, aus Veranlagung, vom Geist her und als Manifestation, das eigene Ich bereit zu machen für gemeinsame Maßstäbe für alle Aspekte menschlicher Beziehungen." (416-17)

"Das Prinzip der Brüderschaft der Menschen und der Vaterschaft Gottes wird sich schließlich durchsetzen, und alle werden in Harmonie arbeiten zum Besten aller, in einer kooperativen, koordinierenden Gesellschaft. Aber es bedarf noch eines größeren Maßes an weltweitem und kosmischem Denken." (1152-11)

"So wie der Geist Gottes einst durch seine Bewegung Frieden und Harmonie in das Chaos der Schöpfung brachte, so muß der Geist über die Erde gehen und sich selbst in den Herzen, im Geist und in der Seele von Menschen verherrlichen, um Frieden, Harmonie und Einsicht zu schaffen, so daß sie in einer Art und Weise zusammenleben können, die ihnen den Frieden, die Harmonie (durch Ordnung) bringt, die nur dann entstehen kann, wenn alle das eine Ideal haben... Dies ist die Antwort auf den heutigen Zustand der Welt."

(3976)

"Der auf der Suche ist nach göttlicher Führung, wird emporgehoben werden..." (1149)

Zu den drei Hauptpunkten:
ENDZEIT, KATASTROPHEN und EVAKUIERUNG

E. Cayce drückt es so aus:

Das sicherste Gegenmittel ist: Gottvertrauen auch bei schlimmsten Situationen zu bewahren. - Intensives Gebet um Schutz, Führung und Intuition (blitzartige Erkenntnis dessen, was zu tun ist) nebst Beachtung von Ruhezuständen, wobei unser Inneres zur Antenne bereitet wird...

Das Tor der Erleuchtung ist geöffnet

Ihr erfüllt mit vielen anderen Lebensströmen euren inneren Plan, indem ihr das Dienen für die Fortentwicklung des Erdenlebens in euren Tageslauf aufgenommen habt. Das bewegende Prinzip für euer Handeln ist die Erkenntnis, daß ohne die Hilfe eurer Lichtfreunde, in die ihr euch nun eingestimmt habt, keine Fortentwicklung auf Erden möglich ist.

Es ist in allen Planetensystemen und Universen des großen Weltalls stets so gewesen, daß höher entwickelte Lebensformen von fortgeschrittenen Sternen der Menschheitsentwicklung von ihren ersten Anfängen an Hilfe leisteten. Diese Hilfe haben auch die Erdenmenschen erfahren, und es wird so bleiben, bis sie einen bestimmten Punkt ihrer Entwicklung erreicht haben...

Doch noch ist viel Hilfe für die Erde erforderlich, die nun mit besonders starken Kräften wirken muß, um die Rebellion, die sich gegen jede bestehende Ordnung richtet, zu neutralisieren. Die höher werdende Schwingung bringt alles zutage, was noch nicht umgewandelt ist.

Am Beginn eines neuen Äons gehen kraftvolle neue Impulse durch das Planetensystem, gegen die sich alles Alte und Verstaubte zur Wehr setzt. Dadurch nimmt die Unruhe zu. Der Aufbruch hat schon begonnen, besonders die Jugend ist dem Neuen gegenüber aufgeschlossen.

Es wird noch einige Zeit vergehen müssen, bevor sich Neues durchsetzen kann, und die alten Ansichten auf allen Gebieten des Lebens, in der Wissenschaft und in bezug auf den Sinn des Daseins werden einer kritischen Prüfung unterzogen. Anstelle vieler falscher Theorien wird neues Wissen treten, vermittelt von den Menschheitslehrern, die Gehör auch bei den Massen finden werden.

Serapis Bey (1980)

Der Göttliche Plan für die Menschen

Im Inneren der Gutgewillten lebt das Christus-Licht, noch verborgen für den irdischen Blick. Dieses Christus-Licht anzufachen ist das Ziel eures Erdenlebens. Das Wissen und die notwendigen Belehrungen dafür sind euch gegeben worden. Arbeitet nun daran, dieses innere Licht zum Ausdruck zu bringen, auf daß es die Herrschaft über eure niedrigen Träger übernehme. Dies ist der Göttliche Plan für jedes Menschenkind, und Bereitwillige auf dem Lichtpfad sind diesem Ziel schon ein Stück nähergekommen...

Dies haltet euch vor Augen, als euren immerwährenden Dienst auf Erden; auch im Alltag könnt ihr ein solcher Brennpunkt sein, wenn ihr harmonisch und im Frieden bleibt. So ist der Kanal offen für die wartenden Lichtkräfte, die wir in die Menschheit und die unteren Entwicklungsreiche schleusen möchten. In dieser Beziehung sind wir auf euch als Aktivisten angewiesen.

Maha Chohan
"Brücke zur Freiheit", Mai 1980

Die Richtung seines Lebens zu finden, trotz aller Schwierigkeiten, heißt wissen, warum man geboren wurde. Weil wir gelernt haben, unsere eigenen Gaben zu entwickeln, dürfen wir auch auf göttliche Hilfe rechnen. In den klaren Darlegungen von Linus treten unsere künftigen Aufgaben offen zutage.

Wie in Deutschland, so wurde auch in Wien und St. Pölten über die Evakuierung gesprochen, und auch durch Leopold (Vergl. "Wissenschaftler des Uranus testen Erdvölker") wurde bei Herrn E. die geistige Seite: EMANUEL - im Kreis von hundert Freunden befragt bezüglich der Evakuierung mit MR, und es ward positiv geantwortet.

Nun scheint schon vielerorts der Samen aufzugehen, den die Außerirdischen seit Jahren gesät haben. Das Korn darf nun nicht mehr auf dem Speicher bleiben, es muß Früchte tragen.

Die Zeit ist angebrochen, da das Wissen von der Evakuierung unter die Menschheit kommen soll.

Möge Gottes Licht unsere gemeinsame Arbeit beleuchten und uns helfen, alle Prüfungen zu bestehen, denn wir wissen ja, daß die Schwierigkeiten von heute die Freuden unserer Zukunft sind...

G. S. Leona

Eine mögliche Evakuierung deutet Eugen Siragusa/Jt. in seiner Botschaft von WOODOK (II/6/1979) an, in der es heißt: "...Falls ihr nicht euren Sinn ändern solltet, haben wir schon einen sehr präzisen Plan, um eine bestimmte Anzahl von Personen der Erde, beiderlei Geschlechts, die zu einem besonderen Schicksal berufen sind, zu retten..."

Auch in der "Mission RAMA" von J. J. Benitez wird darauf hingewiesen; sie steht in einem gewissen Zusammenhang mit der Mission Eugenios.

Leni Grivel/CH

Aus "100.000 Kilometros tras los Ovnis" von J. J. Benitez:

"- Viele - betonen die Mitglieder des IPRI - haben die "Mission RAMA" mit einer religiösen Mission verwechseln wollen. Sie irren sich. Warum? - Was hat die Anwesenheit dieser Weltraumschiffe und ihrer Piloten mit Konfessionen zu tun? Menschen von unserem Planeten abzuholen und den Rest der Existenz der extraterrestrischen "Astronauten" bewußt zu machen, hat nichts mit Doktrinen zu tun.

Wenn diese Wesen versuchen, uns einen Weg der Liebe zu zeigen, - warum sollten wir diese Philosophie mit Doktrinen verwechseln und vermischen? Die LIEBE, die sie kennen und aussäen, steht weit über unserer dogmatischen Engstirnigkeit...

In meinen Notizbüchern und in meinen Archiven von Magnetophonbändern bewahre ich alle diese Unterredungen wie einen Schatz auf, die - für mich - von einem hohen, sehr hohen Sinn für die Moral und das Zusammenleben erfüllt sind."

* * *

Was tatsächlich eines nahen oder fernen Tages geschehen wird, die Auslegung überlassen wir getrost dem Leser selbst. Mit Sorgfalt wurde alles zusammengetragen; jeder kann vergleichen aus den Quellen, die uns seit vielen Jahren zugänglich sind. Eine Parallele aus soviel individueller Sicht *kann*, ja muß zur Klärung der Lage gefunden werden, soweit menschlicher Geist dazu imstande ist. Die Erleuchtung bekommt jeder, der darum ernsthaft zum EWIGEN VATER betet.

GOTT in Seiner unendlichen Barmherzigkeit behält sich vor, die ganze Erde zu bewahren, *wenn* die Menschheit sich ändern *würde*. Kann man auch heute keine oder nur verschwindende Aspekte davon bemerken, so ist bei Gott dennoch kein Ding unmöglich! Warum also sollte ER in Seinem gigantischen Universum *nicht* höher Bewußte, durch Leiderfahrung bereits Geläuterte erzogen haben, die durch eigenes Erleben klug geworden, anderen Planeten resp. Menschheiten beizustehen gewillt sind, insoweit diese *ihren* Argumenten, Wissenschaften und Techniken zugänglich sind?

Eins sollten wir allerdings bedenken: Nicht *jede* Prophezeiung *muß* in Erfüllung gehen.

Immerhin kann jeder einzelne geradezu schicksalhaft dazu beitragen, all die in diesem Buch vertretenen Aspekte seinen Nächsten, d.h. dazu Aufnahmebereiten nahezubringen im biblischen Sinne: Einer diene dem anderen, damit den Unwissenden die künftigen, gigantischen Ereignisse und Umwälzungen nicht allzu unvorbereitet treffen und ängstigen.

Anny F. Veit

35. Kapitel

Die Stimme des außerirdischen Botschafters im TV/London

Pedro Romaniuk/Argentinien
Gastdozent am 12. UFO-Kongreß Wiesbaden/Mainz

Das kosmobiophysische Institut hat durch seinen Direktor, Prof. Pedro Romaniuk, nach langen mühseligen Bemühungen den vollständigen Text eines der wichtigsten und geheimnisvollsten "Elektronischen Phänomene" erhalten, vom irdischen Fernsehen.

Wir beziehen uns auf die unerklärliche "Interferenz im Fernsehen" (in England), die sich gegen Abend, am Sonnabend, 26. November 1977, ereignete, als Millionen Einwohner in ihren Wohnungen während des Fernsehens eine außerordentliche Nachricht erhielten.

Die "perfekte wissenschaftliche Technologie" des Menschen wurde ausgeschaltet, die falsche Systeme durch Computer sorgfältig bis ins einzelne durch die Autoritäten der Regierung über jedes Fernsehen kontrollieren. Die Millionen Heime von Hampshire bis Reading und von Berkshire und Witney bis Oxfordshire, über London, Southhampton und anderen Städten hörte man eine "STIMME". Eine "STIMME", sehr stark, die niemand und nichts aufhalten, ausschalten und verschweigen konnte und die absolut klar aussagte:

"Dies ist die Stimme des Kommandanten ASTERON. Ich bin ein außerirdisches "Wesen", das von Bord eines Schiffes, das um die Erde fliegt, sendet. Ich bin ein autorisierter Vertreter "der Galaktischen Mission", deren Schiffe oder "Fliegende Teller" Ihr seit langer Zeit als "eigenartige Lichter" gesehen habt.

Für den Moment sprechen wir zu Euch mit Weisheit und in Frieden, wie wir es auch mit dem Rest der Bewohner des Planeten tun werden. Wir kommen, um Euch auf die große Gefahr, in der das Schicksal der menschlichen Rasse und ihrer Welt steht, aufmerksam zu machen, eine Warnung, die Ihr an andere Völker weitergeben müßt, um die Katastrophe zu vermeiden, nicht nur für die Bewohner der Erde, sondern auch für diejenigen der anderen Planeten eures Sonnensystems.

Nur auf diese Weise werdet Ihr an dem großen Erwachen teilnehmen können, das durch das neue Zeitalter des Wassermanns hervorgerufen wird. Dieses Zeitalter kann eine Periode des echten Friedens und der Evolution der menschlichen Rasse sein, aber das wird sich nur ereignen, wenn alle ihre Regenten von der großen derzeitigen Atom-Gefahr von heute sich Rechenschaft geben.

Beruhigt Euch und hört, denn es kann sein, daß Ihr nicht noch eine andere Gelegenheit von einer anderen Mitteilung von uns haben werdet. Während vieler Jahre haben Eure Wissenschaftler, Regierungen und Militärs nicht auf unsere Warnungen gehört und haben weiter mit der gottlosen Kraft der Atomenergie experimentiert.

Die Atombomben können die Erde, ihre Einwohner und die Wesen anderer Bruder-Planeten in einigen Augenblicken zerstören. Die Trümmer der Atom-Systeme würden Euren Planeten während vieler tausend Jahre vergiften.

Wir, die wir einem evolutiven Weg effektiv gefolgt sind, befinden uns heute in einem höheren Zustand, und wir haben das folgende bestätigt gefunden. Die Atomenergie ist immer gegen das Leben gerichtet und hat keine friedliche Anwendung, und ihre Forschung zur Verwendung muß aufhören, sonst bleibt die Gefahr der Selbstzerstörung. Alle Atomwaffen und andere konventionelle müssen zerstört werden. Die Stunde der Konflikte ist vorbei. Die Rasse, von der Ihr ein Teil seid, kann nach höheren

Ebenen der universalen Evolution in menschlichen Sektoren, die würdig sind, es zu verdienen, streben. Dem Rest solcher Sektoren bleibt sehr wenig Zeit, um zu lernen, in Frieden und guter Harmonie zu leben. Im anderen Falle müssen sie die Konsequenzen erleiden.

Es gibt bereits kleine Gruppen von Menschen auf der Erde, die lernen, in Frieden und Harmonie zu leben, was die Form für die anderen sein wird, die sie ebenfalls lernen wollen, und das ist nur der Anfang des neuen Zeitalters.

Es steht euch frei, das zu tun oder auch solche Lehre abzulehnen. Nur die, die lernen in Frieden zu leben, werden in die Königreiche der höchsten spirituellen universalen Evolution eintreten.

Hört jetzt die "STIMME" von ASTERON. Wisset, daß es auch viele falsche Propheten und Führer auf der Erde gibt, die wirken, und die eure Energien, die ihr aufrichtig und korrekt verdient habt, aufsaugen, um dieselben für ihre gottlosen und schäbigen Ziele zu verwenden, und euch dafür nur Schund, ohne irgendeinen Wert, zurückgeben.

Das fehlende Bewußtsein ist ihre Schwäche. Sie müssen lernen, sensitiv zu sein und ihrer inneren Stimme zu gehorchen, die ihnen sagen kann, was wahr und was Lüge, Chaos, Konfusion und Böses ist.

Lernt, auf die Stimme in euch zu hören, die Stimme der Wahrheit, die in euch selbst ist; auf diese Weise werdet ihr auf den Weg der positiven Evolution kommen, das wichtigste Endziel dieses Lebens.

Dies ist unsere Botschaft für unsere Freunde. Wir überwachen Eure Evolution seit vielen Jahren. Ebenso haben frühere Generationen unsere "Lichter" am Himmel seit Jahrhunderten beobachtet. Ihr wißt schon, daß wir hier sind, und daß es "mehr Wesen über und um euren Planeten" gibt als Eure Wissenschaftler es wahr haben und zugeben wollen.

Wir sind sehr besorgt um Euch und Euren evolutiven Weg, und wir werden alles tun, was in unserer Macht steht, um Euch zu helfen... Ihr seid es aber, die Ihr Euch selbst kennenlernen und Euren Weg in das universale Leben selbst wählen müßt. Fürchtet nichts, sondern lebt in Harmonie mit der Natur Eures Planeten. Wir von der Kommandantur der "ASTRA GALACTICA" danken Euch, uns angehört zu haben und für Eure Aufmerksamkeit. Wir werden Eure Welt verlassen. Seid gesegnet durch die höchste Liebe und Wahrheit des Geistes."

Diese geheimnisvolle "Stimme" aus dem Kosmos hörte man länger als fünf Minuten, ohne daß irdische Systeme der Menschen wie auch die offiziellen Kontrollen... sie unterbrechen konnten. Aus Millionen von Fernsehschirmen in England ertönte dieselbe, und ließ die besten Techniker des Fernsehens stumm und entsetzt werden, da keine Kontrolle diese eigenartige Interferenz unterbrechen konnte, die aus der Luft im ganzen Lande kam.

Sowohl das Nachrichten-Ministerium, wie auch die Leitung des unabhängigen Fernsehens in England ließen wissen, daß man nicht feststellen konnte, von wo **diese** Sendung herkam, und daß man sie auch nicht annullieren konnte,- wie man das mit sogenannten Piraten-Sendern macht, was zeigte, daß es sich hier um eine Entwicklung handelte, die der irdischen elektronischen weit überlegen war. Dieses ungewöhnliche Phänomen in der weltlichen Elektronik wurde nicht nur nicht weiter an alle Länder verbreitet, wie es hätte sein müssen, um die Existenz von höheren Außerirdischen zu beweisen, sondern ganz im Gegenteil. Wie fast immer, wenn es sich um das Thema von Außerirdischen handelt, wurde es absichtlich widerlegt, verneint und verborgen, durch die Interessen einiger weltlicher Supermächte, die Kontroll-Organisationen unterhalten für diesen Zweck.

Ohne Zweifel wird unsere menschliche Rasse Schreckliches erleben und zwar in bereits bestehender Zukunft. Das ist unsere

Meinung nach 30 Jahren der Forschung. Ereignisse, die mehr als solche sind, werden wirkliche Transmutationen sein, zyklisch und unvermeidbar, die im ganzen unermeßlichen Universum vorherrschen... so wie alles, was im Unendlichen existiert: Es wird geboren, lebt und stirbt dann am Ende, um dann wiederum in einem neuen "Evolutions-Zyklus" neu zu erstehen, wo absolut nichts für immer verschwindet, sondern als Transmutation neu ersteht und wächst ohne Ende auf der Treppe des ewigen Lebens, wie alles das, was im Universum existiert.

Dieser neue Mensch, versehen mit dem neuen Zustand des UNIVERSALEN GEWISSENS, ist mittels der kosmischen Gesetze vorgesehen, über den seitherigen Status der Menschen.

*

Hier haben wir das Beispiel mit einem eklatanten Beweis einer *länderweit* ausgestrahlten Warnung und Belehrung, die technologisch durch RF und TV als *Test* von Extraterrestriern durchgeführt wurde.

Der Inhalt dieser Botschaft enthält *die* Thematik, die im ganzen Buch historisch bis in die heutige Zeit vorausgesagt ist.

Und diese AUFKLÄRUNGEN werden in globaler Weise zur ENTSCHEIDUNGSMÖGLICHKEIT für die noch relativ *kurze* Zukunft fortgesetzt werden.

Somit sollte dieses Buch über die deutschsprachigen Räume hinaus gemäß universeller Weisung Weltverbreitung erlangen.

D. H.

Stimmen aus Australien und Türkei

Yul Werner/Concord, schrieb uns 1980:

...Obwohl niemand absolut sicher sein kann in betreff künftiger Ereignisse, gibt es einen hohen Grad an Wahrscheinlichkeit, daß ein Plan zur Errettung der Welt, falls notwendig, vorhanden ist.

In etwa zehn Jahren können wir eine Weltkrise erwarten. Der dritte Weltkrieg - entsprechend Nostradamus - soll hauptsächlich ein Wettkampf zwischen Rußland und China sein, obgleich im Verlauf der Zeit alle Nationen in ihn verwickelt werden.

Die Prophezeiung kann sehr aufklärend sein, wenn man auch den Sinn und Zweck *hinter* den Weltereignissen zu sehen vermag. Geistige Einsicht sollte uns helfen, diese Weltereignisse in ihrem wahren Licht zu beurteilen...

Viele Besucher aus entfernten Galaxien kommen hierher, um das Ergebnis des göttlichen Plans, unsere Erde betreffend, zu beobachten. Wir haben uns inkarniert, um zu erfahren und aus erster Hand zu lernen, was die Bestimmung des Menschen ist. - Mir ist der Gedanke eingegeben worden, daß ich im nächsten Weltkrieg nicht auf der Erde sein werde...

Nach der UFO-Sichtungswelle in unserem Land wird wahrscheinlich eine Massenlandung mit konsequenten direkten Kontakten erfolgen...

Sirius Mission
Dir. Haluk E. Sarikaya, Istanbul/Türkei
(Vergl. UN 273, März/April 1982)

Prophezeiungen von 1981 bis 1999

Im letzen Moment beim Fahnenumbruch, erhielten wir einen weitgespannten Artikel zu unserem höchst aktuellen Thema, wovon ein Kurzauszug hier noch angeführt wird. (Der volle Artikel steht in "UFO-Nachrichten" 274, Mai/Juni 1982 mit weiteren Angaben.) D. H.

1982: Vermehrter Kontakt von Außerirdischen mit der Erde. Russen landen mit Marsfähre, haben jedoch Schwierigkeiten um zurückzukehren. Außerirdische greifen ein und ermöglichen die Rückkehr der Kosmonauten auf die Erde. Viele Völkerstämme erwarten auch die "Rückkehr der weißen Götter...". Rettung dank göttlicher Vorhersehung aus dem Weltall. Komet "Destroyeur" (Zerstörer) schlägt im Pazifik auf der Höhe der Hawaii-Inseln auf. Erde schwankt drei Tage "wie ein Betrunkener". Polverschiebung, neuer Nordpol...

Komet perforiert Erkruste, Magma tritt aus, Milliarden Kubikmeter Meerwasser verdunsten. Riesendampfmantel umgibt die Erde. Sonne erscheint "wie ein hährener Sack". Nach ca. drei Tagen großer Regen, ca. 30 Tage lang. Alle Giftstoffe werden weggewaschen. Durch die große Lädierung der Erdkruste durch Komet riesige Erdbeben.

Die kommende beispiellose und weltweite Wirtschaftskrise wird unweigerlich in den dritten Weltkrieg führen. Der Wahnsinn einer hochgekurbelten Rüstung ist das eigentliche Verbrechen der zur Zeit regierenden Machthaber dieser Erde...

Kosmisches Rettungswerk im Auftrag Gottes

...In dieser großen Bergungsaktion, die auf Veranlassung der

Alliebe geschieht, werden unsere Brüder von anderen Sternen mitwirken. Sie haben sich dem Erlösungsplan angeschlosen, um die dienende Nächstenliebe zu praktizieren, die der Menschheit verlorenging. Durch den Liebesdienst am Nächsten, an der notleidenden Menschheit verfeinern sie nicht nur ihre auf ihr Sonnensystem abgestimmte grobstoffliche Struktur. Sie haben sich auch zur Aufgabe gemacht, ihren durch den "Fall" verdichteten Wohnplaneten in Aktion zu bringen und zu verfeinern. Das heißt: sie werden durch bewußtes göttliches Leben ihren Planeten in eine höhere Schwingungszahl erheben, wodurch sie selbst und ihr Sonnensystem die Vergeistigung erlangen...

Ihre sogenannten Raumschiffe werden zum Teil auf dieser Erde landen; andere wiederum werden im Raum verbleiben. Brüder anderer teilmateriellen Sonnensysteme, die sich in den verschiedenen Galaxien befinden, werden, eingehüllt in ein von den Menschen nicht durchdringbares Kraftfeld, auf dieser Erde wirken, um zu bergen oder das noch vielfältige Leben, wie z.B. das von Menschen und Tieren, auf ihre telepathische Kraft auszurichten. Die Brüder, die im Namen des Herrn, in Seinem großen Erlöserwerk mitwirken, werden nur von jenen Menschen geschaut und willkommen geheißen, die sich auf Gott, den Äthergeist der Liebe, ausgerichtet haben...

Von den Brüdern des Alls werden durch die Gnade des Herrn, speziell für die Erscheinungs- und Entrückungszeit, Raumschiffe verschiedener Arten konstruiert. Auch für Tiere werden derartige Raumschiffe bereitstehen, die ausschließlich Tiere auf entsprechende Planeten bringen. Dort werden diese auf die Entwicklungsebenen in den höher-geistigen Welten ausgerichtet. Das heißt, deren Seelenpartikel werden von den auf der Materie angenommenen Gewohnheiten und von den durch die Polveränderungen und Katastrophen verursachten seelischen Beeinträchtigungen gereinigt...

In dieser fortschreitenden Verklärungs- und Entrückungszeit werden viele umnachtete Menschen erleben, daß in den eigenen Familien ein Betender plötzlich verschwindet und nicht mehr zurückkommt. Die Gottlosen werden die im Gebet Befindlichen, die sich auf das Licht vorbereiten, anklagen, sie hätten ihre Anverwandten und Bekannten entführt, während diese verklärt oder mit Raumschiffen, in denen die menschliche Struktur verändert wird, auf andere Planeten entrück wurden...

Universelles Leben, Würzburg

Jedermann ist aufgerufen

Nach so vieler, meist voneinander unabhängig individueller Übereinstimmung der Geschehnisse, die den ganzen Globus umfassen, könnte nur noch ein Narr oder notorischer Skeptiker die *vielen* mahnenden, warnenden Stimmen, allseits um die ganze Erde tönend, in den Wind schlagen.

Es bleibt uns kein Ausweichen: *Jeder* wird damit angesprochen, und er, ganz allein für sich selbst verantwortlich, muß, kann, ja darf seine Wahl treffen, sein Leben darauf ausrichten - oder auch nicht.

Tut er das - sein guter Wille und sein Gewissen - als unbestechlich - leitet ihn, eröffnet den neuen Weg. S o d a n n fällt alle Angst und Sorge von ihm ab. Er *weiß* sich geborgen "vom Abend bis zum Morgen, den ganzen langen Tag", in jeder Not, mitten im Chaos...

Ein Ruf zu Gott genügt. ER hört ihn und hilft im gleichen Augenblick; denn Gott kennt jedes Seiner Kinder und wacht auch über dir. Sagt Er doch: "Kommt zu Mir alle, die ihr mühselig und beladen seid, Ich will euch erquicken!"

Anny Veit

Die vielfältigen Fragen, die sich auf den Gebieten der Ufologie ergeben, werden in der Monatszeitung UFO-NACHRICHTEN seit 1956 ausführlich behandelt: Interplanetarische Raumfahrt, Exobiologie, UFO-Sichtungen und -Landungen, direkte Kontakte, Astronautik und Archäologie, wissenschaftliche Untersuchungen etc. Die deutschsprachigen UN = UFO-Nachrichten werden in 89 Ländern aller Kontinente gelesen und bringen laufend aktuelle Aufschlüsse.

UFO nachrichten

Verlangen Sie Information und Probeexemplare. Alle in diesem Buch genannten Bücher (soweit nicht vergriffen) sind beziehbar durch:

VENTLA-Verlag Nachfolger, Postfach 3112, 33261 Gütersloh

Wissen Sie,

daß unidentifizierte Flugobjekte (UFOs), im Volksmund "Fliegende Untertassen" genannt, in den letzten 50 Jahren in allen Teilen der Welt gesichtet wurden?

daß dem Verteidigungsministerum der USA zuweilen wöchentlich 700 Sichtungen von UFOs gemeldet wurden?

daß sich nach Feststellung des bekannten Raketenforschers Prof. Hermann Oberth etwa 9.000 Sichtungsberichte eindeutig nicht auf bekannte Ursachen zurückführen lassen?

daß die jüngste Sichtungswelle vom Juli/August 1971 auch einen Teil Deutschlands betraf?

daß die UFOs gleichzeitig von Augenzeugen und auf dem Radarschirm gesichtet wurden?

daß die UFOs Flugmanöver mit abruptem Kurswechsel und Geschwindigkeitswechsel ausführen, zu denen nach dem heutigen Stand der Technik keine irdische Maschine in der Lage ist?

daß Form und Flugweise der UFOs auf zahlreichen wissenschaftlich analysierten Fotos und Filmen festgehalten sind?

daß durch eine Anweisung für die US-Luftwaffe (AFR 200-2) eine sorgfältige Berichterstattung über die UFOs festgelegt wird?

daß der stellvertretende Pressechef der NASA, Albert M. Chop, in "True" vom Januar 1966 geäußert hat: "Ich bin schon lange überzeugt, daß die "Fliegenden Untertassen" interplanetarischer Herkunft sind. Wir werden von Wesen aus dem Weltraum überwacht."?

Über eine umfassende Sachkenntnis in diesen und den damit zusammenhängeden Fragen verfügt der Präsident der Deutschen UFO/IFO-Studiengesellschaft e. V., Karl L.Veit. Er ist nicht nur maßgeblich an der zivilen weltweiten Sammlung und Auswertung der UFO-Berichte beteiligt, sondern hat sein Wissen auch in über 700 Vorträgen im In- und Ausland an ein stets interessiertes Publikum weitergegeben. Dr. J. B., K.

Gemälde der GEBURT JESU

Leserbrief:

Frage: In UN 301, Nov./Dez. 1986 brachten Sie auf Seite 2 ein Weihnachtsbild ohne nähere Bezeichnung des Künstlers. Wie ich zu ersehen meine, hat man nicht den Eindruck, es handle sich um die Anbetung der Hirten. Außer Maria mit dem Jesuskind sitzt wohl rechts Joseph, davor zwei auf dem Boden kauernde Gestalten und hinter Maria noch drei Personen. - Handelt es sich hierbei um die Hirten oder wen sonst (?), da diese Darstellung irgendwie anders ist als uns meist bekannte Gemälde oder Weihnachts-Krippen.

G. SR., A.

ANTWORT: Bei dieser Darstellung der GEBURT JESU in der Felsengrotte zu Bethlehem sind acht Menschen sowie Ochs und Esel zu sehen. Über Maria, JESUS und Joseph besteht völlige Klarheit, während die anderen fünf Personen keine Hirten sind, da sich diese Szene in der Geburtsnacht abspielt und die Engel-Chöre erst gegen Morgen mit ihrer Gottes- und Friedenshymne die Hirten zum Besuch des Stalles aufforderten.

Hier nun das Geheimnis: Die fünf Männer verschiedenen Alters sind die fünf Söhne Josephs aus seiner ersten Ehe mit den Namen Joel, Joses, Samuel, Simeon und Jakob; letzterer wurde der spätere Jünger Jakobus minor, aus dem Neuen Testament bekannt, der mit Petrus und Johannes die VERKLÄRUNG JESU auf dem Berg Tabor miterleben durfte.

Bekanntlich hatte Maria die Reise von Nazareth nach Bethlehem als Hochschwangere auf dem Esel zurückgelegt, während in dem auf dem Gemälde sichtbaren Wagen von einem Ochsen gezogen, Lebensmittel und Tierfutter für mehrere Tage, Linnen, Windeln und Decken für die sieben (bzw. acht) Personen untergebracht waren.

Dieser Jünger Jakobus hatte als Familienmitglied und alles Miterlebender ein "Biographisches Evangelium" des HERRN von der Zeit an, da Joseph Maria zu sich nahm, aufgezeichnet. Dasselbe war jedoch mit der Zeit so entstellt worden, daß es nicht zugelassen werden konnte, als authentisch zu gelten.

Die HEILIGE NACHT in BETHLEHEM

In den Apokryphen wird es als "Jugendevangelium Jacobi Minori" u.a. von Origines (gest. 254 n. Chr.) erwähnt, wurde jedoch im 4. Jahrhundert von den Patriarchen von Alexandria und Rom nicht in den Kanon der Hl. Schriften aufgenommen.

Da es jedoch ursprünglich eine so wichtige Christliche Urkunde von unschätzbarem Wert war, wurde diese Dokumentation im Jahr 1843 durch den Propheten Jakob Lorber vom HERRN Selbst im Rahmen der NEUOFFENBARUNG GOTTES in 299 Kapiteln in würdiger deutscher Sprache neu kundgegeben mit genauen Schilderungen der Geburt und Kindheit JESU, Geheimnisenthüllung der Heiligen drei Könige, Flucht nach und Aufenthalt in Ägypten mit ungezählten nicht bekannten naturgemäßigen, historischen, geistigen, sozialen und geographischen Details, wobei das Rätsel der Person JESU wunderbar beleuchtet ist und in packenden Schilderungen die damalige Zeit, wichtige Persönlichkeiten, z.B. den biblischen Landpfleger Cyrenius und Hauptmann Kornelius, sowie alle damaligen Verhältnisse, Orte und Begebenheiten staunenswert vermittelt werden.

Es sollte noch zu erwähnen sein, daß in der sogenannten "Berleburger Bibel" Bruchstücke des ursprünglichen Jakobus-Evangeliums mit teils wörtlichen Übereinstimmungen dieses neuen Evangeliums der "JUGEND JESU" festzustellen sind.

Ergänzend noch, daß Karl L. Veit (akademischer Kunstmaler) das hier reproduzierte Gemäle (Öl auf Holz, 56 x 70 cm) 1934 gemalt hat, dessen Entstehung besondere Gegebenheiten zugrunde liegen.

Das in der ganzen Welt verbreitete WEIHNACHTSFEST, die Feier der DARNIEDERKUNFT des ERLÖSERS (Lukas 2; 1-52), - bei Johannes (Joh. 1; 1-14), des fleischgewordenen EWIGEN LOGOS - hat für den gesamten Kosmos eine überragende Bedeutung und für unsere Zeit die gleiche Wichtigkeit hinsichtlich der WIEDERKUNFT CHRISTI. Daher als Buchabschluß der Hinweis auf die neugeoffenbarte "JUGEND JESU" und Sein BEVORSTEHENDES WIEDERKOMMEN. **lgt**

Inhaltsverzeichnis

Dritter Teil

Vierter Teil

VENTLA-Bücher

Adamski, George:	**Im Innern der Raumschiffe**
ISBN-Nr.: 3-929380-01-3;	DM/sfr 39,00, öS 300
Adamski/Guanter:	**Sternenmenschen**
ISBN-Nr.: 3-929380-24-2;	DM/sfsr 25,00, öS 200
Angelucci, Orfeo:	**Geheimnis der Untertassen,**
ISBN-Nr.: 3-929380-02-1;	DM/sfr 29,70, öS 230
Ashtar:	**In kommenden Tagen**
ISBN-Nr.: 3-929380-03-X;	DM/sfr 22,00, öS 170
Ashtar/Anahata:	**Die Kinder der Zwischenwelt**
ISBN 3-929380-32-3	DM/sfr 29,00, öS 220
Berlet, Artur:	**Im Raumschiff von Planet zu Planet**
ISBN-Nr.: 3-929380-05-6;	DM/sfr 24,00, öS 190
Bühler, Walter K.:	**40 Begegnungen mit Außerird. in Brasilien**
ISBN-Nr.: 3-929380-06-4;	DM/sfr 29,70, öS 230
Dean, Barbara:	**Sterntaler - Mein Leben mit den Santinern**
ISBN-Nr.: 3-929380-25-0;	DM/sfr 33,00, öS 260
Dibitonto, Giogio:	**Engel in Sternschiffen**
ISBN-Nr.: 3-929380-07-2;	DM/sfr 33,00, öS 260
Drake, Eugen:	**Besucher aus dem Weltraum**
ISBN-Nr.: 3-929380-36-6	DM/sfr 18,00, öS 140
Estralon:	**Mitteilungen zur Endzeit**
ISBN.-Nr.: 3-929380-35-8	DM/sfr 12,00, öS 95
Fry, Daniel:	**Mein UFO-Erlebnis von White Sands**
ISBN-Nr.: 3-929380-08-0;	DM/sfr 21,60, öS 170
Klarer, Elizabeth:	**Erlebnisse jenseits der Lichtmauer**
ISBN-Nr.: 3-929380-09-0;	DM/sfr 39,00, öS 300
Klarer, Elizabeth:	**Ich flog über den Drakensberg**
ISBN.-Nr.: 3-929380-34-X	DM7sfr 12,00, öS 95
Magocsi, Oscar:	**Meine Freunde aus dem Weltraum**
ISBN-Nr.: 3-929380-11-0;	DM/sfr 27,30, öS 210
Magocsi, Oscar:	**Meine Weltraum-Odyssee in UFOs**
ISBN-Nr.: 3-929380-12-9;	DM/sfr 30,90, öS 240
Magocsi, Oscar:	**Raumodyssee in UFOS;**
ISBN-Nr.: 3-929380-29-3;	**Die Buzz Andrews Story & danach**
	DM/sfr 29,00, öS 220
Mutter Maria/Guanter:	**Worte für jeden Tag**
ISBN-Nr.: 3-929380-31-5;	DM/sfr 39,00, öS 300

Miller, Dick:	**Dick Millers Kontakte mit Sternenmenschen**
ISBN-Nr.: 3-929380-13-7;	DM/sfr 19,80, öS 160
Nelson, Buck:	**Meine Reise zum Mars, zumMond und zur Venus**
ISBN-Nr.: 3-929380-14-5;	DM/sfr 18,00, öS 95
Renate-Czea:	**Ansprache der Flottencommander**
ISBN-Nr. 3-929380-40-4	DM/sfr 29,00, öS 230
Renaud, Bob:	**Meine Kontakte mit Außerirdischen (III)**
ISBN-Nr: 3-929380-15-3;	DM/sfr 18,00, öS 140
Sumner, Dr. F.W.:	**Das kommende Goldene Zeitalter**
ISBN-Nr. 3-929380-23-4;	DM/sfr 7,80, öS 60
Tuella:	**In Erden-Mission**
ISBN-Nr.: 3-929380-16-1;	DM/sfr 39,00, öS 300
Tuella:	**Projekt Welt-Evakuierung**
ISBN-Nr.: 3-929380-30-7;	DM/sfr 24,00, öS 190
Tuella:	**Weltbotschaften für dieses Jahrzehnt**
ISBN-Nr.: 3-929380-27-7;	DM/sfr 29,00, öS 220
Veit, Karl:	**Außerird. Weltraumschiffe sind gelandet**
ISBN-Nr.: 3-929380-17-X;	DM/sfr 5,00. 4ß
Veit, Karl:	**Dokumentarbericht 1967**
ISBN-Nr.: 3-929380-18-8;	DM/sfr 15,00, öS 120
Veit, Karl:	**Dokumentarbericht 1972**
ISBN-Nr. 3-929380-19-6;	DM/sfr 15,00, öS 120
Veit, Karl:	**Dokumentarbericht 1975**
ISBN-Nr.: 3-929380-20-X;	DM/sfr 15,00, öS 120
Veit,Karl:	**Interplanetarische Flugobjekte (24 Postkarten)**
ISBN-Nr.: 3-929380-21-8;	DM/sfr 15,00, öS 120
Paketpreis:	**Dokumentarberichte 1967, 1972 und 1975 inklusiv Postkartenserie Interplanetarische Flugobjekte** DM/sfr 50,00, öS 380